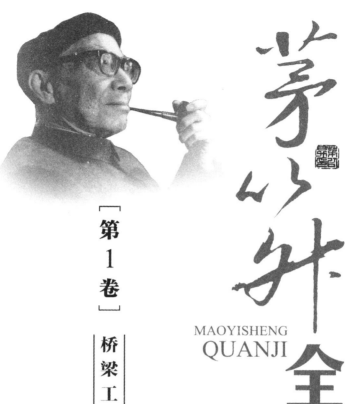

茅以升

MAOYISHENG
QUANJI

[第1卷]

桥梁工程（上）

全集

◎ 北京茅以升科技教育基金会 主编

天津出版传媒集团

天津教育出版社
TIANJIN EDUCATION PRESS

图书在版编目（ＣＩＰ）数据

桥梁工程.上 / 北京茅以升科技教育基金会主编.
-- 天津 ： 天津教育出版社，2015.12
（茅以升全集；1）
ISBN 978-7-5309-7817-7

Ⅰ．①桥… Ⅱ．①北… Ⅲ．①桥梁工程—文集 Ⅳ.
①U44-53

中国版本图书馆CIP数据核字（2015）第191706号

茅以升全集 第1卷 桥梁工程（上）

出 版 人	胡振泰
主　　编	北京茅以升科技教育基金会
选题策划	田 昕
责任编辑	尹福友
装帧设计	郭亚非
出版发行	天津出版传媒集团 天津教育出版社 天津市和平区西康路35号　邮政编码　300051 http://www.tjeph.com.cn
经　　销	新华书店
印　　刷	北京雅昌艺术印刷有限公司
版　　次	2015年12月第1版
印　　次	2015年12月第1次印刷
规　　格	32开（880毫米×1230毫米）
字　　数	340千字
印　　张	17.5
印　　数	2000
定　　价	40.00元

谨以此书

纪念茅以升先生诞辰一百二十周年

《茅以升全集》编委会

出版前言

　　茅以升（1896～1989），我国桥梁工程奠基人，杰出的科学家、社会活动家、工程教育家。茅以升主持修建了我国自行设计、建造的第一座双层公路铁路两用桥——钱塘江大桥，并曾担任北京人民大会堂结构审查组组长和方案签署人。作为中国土力学学科的创始人和倡导者，茅以升开中国工程教育的先河，首创"习而学"和"学生考先生"等工程教育理论与方法，为新中国培养了大批工程技术人才。茅以升一生致力于科普工作，为弘扬科技文化做出了不可替代的贡献。为了纪念茅以升对我国桥梁工程建设和科技、教育、科普事业做出的杰出贡献，2006年，国家天文台向国际小行星中心申请，将1997年1月9日（茅以升诞辰）发现的编号为18550的小行星永久命名为"茅以升星"。

　　1916年，茅以升毕业于唐山工业专门学校，后考取清华学堂官费留美研究生;1917年,他以优异的成绩获得美国康奈尔大学硕士学位(桥梁专业);1919年,他在美国卡内基－梅隆理工学院的博士论文《桥梁桁架结构之次应力》达到了当时的世界先进水平,该文的科学创见被称为"茅氏定律",他本人也是该校授予的第一位工程博士。留美三年半,1919年12月,满怀报国热忱的茅以升回到了当时还十分贫穷落后的祖国,从此为中国的桥梁工程和科技教育事业奉献了毕生的力量。

近现代中国的工程史上铭刻下"茅以升"这个响亮的名字——

- **主持设计并组织修建了钱塘江公路铁路两用大桥。**

这是中国铁路桥梁史上的一个里程碑。1934年至1937年他任浙江省钱塘江桥工程处处长(挂此职到1949年)期间,在自然条件比较复杂的钱塘江上主持设计、组织修建了一座全长1453米,基础深达47.8米的双层公路铁路两用钱塘江大桥。大桥于1937年9月26日建成通车,这是中国人自己设计和施工的第一座现代钢铁大桥。1937年12月23日,为了阻止日军攻打杭州,茅以升亲自参与了炸桥。抗日战争胜利以后,茅以升又受命组织修复大桥,1948年3月,大桥修复通车。

- **主持设计了武汉长江大桥。**

1955年至1957年，茅以升任武汉长江大桥技术顾问委员会主任委员，接受建造我国第一座跨越长江的大桥——武汉长江大桥的任务。大桥将京汉铁路和粤汉铁路衔接起来，成为我国贯穿南北的交通大动脉，并把武汉三镇连成一体，确保了我国南北地区铁路和公路网的形成和完善。

- **担任人民大会堂结构审查组组长及方案签字人。**

1959年在北京十大建筑的建设中，茅以升担任人民大会堂结构审查组组长。1958年，在北京修建人民大会堂时，周恩来总理在审查工程设计时指出："要有茅以升的签名来保证。"党和国家领导人对茅以升非常信任，茅以升也对党和国家的工作极端负责，他对人民大会堂的结构设计做了全面审查、反复核算，最后签了名。

新中国成立后，1952年，茅以升担任了铁道科学研究院院长，主持我国铁道科学研究院工作三十余年，为铁道科学技术进步做出了卓越的贡献。他是中国人民政治协商会议第一次全体会议代表，并连续担任二至六届全国政协委员、六届全国政协副主席；一至六届全国人民代表大会代表、人大常委会委员。他先后当选中国科协第二届副主席，中国科学院技术科学部副主任，中国土木工程学会一至三届理事长、四至五届名誉理事长，九三学社中央副主席、名誉主席，北京市科协第一、二届主席,国际桥梁及结构工程协会高级会员等。

茅以升不仅是一位优秀的科学家,更是一位出色的教育家。他积极倡导土力学学科在工程中的应用,并培养了一大批工程技术人才。1943年他被中华民国教育部聘为教授;1948年当选为中央研究院院士;他先后担任多所大学的校长、教授,如唐山交通大学、南京东南大学、南京河海工科大学、天津北洋工学院(今天津大学)和北方交通大学等。1951年至1981年任铁道技术研究所所长、铁道科学研究院院长;1955年选聘为中国科学院院士(学部委员);1982年当选美国国家工程院外籍院士。

茅以升的教育思想主要体现在三个方面。

- **培养学生以德为先。**

针对社会青年中普遍存在的浮躁和散漫习性,茅老提出"品行第一位",做学问要先学会做人,从日常生活、学习习性点滴做起,养成整洁有序的行为习惯。

- **探索"先习后学",为教育工作者开阔思路,提升教学实践水平。**

茅老说"好问是求学的捷径。然我国学生,大都深自敛抑,不愿于广众之间,质疑问难",又说"致知在格物","先习后学,便是先知其然,然而知其所以然"。他认为"工程大学每年级都应依次先习后学,逐级有效培养各级人才,将先习后学贯彻始终"。著名教育家陶行知先生对茅以升"学生考老师"的教学方法评价说:"这的确是个崭新的教学上的革命,是开创了我国教育的一个先例,值得推广。"

- **培养"创造型人才"。**

茅老将治学经验总结为"十六字诀":"博闻强记,多思多问,取法乎上,持之以恒。"通过自学博闻科学、艺术、人文、哲学。科学实践养成理性精神和规律意识;人文艺术养成情感丰度和创新灵感;哲学理想养成社会责任心和价值取向。他鼓励学生参加各种科技、人文、艺术、社会实践和竞赛活动,张扬个性专长,从而"结合工程背景,更完整充分掌握理论,培养有领导能力的创造型人才"。

茅以升不仅对培养高级工程人才尽心尽力,而且在新中国成立后始终积极在青少年中进行科学普及工作,成果显著。这从他在各大报刊发表的文章和各种场合的公开讲话上都可以反映出来。茅老在他的科普文章中指出科学并不神秘,任何自然的奥秘都是可以揭开的,但要攻克科学堡垒必须下定决心,贡献出自己一生的精力,坚持不懈地前进!他提出科学教育要从小开始,不但在课堂,还要在课外,并在日常生活中培养自己爱科学、学科学、用科学的兴趣。他坚决反对以"科学"为名,给少年儿童灌输非科学的东西。他是如此热心地对青少年普及科学知识,他的许多文章就是为少年儿童写的,孩子们对茅爷爷也非常熟悉、热爱和尊敬。这些文章和讲话对于今天的科普工作仍然具有积极的指导意义。

直至今日,茅以升在科学界和教育界的影响仍然十分深远。从茅老的身上,可以体会到我国老一辈科学家伟大的爱国情怀、卓越的科技成就和为培养下一代任劳任怨的精神,从他们身上能看到中国自立于世界之林的勇气、决心和实力。"中国近代力学奠基人"周培源先生对茅以升的一生做了高度的评价:"茅以升同志的一生是为祖国富强和人民幸福奋斗不息的一生。""中国航天之父"钱学森先生曾回忆:"茅以升先生是以他的成就对我进行了极为深刻的爱国主义教育。"

1991年,由茅以升生前担任过职务的十余个单位发起并捐资设立了"茅以升科技教育基金",后逐渐演变为"北京茅以升科技教育基金会"。北京茅以升科技教育基金会自成立二十多年来,多次受到党和国家领导人的关注与支持及中央有关部委的表彰。基金会设立的茅以升科学技术奖——桥梁大奖、土力学及岩土工程大奖,已成为业内公认的个人最高荣誉奖项;基金会推动成立了茅以升桥梁研究所、创办杭州茅以升实验学校,并在北京交通大学、西南交通大学、东南大学、天津大学等数所大学创立"茅以升班"。基金会还编辑出版了数种茅以升科普图书。

2014年，作为以发展中国科技教育为己任的茅以升科技教育基金会和致力于大教育书籍出版的天津教育出版社，达成合作，共同携手，将在2016年1月，茅老诞辰120周年之际推出八卷本的《茅以升全集》。

在20世纪八九十年代我国曾出版了十余种茅以升的著作，均是单行本，侧重点放在他的科普文章上，且多有重复，对于他的专业贡献和工程教育思想则少有涉及。这些小册子因篇幅所限，难以全面展现这位卓越科学家的科学思想和人文思考。为了更好地"弘扬以爱国主义为核心的民族精神和以改革创新为核心的时代精神"，激扬新时代青少年的科学创新热情，传承一个强国复兴的中国梦，此次摒除旧制，全新打造《茅以升全集》。全集不是对以往的重复和堆砌，而是在深入挖掘整理大量原始资料的基础上，将新的发现和研究成果与已有的成果结合，既有继承又有创新，编辑出版中国第一部全面而系统地体现茅以升科技贡献、教育思想及科普精神的著作。这无论从科学成就、社会影响力、教育思想等各方面来说，都是一件有实际意义的好事、实事。编辑出版这套对老一辈科学家一生科学成就、教育思想总结的重量级著作，将对国家倡导的培养创新型人才产生积极的社会影响。

《茅以升全集》主要收录作者已刊和未刊的中文著述和

个别英文文章,包括专业论文、教育思想著述以及各种讲话、工作报告,还有若干信件、题词、诗作、自传、学习体会等。全集以文章内容为纲,以真实再现为原则,共分八卷:第一、二卷为桥梁工程及相关专业类文章,第三、四卷为茅老搜集整理并亲笔抄录的中国古桥资料(影印版),第五卷为科普工作文章及讲话,第六卷是茅老关于工程教育、业余教育等各类教育思想的论述,第七卷是茅老对人生的随笔、感悟以及自传,最后一卷为图传,收录茅老各时期有代表性的照片以及珍贵手稿、工程资料等。第一到六卷的文章均以时间为序排列,第七卷因涉及内容范围较广,为保持阅读的完整性,文章以内容为序排列。茅老自青年至晚年,始终笔耕不辍,日历单页上、信纸的一角他都记下了灵光一闪的片段,有的是一段时期的小结,有的是工作备忘录;茅老每写作一篇文章,都字斟句酌,反复修改,直至准确无误。编委会在全集的第一到第七卷的相关文章中,呈现了部分手稿的照片。虽只是沧海一粟,但读者从中依然可以体会到茅老严谨的科学态度和勤奋的治学精神。

作为科学家、教育家、社会活动家,茅以升为后人留下了一笔丰厚的精神财富,在这笔精神财富中涵盖了桥梁工程、土壤力学、工程教育以及天文、历史、哲学等多个领域的内容。面对如此宏富的精神宝库,全集的编纂工作是十分繁重的。

首先,全集如何分卷、分几卷的问题,编委会经过多方讨论,确定了按照文章内容分卷的原则,这样可以使得全集的整体架构更加清晰,方便读者从各个方面去了解茅以升的科学建树和人格魅力。

其次,如何保持文章的史料性和真实性。比如同样的一件事可能出现在各个时期的文章中,但细节往往有所出入,类似此种问题不宜强行统一,编委会采取了在当页加注的办法,以方便读者印证。

第三,如何呈现不完整的资料和文章。因历史原因,许多珍贵的照片资料或者毁于战火,或者失于搬迁;同一篇文章的手稿或者因佚散而不完全,或者因水渍漫漶而模糊不可辨认。编委会决定将无法做文字录入的重要手稿在第八卷中以图片形式呈现,以补充文稿的缺失。

第四,如何在最大限度地保持茅老文字原貌和符合当前出版规定之间寻求平衡。对于文稿中数字、计量单位的使用、外文人名地名的翻译以及英文使用的规范,没有完全依照现行的出版规定去做硬性的修改和统一,而是采取了做注释的办法。而对于因手稿的随意性造成的错别字和重复则在审稿过程中做了技术性修改。

凡此种种,不足以道出编选工作中所遇困难之万一,幸而有编辑委员会的所有成员通力合作。另外,北京市科学技术协会为此书的出版给予了大力支持,江苏省润扬大桥有限公司茅以升纪念馆和西南交通大学图书馆亦对全集的资料搜集整理工作提供了帮助,尤其是茅以升纪念馆的郑烨先生、西南交通大学产业集团的杨永琪先生,为全集提供了大量珍贵照片和原始文稿。在此一并表示感谢。

全集编纂历时三载,始告功成,在搜集文稿和资料图片的过程中因时间跨度大,涉及线索多,难免有遗珠之憾。且编辑出版者水平有限,对文稿的甄别整理、考订注释以至排版校对各个环节上,一定会有讹误与疏漏,期盼读者批评指正。

《茅以升全集》编辑委员会

2014 年 9 月

目
CONTENTS
录

近现代桥梁建设及理论

近现代桥梁建设及理论

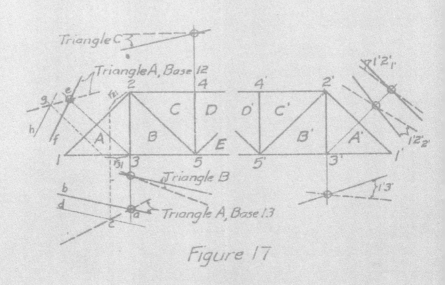

Figure 17

钱塘江桥设计及筹备纪略

缘 起

钱塘江横亘浙中,素为交通之障碍。其下游流经杭市,江面辽阔,波潮汹涌,行旅往来,固已久感不便;沪杭甬铁路建造以后,阻于大江,全线割裂,造桥乃渐成需要。近年来杭江铁路已通玉山,公路完成且达两千余公里;复以钱江阻隔,致杭江铁路止于西兴,四通之公路亦多中断;所有往来客货,胥赖舟楫渡江,转运频繁,耗时增费,而杭江铁路不能直通海口,沿线产物,无法畅通,所受影响尤大。两浙人民,似存畛域,铁路公路之效用,未能充分发展,已可惋惜,而农工各业,进行濡滞,尤为经济上莫大之损失。故为浙省之实业文化及公安计,钱江交通,殆成今日迫切之需要,其为铁路公路之最急问题,更无疑义矣。

抑从全国之交通言之：以铁路论，则玉萍线兴造以后，杭江铁路，西接粤汉，东达首都，将成东南系统之干线；以公路论，则沪杭、京杭国道，业经通车，杭广、杭福两线，正在修筑；将来西连江西，南通福建，又为七省公路之干线。然皆阻于钱江，不能连贯，其影响于全国国防经济，何可限量。是钱江之跨渡，于沪杭甬铁路，则可进接宁波；于铁路干线，则可沟通京粤；于七省公路，更可完成系统。利害所关，固非仅一省一路已也。

浙省自民元以来，对于钱江交通，即屡有建桥计划，皆以事艰工巨，旋议旋辍。自曾养甫先生任建设厅长以来，以发展交通及改良农业为全责，鉴于此桥关系重大，决意积极进行。因先组织专门委员会，从事研究及钻探工作，经多次之讨论，认为建造桥梁，为钱江交通最经济之方法，因搜罗材料，特请铁道部顾问、美国桥梁专家华德尔博士代为设计，于民国二十二年八月告竣。乃复组织钱塘江桥工委员会，为进一步之工作，拟成建桥计划书，以征有关各方之意见。经费筹措，既已就绪，遂于民国二十三年四月，成立钱塘江桥工程处。现已着手招标，预定七八月间动工，约两年完成，兹将设计经过分述如后。

（一）建桥理由

通过钱江方法,不外轮渡、隧道及桥梁三种,而各有其利弊。

(一)轮渡。用轮舶载运车辆渡江,本为最节省之办法,江面辽阔之处,尤为合宜,但钱江水浅,沙滩变迁无常,两岸之工程亦巨。以南星桥西兴而论,则两端码头共长一公里以上,火车行经其上,必须建造引桥。且轮船不能过小,所费亦属不赀。将来往返通航,尚须经常费用,在巨潮暴风之时,更须停轮候渡,有失便利交通之本意。

(二)隧道。在普通情形之下,隧道需费最巨。钱江水面不通巨舶,底层细泥极深,不适开凿隧道之条件。但从军事观之,隧道除洞口外,深藏水底,不易轰炸,亦有其特殊之价值。

(三)桥梁。桥梁需费在轮渡与隧道之间,而通行较便,维持保养亦最经济。(1)以与轮渡相较,则两岸沙滩,二者均须引桥,所费已属相等,中间河流宽度,本与引桥之长相差无几,与其采用轮渡,长久开支,何如直接建桥,一劳永逸。况载运火车之渡轮,长大者则需费不赀,较桥梁所省有限;短小者则分批转运,时间又不经济。浅水时期,通航固已困难,若遇飓风高潮,更不及桥梁之安稳,故按钱江情形而论,轮渡绝不胜于桥梁。(2)以与隧道相较,则钱江江底,泥沙极深;桥梁基础,不妨深入,而隧道过低,则两端进道必长,所费尤巨。况隧道必需通风及电灯设备。以同一运输能力,隧道之经费,必远在桥梁之上。且工程期间,既无把握,将来隧道中发生障碍,修理尤为困难。至于军事关系,桥梁亦不乏防护之方法。故经缜密研究,权衡利害,按照钱江情形,深信维持最可信赖之交通,仍以建造桥梁为最经济之方法。

(二)桥址选择

杭州为铁路公路集中之处,建桥地点,自应在其附近,以便衔接沪杭甬铁路、杭江铁路及两岸之各公路,虽地处钱江下游,水面辽阔,但若求其狭窄,绕至上游,则桥工固省,而路线延长,不仅筑路费款,将来长期绕越,财力时间,亦不经济。就杭州地形而论,南星桥距城市最近,且为渡江码头,若可建桥,自属便利;惜两岸相距甚远,江流无定,且潮水影响较巨,建筑经费,恐嫌过巨。其他各处,经多次勘验,似以闸口之沪杭铁路终点为最宜。其地江面较狭(仅一公里),河身稳定,北岸沙滩亦少,且正对虎跑山谷,于联络各项路线,比较便利。从经济上观察,实非他处可及。故本计划以闸口为钱江北岸之建桥地址,横越河身,以达南岸。

(三)桥基钻探

钱塘江底,泥沙极厚,往年屡有造桥提议,皆以基础困难,引为顾虑。民国二十一年建设厅动议建桥,即先从事钻探工作,以为设计之根据。此项工作由水利局负责进行,自民国二十一年十二月九日开工起,至翌年五月十二日止,计于选定桥址,钻探五口,计河身三口,两岸各一。最深之口,达"黄浦零点"①下48公尺;②最浅之口,亦至27公尺。所有五口各层土样,均储瓶封存,留待参考。其土质分配情形,大抵石层自北至南,倾斜甚骤,且在最北之口,已达25公尺以下,故各口所遇土质,均系软泥细沙,糅合掺杂,间遇粗沙卵石,亦复无几,欲建桥基于坚石之上,势不可能,唯有加足基础深度,利用四周泥沙之阻力,以减少底层之载重。经妥慎考虑,认为钻探结果,于桥基设计,尚无特异之障碍。自成立工程处以后,复于主要桥墩,各钻一口,以期周妥。

---

① 原稿作"黄浦零点",似应指"吴淞零点"。"吴淞零点"位于长江、黄浦江交汇处,清光绪二十六年由海关巡工司测定,是中国确立最早的高程基准面,应用于上海水域工程测量。

② 公尺:米。

（四）钱江水文

　　钱江自浙省西南,奔赴东北入海,流经杭市,渐入海湾。故两岸辽阔,江潮汹涌。据闸口站水文记载,自民国四年以来,钱塘江最高水位,达"黄浦零点"上 9.45 公尺,最低水位 3.79 公尺,通常在 5 公尺至 7 公尺之间。除每年六月至九月间,水位较高外,终年无巨大变化,此殆因河身广阔,地近海口之故。每日潮汐涨落,通常为三分之一公尺,有时达 1 公尺,最甚时曾达 2.65 公尺。但在桥址附近,钱江潮特具之潮头,已渐形消灭。水流速度(最近两年记录),最大每秒 1.58 公尺,最小每秒 0.03 公尺。流量最大每秒 14626 立方公尺,最小每秒 164 立方公尺。含沙比重:最大 82:100000,最小 5:100000。以上江流情形,于桥梁设计,尚无显著困难。所当注意者,厥为水流冲刷断面变迁问题:据六和塔流量站记载,江底刷深,在五个月以内,最深之处,可达 5.5 公尺(南岸西兴挑水坝附近曾达 8 公尺之多),足证泥沙淤厚,仍易冲刷,影响于桥基之设计,良非浅鲜。所幸河身在桥址一带,紧接弯道之后,北岸连山,中泓稳定,于桥梁规划,尚称便利(水利局已在两岸建筑挑水坝,以期控制河流)。

（五）运输需要

据杭州钱江义渡最近统计,每日渡江人数,最少为一万一千余人,多至一万七千余人。其中有沪杭甬铁路、杭江铁路及各公路之搭客;有赴浙东西之过客;有往来萧山杭州之行人。杭江路通至玉山后,更有江西福建之行旅,运输不为不繁。至于渡江货物,现时尚难确实统计,但从闸口及南星桥两站之运输推算,将来每年渡江货物,当在 40 万吨以上。故通过桥梁之运输,计有火车、汽车及行人三种,而每种皆甚繁密。本计划内,特备铁路、公路及行人道三种路面,各不相犯,一切车辆行人,均可同时通过,无须号志控制,以期便利而保安全。

（六）线路联络

钱江建桥之主要目的,为:(1)使杭江铁路直达杭州,并通上海为出口;(2)使沪杭甬铁路,自杭州展至百官,完成线路;(3)使浙东浙西公路路线,连接贯通。故各路线如何过桥及彼此如何联络,均应预为筹划,以期妥善。查桥之南堍,一片平原,本无阻碍,各路衔接,自可不生问题。唯北岸近山,人烟稠密,且沪杭甬路早有轨道,势须迁就,除公路过桥,即接杭富线,无待研究外,铁道登岸后,计有两线,可通沪杭甬路:一自虎跑山谷,围绕西湖外山,在艮山门附近接轨;一自虎跑山谷,经乌芝岭后,绕回江干,在闸口南星桥之间接轨。两法需费大异,各有利弊,兹为目前经济计,与铁道部及杭州市政府商定乌芝岭路线,为联络铁路之用。

(七)设计标准

以上所述,皆为桥梁设计应行考虑之事项。兹依此为根据,并参照实地需要情形,拟订设计标准为后。

(甲)桥长　江面正桥在钱江控制线之间计长一公里(3280 呎①)。北岸引桥,计长 220 公尺(720 呎)。南岸沙滩引桥,计长 500 公尺(1640 呎)。共长 1720 公尺(5640 呎)。

(乙)桥宽　桥面应供铁道、公路及行人之用,计单线铁道净宽 4.88 公尺,公路净宽 6 公尺,人行道净宽 3 公尺,共需净宽 13.88 公尺(45 呎)。

(丙)桥高　北岸附近江流中泓之处,桥身距平时水面,净空 9～10.5 公尺。

---

① 呎:英尺,旧也作呎。

10

（丁）墩距　桥墩距离,在江流深水处,最少50公尺,以便行船之用。

（戊）载重　桥梁载重,计铁道须按照铁道部规定之标准,相当于古柏氏50级（Cooper's E50）。公路须能行驶15吨之汽车,行人道须顾及人群拥挤之重。

（己）坡度　桥面坡度,铁道最大6‰,公路最大4%。

（庚）桥式　为顾虑国防关系及节省建筑费起见,桥梁应取简单式样。活桥固不必须,所有连贯桥、翅臂桥、悬桥、拱桥及其他长径间之复杂形式,均当避免。

（辛）材料　钢铁及水泥材料,均须遵照铁道部之规范书。木料及沙石等,依照普通标准。各料以尽量在国内采办为原则。

（八）第一计划概要

民国二十二年春间,建设厅根据上述情形,函请美国桥梁专家华德尔博士,代拟全桥之设计,历时三月竣事,复经略加补充,是为第一计划。兹将其设计内容择要分述于后。

（甲）全桥概观

全桥以四种梁桥组成:（一）江流中泓处,因航运关系,设置下承式桁梁桥一座,径间89.3公尺（293呎）,下距平均水面净空 10.5 公尺;(二)此桥南北两段,在钱江控制线内,各设上托式之桁梁桥,计北段 6 孔,南段 24 孔,径间各 30.5 公尺(100 呎),合计 915 公尺(3000 呎);(三)北岸引桥,设置上托式之板梁 14 孔,每孔 15.25 公尺(50 呎),合计 213 公尺(700 呎);(四)南岸引桥设置钢骨混凝土之铁路桩架桥 82 孔,公路桩架桥 24 孔,每孔 6 公尺(20 呎),合计铁路桥 500 公尺(1640 呎),公路桥 147 公尺(480 呎)。

(乙)桥身构造

桥面供铁道公路及行人同时通过,取平层并列式;铁道之东为公路,再东为人行道。上托式桥面,宽度 14.4 公尺(47 呎 3 吋①);下承式桥面,宽度 16 公尺(52 呎 6 吋)。由北至南之路面,自引桥至下承式桥,均与水平;下承式桥以南,直达南岸,则有 6‰ 之坡度(但桩架上公路之坡度,则系 4%)。桥梁承托路面之处,在铁道系径铺枕木,上钉钢轨;公路及人行道,则用钢骨混凝土之路板。桥梁本身,采用铆钉桁架之结构,上托式梁为华伦式,每孔三架;下承式梁为帕克式,每孔两架。为求经济起见,下承式桁架,并采用精钢,以期减轻重量。至引桥桥身,在北岸系采用板梁式,每孔三架,南岸则用钢骨混凝土之平板。

---

① 吋:英寸,旧也作时。

（丙）桥基筑法

从钻探结果,可知桥基工程,异常艰巨。本计划所采用者,系于桥墩之下,打入极长木桩,最深处须达 42.7 公尺（140 呎）,务使桩头能及坚实土层,以增载力。桩上桥墩用混凝土筑成,中为矩形,两端圆收,其高度系就河底情形规定,总使深入江底,不受水溜淘空。桥墩四周,另铺护墩软席,紧贴水底,以防冲刷。所有全墩施工程序如下:(1)用竹柳钢丝编成护墩软席,以重石坠沉于桥基地点,长约 33.5 公尺（110 呎）,宽约 21.4 公尺（70 呎）,中留一孔,备桥墩穿过;(2)环绕桥墩之处,打入 18.3 公尺（60 呎）深度之钢制板桩,做成围堰,以便工作;(3)在围堰内,挖掘江底,至相当深度;(4)用汽锤及水冲法,将长桩逐一打入;(5)淘尽桩头四周之浮土;(6)在桩头处,平铺混凝土一层（水中浇筑）,作为围堰之底,亦即桥墩之下部;(7)将围堰内积水全部抽去,并用木架支撑板桩;(8)将桩头切平,铺放钢骨,筑做桥墩,渐达所需之高度;(9)桥墩完毕,将钢板桩拔出。另筑他处之围堰。

（九）第一计划工款预算

> （甲）正桥
>
> 桁架梁　一〇〇三公尺
>
> 　　　　计国币约一，九二六，〇〇〇元
>
> 桥墩　　三十二座
>
> 　　　　计国币约二，二八〇，〇〇〇元
>
> （乙）北岸引桥
>
> 钢板梁　二一四公尺
>
> 　　　　计国币约二〇七，〇〇〇元
>
> 桥墩　　十四座
>
> 　　　　计国币约二九七，〇〇〇元
>
> （丙）南岸引桥
>
> 铁路桩架引桥　四九七公尺
>
> 　　　　计国币约三四二，〇〇〇元
>
> 公路桩架引桥　一四六公尺
>
> 　　　　计国币约六七，〇〇〇元
>
> （丁）全桥共计国币约五，一一九，〇〇〇元

（十）计划研究

华德尔博士之设计，按照原送章本，自属最经济之结果。唯自民国二十二年八月浙江建设厅成立钱塘江桥工委员会后，对于最初决定之建桥条件，重加研究，认为其中尚有应行修正之处。

（甲）墩距　在江流深水处，原定至少85公尺，故华德尔博士之设计，采用铁路公路平列式，以致桥墩过长，徒增重量，但钱江水浅，不通巨舶，而桥址又在杭州之上游，将来通过桥下之舟楫，未必需要甚宽之墩距，85公尺之限度，似可变更，虽缩至一半，亦无多大妨碍，最后改定为50公尺。

（乙）净空　桥身距平时水面，原定净空10.5公尺，依同一理由，经改定为9公尺。

（丙）桥式　钱江冲刷之力甚巨，而底层细泥极深。为适应河床变迁起见，桥墩距离似以相等为宜；桥梁构造，因此趋于一致，不但减少经费，且可增进美观，而遇桥梁受损之时，搬移替代，亦比较便利，从各方关系言之，均属妥善。

以上三者为建桥重要条件，如有变更，则华德尔博士之设计，失其精彩。故委员会决定另拟各种设计，从事比较，并用同一单价及标准详加估算，计共成六种，各有利弊，兹分述如下。

（一）120 呎之上托桁梁。共29 孔，计长3480 呎，梁高14 呎，其优点在布置之经济。上为铁路，下为人行道，两旁翅臂为公路，所有桁梁隙地，均充分利用，而桥墩尺寸，亦大为缩小。所有正桥之经费，估计仅需三百七十余万元。此种铁路公路联合桥之设计，在桥梁史上尚属创格，堪称新颖。惜径间120 呎，较小于规定，且公路来去单行，无避车之余地，恐有阻碍交通之虑（此点尚可在桥墩上设避车所解决之）。

（二）153 呎之下承桁梁。共23 孔，计长3519 呎，桥身系双层建筑，梁高25 呎，下为铁路，上为公路及人行道。计需经费约三百九十一万余元。此种式样，于铁路及公路之交通，最为便利，且各不相犯，无须信号控制，唯两端引桥之建筑需费略巨。

（三）164 呎之下承桁梁。共21 孔，计长3444 呎，梁高27 呎。中为铁路，旁为公路及人行道，用翅臂梁支持，与铁路同层并列。正桥需费约三百九十一万余元。此式两梁受力不匀，公路交通易受阻碍，唯引桥较廉。

（四）184 呎之下承桁梁。共19 孔，计长3496 呎，梁高28 呎。其布置与第二种相同。计正桥需费约三百八十九万余元。

（五）220 呎之下承桁梁。共16 孔，计长3520 呎，梁高35

呎,其布置与第二种相同。

（六）310 呎之下承桁梁。共 11 孔,计长 3410 呎。因径间甚长,两梁相距较阔,故采用铁路公路平层并列式,桁梁构造亦改为弯弦,借减重量。但究以桥身过重之故,正桥需费至五百一十二万余元之巨。在各种设计中,最不经济。

以上连同华德尔博士设计（正桥需费四百二十万余元）,共为七种。抉择取舍,颇费研究。盖桥梁理论,工程界已趋一致,以同一条件,同一市价而论,如为合理之设计,其经费决不能相差太远。以上虽仅列七种设计,但若广事推求,再及其他种种式样,所得结果亦未能悬殊过甚。大抵每种设计,皆有其优异之处,而不能各方俱顾,十全十美,唯有以坚固、适用、经济、美观之基本条件为标准,斟酌取舍,权衡轻重,求其适合环境,比较完善者采用而已。上列七种设计中,经委员会之慎重考虑,认为 220 呎孔之设计,最为妥当,因决定以此招标,并绘具各部详图,以便估价,并以沪杭甬路接轨关系,将桥址中心线略向西移,是为本桥之第二计划。

（十一）第二计划概要

（甲）正桥　在钱塘江控制线一公里以内,设置双层钢梁桥 16 孔,每孔 220 呎,共长 3520 呎。上层中为公路,两旁人行道,下层为单线铁道。桥身高 35 呎,桁梁相距 20 呎,采用华伦式之构造,接榫处悉用铆钉。上层公路桥面系钢筋混凝土建筑,计厚 7 吋,承托于纵横钢梁之上,与花梁之上弦相接。下层铁路桥面由钢轨、木枕及纵横梁组成,联结于花梁之直杆。上下两弦皆有御风梁架,采用铆钉联结式。所有桥梁设计悉按规范书计算,唯钢质系采用普通碳钢,若改用精钢,则应力加大,桥身自可减轻。又于计算应力时,若假定铁路公路同时负荷最大之重量,连同最大之冲击力,则单位应力可增加八分之一,如同时更有最大之风力及火车牵引力,则可增加四分之一,此皆不悖习惯,且具有充分理由也。桥端压力每梁 440 吨。于活动桥座下,用钢滚 7 枚,直径 7 吋,俾作桥身伸缩之需。

全桥桥墩 15 座,悉用钢筋混凝土建筑。墩内留置空穴,以便减轻重量。上承桥座之处,墩盖长 33.5 呎,宽 10 呎,厚 1.5 呎,两端圆收。墩身自顶部长 32 呎,宽 8.5 呎起,四围用 1∶24 之倾斜,向外铺展,直至墩座为止,高度为零下 40 呎。因铁道坡度关系,最大墩座长 37 呎 7 吋,宽 14 呎 1 吋,最小墩座长 36 呎 6 吋,宽 13 呎。墩座中部铺钢筋网一层,下为木桩,每墩 220 根,每根最大载重 35 吨(连风力、江流之倾覆率在内)。木桩长度 50 呎至 80 呎,视江底地质临时酌定。打入时之方法,与第一计划略同,采用钢板桩之水堰,唯入土较深耳。

以上桥基计划，系根据初次钻探结果。现为慎重起见，已于桥址中心线，另行钻探，每墩一穴。若发现其他情形，足以影响设计时，自当酌量修正。

桥梁高度 35 呎，论者或疑其高，但若改为 30 呎，则每孔桥重增加二吨，所费反多。且公路引桥降低 5 呎，须将混凝土之设计修正，以免影响铁路净空，所省亦复有限。至因高度所生之各种倾覆率，则均已计算验明无虞矣。

（乙）两岸引桥　本桥桥堍之布置，因公路铁路高度参差不一，须用特殊建筑，方能与原有路面衔接：（1）铁路引桥，系用两孔上托式之钢板梁，一长 64.5 呎，一长 63 呎，紧接正桥之花梁，下承以钢筋混凝土之桥墩。板梁尽头改用垫土托轨，外加护石，直至铁路正线。（2）公路引桥，在紧接正桥处，用上托式花梁二孔，支持路面，一长 62 呎 6 吋，一长 57 呎 11 吋。越过花梁，改用结架式混凝土梁五孔，每孔 30 呎七又二分之一吋。逾此仍用护石垫土，承托路面，与原有公路相接。（3）正桥尽头，各设桥塔一座，掩护引桥两孔，借壮观瞻，并将公路路面放宽，成一梯形平台，俾作瞭望休憩之所。平台建筑仍用混凝土梁，支持于上托花梁及桥塔护墙之上。（4）以上引桥及桥塔，两岸一式，唯南岸垫土较长，且因坡度关系，有时或半浸水中，唯时间甚短，并有石块保护，当可无虞也。

（十二）桥梁收入

钱江大桥落成之后，所有通行客货，均可酌量收费，以偿工款。兹拟规定：除行人免费外，其客货之经火车或公共汽车运输者，均照南京浦口间之轮渡成例，分别收费。估计桥成之后，各种运输收入，每年可达六七十万元。

（十三）筹款计划

本桥既有收入，且属确实可靠，筹款本非难事，唯工程需款五百万元之多，费时两三载之久，衡诸国内经济情形，岂能咄嗟立办，只有拟定筹款原则，保障投资安全，庶得社会信用。一年以来，经建设厅长曾养甫先生之努力奔走及各界之热心赞助，所有建桥经费悉已筹足。在国家多事之秋，筹办如此伟大建筑，凡我工程界同仁，皆当引为庆幸也。

（十四）招标进行

本桥规模宏大，旷观国内已建各桥，除平汉铁路黄河桥外，殆无其匹。益以江潮汹涌，地质不佳，桥基困难，尤所逆料。此后实地建造，自非妥慎规划不可。本桥经费筹足后，建设厅即于四月一日成立钱塘江桥工程处，主持一切工程。先办招标手续，将全部工程，别为数项，分合取舍，悉听投标者之选择。复恐本桥设计，尚非尽善，于招标时声明，欢迎其他设计，以便集思广益：凡投标者均可自拟设计，连同标价投送，借资比较。计自民国二十三年四月十五日招标起，至五月底为止，领标者已有三十余家。预定七月二十二日开标，八月下旬开工。倘无意外阻碍，民国二十五年底，当可全部竣事。届时我国第一铁路公路联合桥，将于钱塘江头出现，而东南铁路公路之系统，赖以完成，岂仅浙江一省之幸而已哉！

原载 1934 年《工程》杂志第 9 卷第 3、4 期

钱塘江桥工程纪要

　　钱塘江桥,位于杭州闸口钱塘江上,是我国工程师自行设计监造的第一座大型现代化桥梁。全长 1453 米。上层为 6.1 米宽的公路,下层为标准轨距的单线铁路。江面正桥长度为 1072 米,分为 16 孔,每孔跨度 67 米。上部结构为铬铜合金钢的简支桁梁,下部结构为钢筋混凝土桥墩,其中六座下达石层,九座下为 33 米长的木桩,亦深达石层。

　　钱塘江造桥的困难有二:(1)江底全为流沙,深达 40 米始至石层,为水冲刷,随时下陷,故有"钱塘江无底"的谚语;(2)除江流汹涌外,尚有著名的"钱塘潮"。再加考虑到当时日本帝国主义侵华态势,必须于最短期内将桥建成,因而研究出基础、桥墩与钢梁的三种工程,同时并进,一气呵成的方法。

　　工程第一步是把桥墩下的木桩打到石层。桥墩底座为

600 吨的钢筋混凝土沉箱,在高压空气中,挖沙下沉,同时在沉箱上建筑桥墩。沉箱下沉到石层或木桩时,桥墩即可完成。上部钢梁,在沉箱下沉时,即在岸上拼装铆合,做成整座钢梁后,当有两座相邻桥墩完工时,即将整座钢梁,浮运就位安装。沉箱系在打桩时在岸上筑造,亦用浮运法就位。沉箱与钢梁所以浮运成功以及 33 米木桩所以能打到石层,而桩头在河底下 10 米,是由于特别设计了多种专用机械设备。

本桥于 1935 年 4 月开工,1937 年 9 月完工。全桥工款为法币 540 万元,合当时美金 160 万元。

本桥通车三个月后,因日本侵略军南下,杭州沦陷,本桥于沦陷当天,为我方自动炸毁,有一座桥墩全毁,五孔钢梁受损落水。抗战末期,日伪人员将桥草草修理,勉强通行火车。抗战胜利后,我方开始将桥修复,1947 年 3 月铁路公路全部恢复通车。解放后,上海铁路局将桥全部修整完毕。

建桥主持人为茅以升、罗英。解放前修桥主持人为茅以升、汪菊潜。

武汉建桥计划书①

缘　起

　　武汉三镇,襟江带水,形胜天成,素为军政要区、工商枢纽。迩年铁路公路之建设,突飞猛进,轮船航空之运输,日益频繁,西北西南之开发,农村都市之调整,种种交通上及经济上之发展,更足增进其固有之地位。徒因长江及汉水之分隔,三镇交通为之梗阻,全国铁路及公路之系统为之切断,其影响于国计民生何可胜算。民国二年曾有跨江建桥之议,其后旋兴旋辍;民国十八年铁道部顾问华德尔博士,复拟有较详计划,皆以需款过巨,搁置迄今。比经多年探讨,广搜资料,求其工程上最经济之设计、交通上最广大之效用,时加验

————————

① 本文系钱塘江桥工程处工程师集体创作,由时任处长的茅以升主编,于1936年分送南京铁道部及湖北省政府。

证,幸获有成;预计工款不足1300万元,而通车十六年后便可偿清本息,殊有实现之可能。用将研究所得,编成计划,以供有关各方之参考,海内专家,幸垂教之。

(一)建桥理由

武汉过江方法,不外隧道、轮渡及桥梁三种,而以桥梁为最妥。

(一)隧道。隧道深藏水底,虽在现代军器下,无多效用,而保卫上仍有其价值。唯下降五十余公尺,始可建筑。两岸隧道连同江中长度,以1%坡度计之,共须十一公里有奇,倘欲兼备铁路及公路之运输,则建筑工款之巨,殊可惊人。其他通气、电灯、防水等设备以及通车后维持修养之费用,均属不赀。至于往来运输,行回曲折,空气不洁,有碍安全,犹其余事。

(二)轮渡。轮渡建造较易,但铁路与公路之运输,不能同时兼顾;武汉江水涨落达17公尺之多,两岸引桥需费之巨,亦与桥梁无殊;且通过费时,如遇暴风浓雾,更须停止;所有航行管理及维持等费用,在三种方法中,最为昂贵。

(三)桥梁。桥梁建筑经费,较之轮渡超出无多,较之隧道则只及三分之一,而效用期间较久,维持经费有限,过江时间最省,交通便利,行旅安全,远非隧道或轮渡所能及。至于国防关系,则桥梁之修复,且较易于隧道,或轮渡之引桥,从长期经济言之,亦未足为病。

(二)运输需要

平汉及粤汉铁路,绾毂南北交通,运输异常繁重,武汉桥为此两大干线接轨,自应具备充分之运输能力,以采用双线铁路为宜。全国公路亦以武汉为中心,而三镇人口数达一百二十余万,现时每日过江者逾四万人,则本桥更须顾及汽车、电车、人力车、自行车及行人等各种交通之便利。本计划内备有双线铁路,标准公路及人行道三种路面,各不相犯,一切车辆行人,均可同时通过,无须号志控制,以保安全。

(三)桥址选择

桥址选择,应以节省经费、便利交通、增美环境为目的。经多时考虑,拟定如下。

(一)扬子江部分,采用铁路公路联合桥,于武昌之黄鹤楼过江,直达汉阳之刘家码头,其故有五:(1)江面最狭,正桥经费较省;(2)两岸有山,引桥经费大减;(3)巨轮停泊汉口,不经桥孔;(4)汉水在桥址下游入江,影响较小;(5)联络武汉三镇。

(二)汉水部分,分建两桥均活动式,铁路在硚口码头附近过江,与平汉铁路接轨;公路在咸宁码头附近过江,直趋汉口江汉路。其故有四:(1)铁路联络线须远离繁盛之区;(2)公路桥须紧接汉口闹市;(3)汉水舟楫,多停泊于咸宁码头之上游,公路桥不必常开;(4)两桥皆活动式,分建较廉。

(四)线路联络

铁路公路与现有各路之联络,须就选定桥址,择其最简捷而经济之线路。经多次踏勘,拟定如下。

(一)铁路。自武昌宾阳门外粤汉铁路终点起,绕蛇山之北,沿山坡而行,于相当地点,增设武昌车站,横过武昌路山洞,经警钟楼及电话局之旁,越南楼而抵黄鹄山,绕黄鹤楼渡江,达汉阳之刘家码头,直趋龟山之左,避兵工厂,沿山坡行,穿月湖心街,过月湖港,设汉阳车站,绕至梅子山麓,经西月湖,在硚口码头附近渡汉水,经汉口市区边境,至玉带门车站,与平汉铁路接轨。计联络路线总长七公里半,最大坡度百分之一,弯道半径最小380公尺。

为比较起见,曾踏勘其他路线。较有价值者,为从武昌吴家园附近粤汉铁路起,循螃蟹峡、文家厂,越凤凰山,跨筷子湖,在大堤口码头附近过江,至汉阳之古康王庙登陆,绕至龟山后仍照前线与平汉铁路接轨。此线较前线约长一公里半,武昌引桥较高,计须共增工款一百余万元,且铁路线在汉阳江岸,须转一大弯道,行车至为不便,故未采用。

(二)公路。自武昌黄鹤楼附近,绕入扬子江桥,达汉阳之刘家码头,循江岸分为两线,一往汉阳城,接显正街;一至四码头,绕入谭家巷,直趋咸宁码头,越汉水,经汉口元兴巷、花楼街,与江汉路衔接。

(五)江汉水文

扬子江水位最高时,约为七、八、九三月,最低水位,则在一、二月之间。民国二十年洪水,达吴淞零点上 28.5 公尺(合"江海关"水标 54 呎),为有史以来之最高纪录。从各年水位表,得普通高水位 24.99 公尺,普通低水位 12.71 公尺,最低水位 11 公尺。汉口附近江流速率,冬令每秒 0.5 公尺至 0.77 公尺,夏令每秒 1.55 公尺至 2.32 公尺。洪水时期,每秒 2.57 公尺至 3.02 公尺。

江面在桥址附近,宽约一千一百余公尺,江底最深处,距武昌约二百至三百公尺,其断面变迁,经在汉口测量,证明水之冲刷,异常剧烈。

汉水上游倾斜甚骤,汛期涨水落水,均极迅速,最大流速,每秒2.46公尺,最小每秒0.9公尺。水位在入江处,自与扬子江相等,唯其地河身较狭,附近上游水位,因此抬高。

（六）桥址钻探

桥址钻探,为设计之依据;武汉建桥,动议虽久,但实地钻探工作,则自民国十九年始。计扬子江钻探八孔,汉水钻探共四孔,所得资料,堪供本计划之用。将来兴工时,若于每个桥墩地点,至少再钻一孔,以资比较,则更为妥善。从已得结果,可知扬子江近武昌江岸处,因水流湍急,江底即系石层,大水时期并无泥沙淤积,水深计达36公尺之巨。由此向西,江底因积沙石子渐形垫高,但石层则逐渐下降,至距汉阳岸约250公尺处,石层忽又高耸,过此又复降低,成一斜坡,其上覆以黏硬性之黑色泥质。汉水之石层甚平,较扬子为低,其上有沙砾及硬泥层,均甚深厚,江底较扬子为高。

（七）设计张本

以上所述,皆桥梁设计时,必须考虑之事项。兹依为根据,并参照实地需要情形,拟定设计张本如下。

(一)桥长。扬子正桥,在武昌汉阳之间,长 1167 公尺,武昌引桥,长 261 公尺,汉阳引桥,长 504 公尺,共计长 1932 公尺。汉水铁路桥,长 230 公尺,汉水公路桥,长 191 公尺。

(二)桥宽。桥面应供铁道公路及行人之用,计双线铁道最少净宽 8.54 公尺,单线铁道 4.88 公尺,公路 7.62 公尺,人行道 3.5 公尺。

(三)桥高。桥下距最高水面,须留净空 33 公尺,以备江轮之通行,桥上净空,铁道最小高度 6.71 公尺,公路 4.88 公尺。

(四)墩距。至少 100 公尺。

(五)载重。铁道载重按照铁道部规范书,相当于古柏氏 E50 级(Cooper's E50),汽车载重 15 吨,电车载重 50 吨,人行道每平方公尺 400 公斤。

(六)坡度。桥面坡度,铁道最大 1%,公路最大 4%。

(七)材料。钢铁及水泥、木料、沙石等,依照铁道部规范书及公认标准,各料以尽量在国内采办制造为原则。

(八)设计要点

扬子江桥之建筑,问题甚多,其设计条件每致彼此冲突:

（一）江水涨落，已达17公尺之巨，航运净空高度，更需33公尺，如用固定式桥梁，则高耸可惊，引桥所费不赀；活动式桥梁，则水陆交通不便，维持修养，尤不经济。

（二）江流湍急，桥墩建筑困难，需费甚巨，自以减少墩数为宜，但桥孔跨度加长，桥身必宽，而墩之断面增大。

（三）桥孔跨度加长，桥梁必高。为经济计，主要桥孔，自可采用下承式梁，近岸各孔，用上托式梁，但铁路公路，必须平列，而桥宽受其限制。

（四）近岸各孔跨度，如较短于主要桥孔，则桥宽桥高，亦应比例减小，而路面布置，难于措手。

（五）本桥运输逐年增繁，最后须备双线铁路、双线电车汽车道及人行道四种路面，方足应付，但建筑经费，因之激增，投资过巨，清偿不易。

兹为力求本桥之经济美观并充分发挥其运输能力，所拟计划之要点，可得陈述者：

（一）近武昌岸江水深处，设主要桥孔，采取固定式之拱形连续梁，使净空增高，桥墩减低，腾出航运地位。

（二）除拱形梁旁之两孔外，余采同跨度之平弦连续梁。

（三）拱形梁及两旁连续梁上之铁路公路路面，采平列式，其宽度适为长跨度所必需。

（四）平弦连续梁之路面，分为两层，铁路在上，公路在下,因公路之许可坡度较大,故其路面可逐渐提高,至与铁路并列为止。

（五）铁路公路在平弦连续梁上,分为两层,但至拱形连续梁后,则改为平列,故其间有扇式梁一孔,使公路能旁绕穿梁,由分而合。

（六）桥墩之面积及高度,系载重及水位所必需,不因迁就桥宽或梁高而虚费。

（七）分层或平列之路面,均因跨度关系,桥身之宽适有铺设双线铁路及双线电车之余地。

（八）桥墩设计,系按照将来全桥之载重（即双线铁路、双线电车汽车道及人行道所需者）；桥梁及路面,则按照目前需要。

（九）将来载重增大,桥梁及路面,均可随时加固。

（十）桥身采用精钢,桥墩取空心式,以便减轻重量。

（九）计划概要

（一）扬子江桥。

（甲）正桥。汉阳武昌间以三种桁架钢梁组成,共长 1167 公尺：(1)汉阳起双层连续梁四孔,每孔跨度 128 公尺,桥宽 8.54 公尺,梁高 21.34 公尺,用 K 字平弦桁架,铁路在上层,坡度 1%，公路在下层，坡度 3.52%，故桥头铁路公路高距 21.26 公尺，至第四孔尽头，只差 8.22 公尺。（2）第五孔为 129.58 公尺之 K 字桁架单式梁，桥宽西首与前相同（8.54 公尺），东首则放大至 17.07 公尺，成一扇形；公路在西首距铁路 8.19 公尺，仍循原坡度，偏斜上升，至东首则相差 4.96 公尺，适在规定净空之上。（3）扇式梁之东为三孔拱形连续钢架梁，中孔跨度 237.74 公尺，两旁各为 128.8 公尺，桥宽 17.68 公尺，均 K 字桁架，铁路公路之路面，至此改为并列式，在旁孔联梁，位于上弦，至中孔悬道则改用拉杆吊载。

正桥桥座及七座桥墩，均用铁筋混凝土建筑，其长宽尺寸由载重决定，墩顶只露出最高水位为止。自西而东第一至第四墩，采用空心式，墩盖长 14.03 公尺，宽 4.89 公尺；两端圆收，墩座长 20.73 公尺，宽 13.41 公尺，高自 33.53 公尺至 47.25 公尺；第五墩至第七墩，采用双柱空心式，每柱顶径 6.11 公尺，相距 17.68 公尺；墩座长 30.48 公尺，宽 13.41 公尺，高度自 39.02 公尺至 48.47 公尺。西岸桥座建筑于基桩之上，东岸桥座置于石层，各长 21.34 公尺，宽 16.76 公尺，高 58.22 公尺，其上均建桥塔，以壮观瞻。

以上桥墩建筑及钢梁安装，因江流及跨度关系，需用特殊设备及施工方法，经研究验证，拟有最简捷之有效计划，信有相当把握。

（乙）引桥。西岸汉阳引桥，长 504 公尺；东岸武昌引桥，长 261 公尺。除土台外，均用钢梁铁架建筑。每两架距离 18 公尺，每架长 9 公尺，上宽 2.13 公尺，旁柱用 1∶6 倾斜，向外铺展，至混凝土地脚为止。

（1）汉阳。正桥在汉阳登陆，为双层式，下层公路距地面不足两公尺，可用土台与市区公路衔接；上层铁路高出地面 20 公尺，用铁架 18 座，接至龟山。

（2）武昌。正桥在武昌登陆，为铁路公路平列式，以地势较高，黄鹤楼附近尤甚，公路虽须引桥，但只 220 公尺，即可降至市区路面，故与铁路同采铁架，至黄鹄山时，方行分离；铁路至此接联络线经土台 257 公尺，又铁架 207 公尺，接至蛇山。

（二）汉水铁路桥。

桥址在硚口码头附近，与市区隔绝。桥长 230 公尺，分五孔，中为升降活动桥，长 50 公尺；两旁为上托桁架四孔，每孔长 45 公尺。在大水时期，活动桥除于火车通行时放落外，余时均高悬在上，以便船运。各梁采"华伦"式桁架。活动桥两端设铁塔，高 28 公尺，每塔内用混凝土锤平衡桥身之重。桥墩系钢筋混凝土建筑，亦采空心式，下用木桩承载，桩长约 20 公尺，唯两岸桥座底，在低水位之上，改用混凝土桩，以期坚固。

（三）汉水公路桥。

桥址在咸阳码头附近,期与繁盛市区衔接,长191公尺,其地水流甚涌,河中不宜筑墩,故只用双开盒式之活动桥梁一座,净宽90公尺,按时启闭,以利交通。开桥时梁之两叶,旋起矗立,有似40公尺之高墙,车辆行人均无法通过,足以保障水道运输之安全。桥宽7.62公尺,可备双线电车之行驶。桥墩系钢筋混凝土建筑,下承以20公尺之木桩。

（四）扩充准备。

本桥应有双线铁道,双线电车、汽车及行人四种运输,但目前只备单线铁道、汽车道及人行道三种路面,所拟扩充准备如下:(1)所有各桥墩桥座均照四种运输之最大载重设计;(2)铁路路面之横梁,照双线设计,纵梁四道,距离相等,目前先装当中两道,改双线时,再添外沿两道;(3)公路之横梁纵梁按照电车或汽车之最大载重设计;(4)公路路面之电车轨道部分,暂用混凝土块镶拼,将来添铺电车轨道时,只须将土块拆除改造;(5)各桥桁梁之连接板,照将来载重布置,但各支杆照单线铁道设计制造,将来随时可增置板铁、角铁加固;(6)引桥铁架,可加设一柱,承托所增之铁路;(7)各梁平面直面之支撑等,均可同时加固;(8)全桥加固时,水陆交通,均可设法维持,不致完全停顿。

（十）工程预算

本桥所需工款,均系根据详细设计之数量,逐项预算,其单价系根据钱塘江桥各合同;货币折合,根据现时之汇价;所有外洋材料之进口关税、国内材料之地方税或附加税等,均未包括在内。兹将各项细数另表开列,并将总数胪列如下:

（一）扬子江桥　国币　玖佰陆拾万元

（二）汉水铁路桥及联络线　壹佰伍拾万元

（三）汉水公路桥及联络线　壹佰肆拾万元

共计国币壹仟贰佰伍拾万元

本桥建筑时间,根据下列原则,预定进行程序:(1)所有关于建筑之一切准备事项,先行详细布置,俟切实就绪后,方行开工,以免欲速不达之弊;(2)七座桥墩同时开工;(3)扬子江大汛时期,水深达36公尺,流速每秒达3公尺,不宜桥墩建筑,恐须暂停工作;(4)钢梁制造安装,与桥墩同时开工;(5)于第一年冬季筹备,第二年冬季开工,第五年冬季完成,共需时四年。所有各项工作之进行程序,详列附表。

（十一）收入估计

扬子江桥落成后,可从各种往来运输,酌收过桥费,以偿建筑工款。除人力车、自行车及行人免费外,其客货之经火车、汽车及电车过江者,参照现时状况,酌定收费标准如下:(1)火车乘客,每票三等二角,二等四角,头等六角;(2)公共汽车及电车乘客,每票五分;(3)小汽车用牌照办法,每月十元;(4)货物每吨,五等一元,四等一元一角五分,三等一元三角,二等一元四角五分,头等一元六角。

估计第一年可收一百五十余万元,嗣后按年增加,可达一百九十余万元。兹将各项款目,分别列表估计,并附说明如次:

（一）年度。本表所列年度,系自桥成通车之日起算。

（二）货运。根据平汉铁路及粤汉铁路湘鄂段最近数年之统计,每年汉口各站之到达货物约六十余万吨,起运约十余万吨;武昌各站之到达货物,约二十余万吨,起运约六万吨。两路合计,到达共约八十万吨,起运共约二十万吨。此中究有若干,必须过江联运,无从查考。唯可断言者,粤汉铁路通车后,武昌各站之货物,必不少于汉口,且汉口货运吨数,亦必因以增多。从江汉关进出统计,其进口总值,略与出口相等。假定南北联运畅通后,武汉两站之到达及起运吨数,亦约略相等,联运吨数,占总吨数之半,则如汉口到达货物至90万吨时(如民国二十三年),每年往来过江货物,即共有90万吨,每日平均2500吨。更从南京浦口间之铁路轮渡比较,第一年每日平均2300吨,第二年2700吨,此虽因上海海口关系,但平汉、粤汉两路,系原有及新筑各铁路之干线,所经地带,比较富庶,武汉过桥运输,未必逊于首都轮渡。估计表中,第一年过江货运,拟订每日平均2500吨,从本路及他路观察,似属稳妥。

(三)客运。根据武汉轮渡营业统计,全年过江人数,现达一千五百二十余万人,每日合41700人。平汉铁路汉口各站往来乘客,每年约七十余万人,平均每日约2000人;湘鄂段武昌各站往来乘客,每年约三十余万人,平均每日约1000人。粤汉铁路通车后,客运大增,假定每日过江乘客5000人。公共汽车及电车乘客,假定合现时过江人数四分之一,计每日10000人,不足武汉三市区人口总数1%。

(四)收费。表中各项收费标准,皆系按最低等级计算,火车客运均系三等,货运均系五等。

(五)岁增。凡新创交通事业,一经公众乐用,皆系年有进步,绝少例外。本表所列各年增益之数,系按第一年5%计算,以后逐年增益,至第六年时,即认为达到最高数额,无须继续增加。自第十二年起,城市运输之过桥费,停止征收,借谋当地交通之便利。

(十二)筹款方案

扬子江桥工款960万元,落成后每年收入150万元至190万元,以此收入为基金,筹措不足1000万元之工款,似尚非难事。兹拟发行公债,按实际需要,分年抵押现款,为工程之用;预计通车十六年后,本息偿清。为减轻建筑时期之担负起见,在通车以前之公债利息,拟请由有关各方,特别垫款协助,将来从桥梁收入内拨还,以资周转。桥梁之管理、维持、修养、改良等费,为数甚轻,亦从收入内,分年提款备用。

汉水两桥及联络路线,共需款约300万元,由铁路及市区分别筹款担任,或将上述公债数额扩充,连同两桥及联络线之收入,并为基金。

1936 年

钱塘江桥一年来施工之经过

　　本桥设计及筹备经过,已详《工程》杂志第 9 卷第 3、4 两期,现所进行工程,即其中第二计划之实施。正桥桥墩由康益洋行承包,正桥钢梁由道门朗公司承包,北岸引桥及公路由东亚工程公司承包,南岸引桥由新亨营造厂承包,原定工费 500 万元,工期两年半。自去岁四月间,材料工具开始到工积极进行以来,迄今一载有奇,所经工程上、设备上及人事上之种种困难,无从罄述,所当自幸者,即所定计划,既可实施,而工费工期,亦不致超出预算,尚足告慰关心人士耳。

（一）施工研究

　　本桥施工方法,下列各篇均有说明,兹先将研究经过,披露如次。

（一）沉箱。

本桥工程以正桥桥墩为最艰巨。设计伊始，材料不甚充分，施工方法，觉以钢板围堰为最经济，故即以此法招标。其后屡经研究，并参证去岁围堰冲陷之经验，乃悉改用气压沉箱浮运法，幸告成功。所经阶段，有可陈述者。

（1）围堰与沉箱。桥墩入土甚深，如用钢板围堰，其长度须达 26 公尺（85 呎），方能稳妥。此项长桩，订购需时，打工不易，且江底土质附着力甚大，拔起尤为困难，倘竟不克拔起，则每墩需板一套，既不经济，且阻遏江流过甚，增剧冲刷；益以围堰支撑（bracing）之不易（因受风力水力之面积较大），堰内打桩之困难（因桩须穿过支撑），封底前桩头情形无由察看（只凭潜水夫之报告），封底抽水后水浮力之危险（因冲刷关系水深可达 20 公尺），种种情形，皆不逮气压沉箱之适用。

（2）开口沉箱与气压沉箱。北岸石层，坡度甚陡，开口沉箱不易奠基。南岸石层甚低，若悉用开口沉箱，则需费过巨，若参用木桩，则打工困难，较气压沉箱为尤甚。

（3）钢板沉箱与混凝土沉箱。钢板沉箱，在浮运时为一船，就位后即为混凝土之模壳；且质轻料坚，便于工作，自可采用。唯：（1）须与木桩同向外洋订购，沉箱一切工作，为之延误;(2)钱江山水潮汛,俱甚汹涌,沉箱浮游时,最易冲走,而钢箱全部系于浮游中浇筑,占时既久,势难安全;(3)在有基桩之桥墩处,须先将木桩打竣,钢箱就位后,方能浇筑箱内之混凝土,故打桩与浇筑,不易同时进行;(4)钢板沉箱工料,均较混凝土沉箱昂贵。

(4)混凝土沉箱就地浇筑与浇筑后浮运。江中就地浇筑,须用钢板围堰。本桥之第一、第十四及第十五三号桥墩,本拟用此方法。唯第十四、十五两墩处,水流甚急,冲刷极剧,致将围堰冲陷,而用极长之钢板,需款又属不赀,故不若岸上浇筑之经济。益以前述打拔板桩之困难,工期上恐亦不免延误。

(5)岸上浇筑之船坞法、滑道法及吊运法。船坞法,利用水力,筑箱之处须在深坞,而本桥两岸皆有流沙,开坞时,随挖随淤,永无宁日,故无从采用。滑道法亦须开挖,且沉箱甚多,一线排列,滑道坡度既大(至少 $1:18$),则较远沉箱,距地必高,其建筑及滑送方法,均颇不易。至吊运法,则在坞中之土木建筑较少,大部工款耗于吊车设备,而吊车则他处可用,且搬运沉箱时,进退固可如意,即降落水中后,亦尚可吊起检验,或加修理,为前两法所万不能办到者。

（6）沉箱施工方法。

（子）起吊。起吊沉箱，可从箱底用钢梁数根，承托全重；或在箱之边墙内，预置钢条若扇骨，将全箱悬起。前法于起运前，须将各梁——插入箱底，再联结于吊车，沉箱出陇（即浮出吊车）后，又须将各梁捞起，一一松解，手续甚繁。后法则于扇骨交接处安置一钩，起吊放落，均极便利。唯托梁法着力在箱底，不影响内部之应力，比较安全，故予采用。

（丑）转运。沉箱吊起后，因吊车之推动，徐徐转运。吊车设计关键，在车架之刚劲（rigidity）及架脚之着力点。因沉箱重量着力处在吊车上梁之两点，而此两点与车轮着力处，不成直线，故上梁弯成弓状，而在车旁三棱架接榫处引起甚大之挠率（moment）。此挠率足使整个吊车走形，发生危险。应付之法，或在接榫处加入斜杆（knee brace），或将上梁切面之惰率（moment of inertia）加大。因后法便于工作，故经采用。至架脚之着力点，从理论言，应以车轮与轨道相切处为最妥，但事实上不易办到。故在架脚置一横木，横木下置车轮，即以此横木中心点为沉箱重量着力点。车轮下本可用单轨，因轨之切面积过巨，不易置办，改为每轮双轨。第一座沉箱转运时，颇见安全；至第二座时，则发现两轨略有高低，因之吊车两旁之三棱架亦可斜倾，或同向内，或各向外，或共倒一边,而以第三现象为最危险。因于架脚,特用三角形钢撑加固,使一脚双轨不平之影响,为他脚钢撑所抵御,嗣后遂无问题。故吊车单轨双轨之利害,颇堪研究。

(寅)入水。沉箱驶至便桥尽头,降落入水,其动作赖托梁悬杆上之螺旋机。此套设备,前在津浦黄河桥应用时,人力即可推动,并无困难。本桥沉箱较重,照其能力设计,而临时竟生阻碍,不得不改用电力,故厂家出品之宣传,有时不可尽信。

(卯)出陇。沉箱入水浮起后,拖出吊车时之工作,悉赖锚、缆、绞车等之操纵,其要点在保护吊车及便桥之安全,不使沉箱因水流或风力而与之冲击。沉箱降落后位于两便桥之间,每边所留隙地,仅合八公寸①。故立锚宜远,收放缆索,务须迅速,使箱之出陇途径,几成直线。

(辰)浮运。沉箱出陇后,浮运至桥墩地点,因系方形,水之阻力甚大,拖挽不易,故应利用江潮,顺流而下,拖船从旁相助,仅为导入路线而已。在潮大时,箱之铁锚,并不卸去,使在泥中拖带,以便减少速度。

(巳)就位。至桥墩地点后,沉箱须锚碇于准确位置,方

---

① 公寸:旧长度单位,1公寸＝0.1米。

可沉底,而锚碇方法,殊费研究。高箱六锚,稍一移动,六缆均须收放。此六锚前后两锚,应在箱之上下游,固无问题。其余四锚,则可于箱之两旁,各置两锚,与桥之中心线平行;或在箱之四角,每斜向一锚,使成交叉。各有利弊,以用第一法较妥。

(午)沉底。沉箱就位后,须从速沉至江底,免为急流冲动;或用水压法,或仅凭续浇混凝土之重量,或两法兼用。因桥墩之浇筑,须在沉箱填筑以后,如用水压法,则沉箱内须备储水隔间,体重必须大增。陆运不甚经济,但悉赖混凝土之重(须1500吨方能沉底),则因浇筑关系(如箱梁填筑后须经三日方续浇墩柱),需时又不免较久。现虽采用浇筑法,但于必要时,可于木堰内放水加重,使箱暂沉江底,俟水小时,再抽水续浇,一面改用加大之混凝土锚(每个重10吨,内有水冲管),以免水冲移走之危险。

(未)入土。沉箱既至江底,即可安放气柜,拆卸箱上围堰,开始入土下沉。此时因柴排障碍及土软关系,箱位极易移动,须多次施测,方可进行。如相差不多,在两公寸左右者,可俟入土后,先尽一边开挖,则沉箱下降,自可矫正。又以软土水浸,气室易为填塞,开挖工作,总须经相当时间,方能正常进行。

（二）打桩。

本桥南部九墩，石层甚深，其上淀泥沙砾，综错相间，达21层之多，四十余公尺之厚。原计划采用百呎木桩，上载桥墩，自系经济办法。唯开工伊始，因沙砾层关系，打桩极为困难，锤重不足则桩不下，过重则桩裂，几于束手。因念泥沙阻力既大，其安全压力及阻擦力，必有可观。倘竟废桩不用，将桥墩沉降至气压法所许深度，或亦一法。从钻探结果，在此深度（-20公尺）各墩地质，大部系淀泥带沙（silt with sand），尚属硬层，至泥沙之比例，则不一致，究能胜任若干压力，非经精细试验，难有把握（因含水关系，普通试验不能遽定）。唯知沙泥如此之厚，而无甚黏土（clay），其透水性及静抗力（passive resistance）必大，例以普通土样压力，则每平方英尺如加以平均两吨之压力，或不为多，而全墩载重，即可胜任。因是有两种主张：（1）仍照原议将木桩设法打下；（2）不用木桩，但将各墩（第七至十五号）沉至-20公尺之硬层（加深八公尺）。为取决起见，曾有将天然土样（sample in natural state）寄往欧美土质试验室（soils laboratory）研究之意。唯时不我待，且照第二法，即墩底土质不恶，而其下软层透水，倘受他处影响，整个桥墩或竟有偏陷之危险。故一面采取土样备用，一面仍研究打桩方法。最后赖水中法之改善，打桩幸告成功,此问题始告一结束。然土样现仍送往试验,用备将来之参考。打桩既经成功,则照此打法能否达到设计之载重,亦当研究。本桥每墩 160 桩,桩距 1.15 公尺,墩底宽 12 公尺,长 18 公尺,故桩之承量,端赖桩底之顶力。但仅以桩尖之面积论,每桩自难胜任其所分担之重,唯水冲法并不影响桩之下部(21 公尺系汽锤打下)。从土力学立场,应将 160 桩,连同桩间原土,视作集团一体之基础,所有载重,由墩身经此集团,而达基础之全面积。俟全基工竣,自行校正,臻于稳妥时,其实际上之压力线,当可如电灯泡状,层递分布于基底及四周,随时保持其均衡之状态,应不致有悖于设计时之原意也。

水中打桩法有二:一为建筑临时栈台(stage),上铺轨道,使桩架能纵横移动,以便依行列进行;一为置桩架于浮船,浮船移动,则随地皆可打桩。两法皆有利弊,嗣以机船打桩较速,且用途较广,因决用此法。并以工期缩促,拟三墩同时打桩,特定制机船两艘,船头立活动钢臂(boom),长 37 公尺;上悬导桩架(lead),长 30 公尺,内置桩锤等,共重 25 吨,桩架可伸至江底,其重量足保桩之垂直。船前竖立临时平台,上记排桩之相互位置,以便测定各桩地点。

打桩次序,因送桩拔出后,中留一孔,邻桩易于倾斜,因有两种提议:一法先将各桩打完,然后用送桩——顶下,似此则因桩架活动区域,较大于两桩距离,顶桩次序,斜向两行,均须间隔一桩,分四次进行,方能将全部顶竣;一法打桩时即行顶下,唯隔一两行,再打他桩,使送桩孔隙,有机填满;本已决用第一法,嗣以水冲法成功,孔隙不成问题,仍改依纵横方向,依序进行。

有木桩之桥墩,根据以往记载,原定沉至-12公尺,但经继续测验,益以围堰冲刷之经验,颇虑中心三墩(第七、八、九号)之深度,仍有不敷。但欲深沉墩底,则以设备关系,桩头打至-12公尺后,不能继续再打。如墩底沉至此深度后,仍须下沉,则所有遗留之桩头,均须在沉箱气室中,片断截去,或用电锯,或用电焚,或用炸药,均非易事。每墩160桩,应如何截去,沉箱速率方不致大减,经多时研究,始决采电锯法。

(三)钢梁安装。

正桥钢梁安装,原用翅臂法(cantilevering),虽钢重因此增加,但省去安装所需之临时建筑,仍较经济。嗣以桥墩工期缩短,各墩同时进行,完成次序,先后不一,翅臂法无从采用,只得改用浮运法,每邻接两墩完竣,即安一孔。钱江有潮汐关系,应无甚困难。唯施工时,仍遇不少问题。

(1)钢梁全部运到时,尚无邻近两墩完全竣工者,故钢梁镶拼后,须有临时安置之所,以待浮运。按照施工程序,各墩完成之期,其为密近,故待运钢梁,必不止一座,势须先将各梁一一拼镶完竣,方免误期,而如何安置若干待运之钢梁,则颇费研究。每座钢梁长66公尺,重260吨,横排占地太多,直排搬运不易。幸钱江北岸冲刷影响尚小,因用木桩栈道两行,相距66公尺,另造钢梁托车,长8公尺,将已拼钢梁托起,一一送出,平列于栈道之上;似此则七八座钢梁,均可拼齐待运,一座浮出,再运他座,各梁之拼镶工作,不致稍有停顿。

(2)浮运时当然用船,但两船或三船,铁船或木船,深船或浅船,各有利弊,经研究结果,决用木质浅船两艘,均系特制,每船可载重600吨。

(3)近岸两孔,因水过浅,如用船则须挖泥,如搭临时木架,则所费太巨,现决仍用浮运法。

(4)浮运赖潮,而一月之中,高潮不过数日,若汛期只安一孔,未免迟缓,故须多备顶梁工具,庶可在同一汛期,安装两孔。

(5)工地油漆三道,每次油漆何时最妥,曾经考量,现定装配后一道,安装后一道,公路路面完成后一道。

(四)引桥。

两岸引桥,以濒江桥墩之工程较巨。北岸之墩,系用开顶沉箱法，下沉时不免歪斜，校正为难。设计时对于"分室沉箱"及"井筒沉箱"，各加考量，最后以井筒较小，易于控制，且所费较廉，故经采用。南岸之墩，系用围堰木桩法。对于钢板桩(长 15 公尺)应否拔出，木桩(长 30 公尺)应打深度，封底时积水处置(因有流沙)，均经多时研究，始定最后办法。

北岸各墩，虽较简单，但以石层坡度甚大，上覆土质内夹流沙，开挖桥基时，既须切石，又防流沙，工作不易。又打桩时，所遇困难，亦与正桥无殊。南岸数墩，亦因流沙关系，开挖时曾遇极大困难，嗣用木质围堰御水，堰内日夜开挖，所遇泥水，不断抽干，封底时并用富于水泥之混凝土，方告成功。

引桥尽头须与现有之铁路公路联络，其整个建筑，并须为天然风景之陪衬，故桥头平台之设计、桥栏灯杆之布置及路口进道之式样，均经再三审慎，期其简单美观，无悖于经济之原则。

(二)施工凭借

本桥施工，以利用大地自然力为第一要义。所筹工具及设备，皆因地因时，控制辅导此伟大之自然力，供我驱使而已。

（一）水。

（1）桥墩沉箱，因赖水之浮运，所需工作阶段，得于陆上完成大半，较诸全部水中工作，不仅工费时间，两俱经济，且在浮运之前，水中不生阻碍，于江流及交通，俱有莫大裨益。所称困难者：

（子）钱江水位因潮汐关系，每月潮落两次，变动甚速。若以江水论，最高时约在三月下旬，达八公尺以上，最低时，在七月中，约四公尺余，沉箱吃水五公尺，故常感水位不足；

（丑）江底变迁无常，或淤或刷，冬季水小流缓，江底淤涨，沉箱不易出陇，夏季山洪暴发，冲刷过甚，沉箱又难于就位；

（寅）沉箱形如方船，庞然大物，水压及风力俱强，浮运时如值溜急风紧，则易生危险；

（卯）沉箱就位后加重下沉时，箱底过水渐急，倘两端冲刷不一，箱身便易欹斜，甚或倾倒。

以上（子）（丑）两点，可利用潮水之助力，（寅）点须审选天时，（卯）点则赖柴排（沉箱就位前沉底）及石枕（沉箱就位后临时填塞）掩护，幸能一一解决。

（2）正桥基桩，因赖水冲法之助，得深入泥层，而无折裂或欹斜之弊。前华德尔博士为此桥设计时，因用 37 公尺之桩,曾引为顾虑。经分函美国各大建筑公司征询意见,均以如此长桩,非借水力冲射不可,但应如何实施,则主张不一,大都赞成每桩两管,分缚桩头。本处打桩时,初亦拟用两管,但如何缚置,因桩与接桩共长 50 公尺,大是问题,若置于桩外,则拔起不易,每桩废两管,殊不经济。若于桩旁,各抽一槽,安置水管,则不仅桩之面积减小,且亦费工太多。经多方试验并改良设备,始决用"一管先冲"之法,其概要如下:

管长 43 公尺　　　　管径 3 英寸　　　　管尖 $1\frac{1}{4}$ 英寸

水压每平方英寸 250 磅　　　　水量每分钟 500 加仑

将水管先冲至相当深度时拔起,再将木桩插入,只凭重量,压至水冲深度,再行锤下,结果非常圆满。

(3)钢梁安装,因赖水之浮运,已可缩短工期,且梁上公路系混凝土建筑,如将木模及铁筋工作,先于钢梁上完成,一俟浮运安装后,即行浇灌混凝土,则公路通车时间,亦可大为提早。

(4)柴排掩护江底,为减免冲刷最有效之办法。编成后赖水之浮运,得达桥墩地点,其中芦柴功用,初为增加浮力,沉底后压碎,浮力消失,转为牵拢柴席之工具。

（5）他如钢板围堰因水压力而挤紧，打木桩时因水之上流而引起油滑作用等，更属意外收获。

（二）潮。

钱江潮素负盛名（流速最大每秒1.6公尺），桥工为之受阻，同时亦蒙其益。

（1）沉箱浮起时，赖涨潮之水（每日潮水涨落在夏季达三公尺），浮运时赖退潮之溜；

（2）钢梁船运时赖潮涨，安装时赖潮落；

（3）山水大发时，江流湍急，无时或停，赖涨潮时逆流之抵御，得稍舒喘息，加紧工作；

（4）潮汛有定期，工作程序，赖以天然督促以补人事之不足。

（三）空气。

气压沉箱法，赖空气之压缩性，与水力抵抗，不仅使江底基础得以如意布置，且可亲目察看，增进信心，洵为他法所不及。又沉箱开挖时，遇无甚黏性之土质，可借吹气法（blow out process），利用气压，将泥沙排出，较之人工挖土，省费省时，最为经济。唯吹气管内时生障碍，如何能使其久用不停仍在研究改良中。

（四）重力。

沉箱陆运时因重而稳，不虑风力；到桥头时，因重降落，入水浮运；就位后浇筑墩墙，因重下沉（桥墩最重者8000吨，最轻者6600吨）；防御冲刷之柴排因重沉底随刷随紧；打桩用之水冲管，因重入孔愈冲愈深；混凝土浇灌时，因重下坠，分布各处等；皆利用重力之例。

（三）施工验证

任何工程，因天时地利关系，仅凭一纸设计，决难实施顺利。若其环境特殊，工作艰巨，则初步实施，更无异于尝试。本桥施工方法，如600吨沉箱之平轨陆运，30公尺木桩之打埋江底，桥墩挖土同时用气压法进行者，达七座之多，不但在国内为创见，即国外亦鲜比拟。能否准时告成，在开工伊始，虽有极强之信心，究不敢谓确有把握。故一面积极进行，一面仍筹失败善后之策，历经种种困难，如：

（甲）沉箱便桥木桩，排比甚密，原冀桩间淤塞，不意冲刷特甚，适得其反，及将冲刷防止，又转为过分淤塞，阻碍浮运；

（乙）沉箱吊车转运时，因双轨不平，引起欹斜危险；

（丙）沉箱在吊车降落时，因螺旋机人工失效，工作停顿；

（丁）沉箱就位后，因水急常致走锚；

（戊）打桩时，初赖锤击，倘桩身歪斜，即须拔出重打，异常迟缓；

（己）打桩机船两艘，一艘于来杭途中沉没；

（庚）气压挖土前，须先清理江底之障碍如过江电线、柴排、软泥等，而下沉时，仍须保持其校正之位置。

以及各种工具不断发生之障碍，在最严重时期，若不持以毅力，几有考虑更张之必要。嗣经潜心研究逐步进展，一切问题，幸告解决，所有方法，屡经试用，时至今日可云完全验证。无论如何，技术上之成功，业是事实，此同仁数载辛勤，所最堪自慰者。

所谓验证，非徒指本桥工程得以实施而满足；盖一切困难之解决，不外利用科学原理，加以人事设备。此种设备，因地制宜，不必一成不变，所可实贵者，乃在利用此原理之经验，甚或推及其他问题，亦得意外收获，则本桥不仅有助于交通，抑足为工程上之一小小贡献矣。

（四）施工成绩

本桥工作，需用特殊工具及方法，且大部在水中或江底进行,其初工人未经训练,工具日在改良,时作时息,效率低微。殆方法纯熟,遂日见进步。兹将各重要工作之成绩,截至执笔时止,列表于后。

工作种类	最　　低	最　　高
水中打桩(30公尺)	22 小时内 14 人打 1 根	24 小时内 14 人打 30 根
浇灌混凝土	28 小时内 106 人打 21 英方	13 小时内 64 人打 35 英方
转运沉箱(吊车速度)	3 小时 47 分内 30 人推行 29 呎 6 吋	3 小时内 34 人推行 187 呎
降落沉箱(螺旋机速度)	5 小时内 16 人降落 6 吋	5 小时半 18 人降落 6 呎 6 吋
浮运沉箱(自出陇至就位)	72 小时 16 人	3 小时 16 人
气压挖土	8 小时内 20 人平均 $2\frac{1}{2}$ 英方	8 小时内 20 人平均 3.6 英方
打钢板桩	8 小时内 15 工共打下 7 吋	11 小时内 15 工共打下 435 呎
镶配钢梁	20 人 24 天	20 人 16 天
铆　　钉	11 小时内 6 人铆 9 钉	5 小时内 18 人铆 610 钉
沉奠井箱	20 小时 14 人 2 吋	6 小时 12 人 18 吋

原载 1936 年 12 月 1 日《工程》杂志

第 11 卷第 6 期"钱塘江桥专号"

钱塘江桥桥墩和钢梁工程[①]

诸位觉得钱塘江桥工程是一个很有趣味的题目,而且一定觉得非常奇怪。其实桥梁工程并不是了不得的建设,美国 San Francisco Golden Gate Bridge[②] 与钱塘江桥比较起来真是小巫见大巫了。我国国内因种种情形及工程上困难,今建造此桥不但开了我国历史上新纪录,而且对别种工程也引起兴奋。造钱塘江桥问题很多,不是完全能力可办到,最要紧的是工具,而国内对于工具就无法解决。

钱塘江桥困难是在基础,大家都说因为钱江有潮,其实并不在潮,而在钱塘江没有底,完全是流沙;流沙是很活动的,基础建在流沙上是靠不住的。当初就很难应付,于是需

---

① 本文是 1937 年 6 月 3 日,茅以升在上海圣约翰大学土木工程学会做的演讲,由顾培恂整理。

② 圣弗朗西斯科(旧金山)的金门大桥。

要许多特别工具去研究土质，实在可说是世界上第一次的创始。

钱塘江桥是前年四月开工，工费400万元，最近江中15座桥墩均已就位，行将次第完竣。我们既知钱江桥困难在基础，但既不能建在流沙上，所以一定是要放在石上。桥墩每孔220呎，纵桥面是长方的。建筑基础方法发生问题，是先用打桩，还是用沉箱，两种不能并在一起，经过几次试验失败，就得到了教训。第一步先打桩，用100呎长桩打下去，桩底埋入土内，钱江底有40呎多。第二是用沉箱，制造工作室，为挖土工作之所。在工作室内，施用气压排水，在内挖土，使沉箱下沉，达到石层。基桩打毕，即浇筑墩基。第三造桥墩，慢慢将顶部做完。每个桥墩有1500根桩，每天打两根，而且打得不正又要拔起来重打，实在是慢得很。后来就想法用水冲，最快一天可打30根。水冲法为泥土填满，然后插入桩子，送桩，将铁管放在桩上，打铁管就将木桩送进去，铁管埋在江底，因钱塘江底是流沙，只得应用水冲法去打桩。

打桩用浮船，这种船是特别制造的，有95呎高，本来应有两艘，一艘因在来杭途中沉没。现在打桩，完全就靠剩下的一艘了。打桩锤及送桩，地位不同，上下自由，乃保持桩之地位。每一桥墩既有很多桩，用沉箱放下去。搭100呎高平台，用测量方法，在每一排记两点，从这两点得实在桩子地位。

打下桩去,就不会错。现在所有桥墩完全察勘过,非常圆满。每一桥墩有 160 根桩,沉箱有 60 呎长。沉箱均在岸上做,然后运至江中,比较时间和人工来得经济。每一沉箱有 700 吨重,所以造好,要推到江中颇费力。先放沉箱于水中,制造一吊车,吊车为四座钢梁合组而成,一共有四架子;一架子有七轮子,每组钢梁之上,有四根工字梁,两端各置悬杆三根,共六根,两组总共 12 根,此 12 根悬杆之下端用钢板与其他八根 16 吋工字梁连接,沉箱重量完全在这八根钢条上。在吊车之上,将螺丝帽旋转使悬杆上升,至托紧沉箱为止。沉箱悬于吊车,吊车动则沉箱动矣。

吊车有两种作用,一为平的,一为直的,沉箱与吊车沿轨道进行,降落时,将吊车上 12 根悬杆之螺丝帽旋转,为减少摩擦阻力起见,复用一时半直径之钢球 32 只置于螺丝帽与铁圈之间,利用沉箱与悬杆自身之重力,使之下降。

桥墩下输出泥土方法,最先是用人工。工人挖土填入吊斗,用机械方法吊在气闸内,再由倒泥桶输出,如无意外事故,每 24 小时可出土 16 方,亦即沉淀 9 吋。后利用钱塘江水力使用吹泥法,用人工运泥于喷泥机旁,使水射机冲拌泥土,而成泥浆,次开放水栓,使泥浆喷出。最初试验,因水分冲得过多,喷出多水,再后才看见是黑色的泥浆,俟桥墩达石层,挖土工作方可停止。

为求工作安全与桥墩坚固起见,用柴枝制席,名护墩席,沉淀于江底;席上压以大块石,席长120呎,宽150呎。

正桥钢梁在英国道门朗公司铸制,直接运抵上海,改装火车,由沪杭铁路运闸口工程处。在拼镶工场安装,然后浮运至桥墩上。浮运钢梁所用浮船,系由两艘特制船所组成,每船可载重600吨;此船可高可低,要升高点即放出水量,要降低点即加入水量。将钢梁放在船上,运到桥墩间,俟安置妥当后,船即可驶开,安装即告竣。安装时须非常小心,倘若旁边一架已装好了,现在要送一架上去,那就不得与旁边的相碰。若使两架已装好,现在要送入中央一架,则更要小心。浮运时,钢梁在四分之一两点,支架于浮船上。

诸位听了这一段桥墩和钢梁工程之大概后,一定觉得钱江桥非常伟大。钱塘江桥最大困难在"水"和"土"。现在我们利用科学方法、科学原理用水去克土或用土去克水,结果已给我们完成桥墩。所以我觉得这实在没有什么奇怪,不过是应用科学原理和科学方法罢了。科学不但对于我们学工程的有密切关系,就是对于我们做人也时时用得着它。诸位如有不明了的地方,请再到杭州来参观一次。

原载1937年《浙江青年》第3卷第10期

土壤力学

引　言

　　本篇虽拟在年会宣读，但不敢当论文之称；以既非研究，更无创获，不过敷陈本题大意，以求工程司之注意而已。工程司所应注意者多矣，于兹国家严重时期，尤宜集中力量于现实问题，其有关建国大计之足影响工程效用及经济者，若非急待着手，或不必普遍的努力而即可成者，留待抗战胜利之后，再图筹划进行，然此非所以语于土壤力学也。

　　土壤力学为新兴之应用科学，其目的在求明了土之内容及动态，以为土方、河工及一切基础之设计及施工的张本。试思国防、交通、实业等经济建设，有能离开土壤而从事者乎？凡与土有关，则安全、经济、效用等等立成问题。盖以往之土方河工及一切基础工程，皆难免财力人力及时间之虚掷,甚或损及生命财产,不可胜算。今欲不蹈覆辙,唯有速求明了土之内容及动态,其尤要者,必须明了本国土壤之内容及动态,此非钢铁洋灰,可比得沿用外国研究之成果也。以我国土壤之广,将来建设之多,土壤力学之重要,无待词费矣。

土壤为最平凡最古老之材料,以外国科学之发达,迄于最近,方有研究之动机,且时至今日,仍未有普遍的认识,则其事之不易,亦属显然。唯其如此,我国工程司,尤宜发挥力量,自动参加,以期协同树立本科之基础。因:

1. 土壤力学之研究,如医药之治病,必须经过长时间、大空间之考察、试验,方能累积有成,渐进渐得。

2. 土壤力学之功效,小成小用,大成大用,随时随地,均有需要,均有结果。

3. 土壤力学之发展外国尚在萌芽,我如急起直追,迎头赶上,则于国际学术界之贡献,必有事半功倍之效。

故作者自主办钱塘桥工,即致力土壤力学,自愧学浅,无所成就,然钱塘桥工之得最后成功,未赖不得力于此,而四年前函约窦萨基氏来华,幸蒙惠允(其时蔡方荫君在奥,曾协同进行),亦缘此信念之激励。抗战军兴,情形骤变,窦氏虽未克履约,而作者愚诚终未稍减。近年在唐山工学院,时作土壤力学之演讲,并拟有推进此项研究实施计划,兹值本会九届年会,群贤毕集,特提供草案,以当吸引。我会员中,颇多专精土壤力学者,倘蒙指正,曷胜感幸。

本篇分前后两部,前部略述土壤力学之内容,乃摭拾书报资料,纂集而成者;后部为推进土壤力学之计划草案,谨供刍议以求各专家之教正者。

Ⅰ. 土壤与工程司

任何工程司之毕生事业,无一能与土壤绝缘者,而以土木工程司为尤甚。土壤为地面物质之统称,简言之不过泥沙而已。然而一切工程皆赖此土壤之抵抗力,为其最终之支柱。人类初有工程,土壤即其对象,堪称为历史最久、用途最广之工程材料。试思今日世界,普遍的致力于一物,投资最巨,费工最多,有胜于土壤者乎?铁路公路之土方,桥梁房屋之基础以及水利、隧道、沟渠、市政等工程,其占全部工款工期之最大百分数者,皆有关土壤之消费也。凡一工程之是否艰难,规模是否伟大,其衡量标准,亦土壤也。然土壤本身价值,乃至为低微,几可无偿而得(通常价值为劳力或地权关系),以最贱之物,博最贵之工;最平凡之材料,成最伟大之建筑,工程司对于土壤之观感,有非任何事物所可比拟者。

土壤虽常物,而内容之奥妙却无与伦比。自古以来,天下之大,无两地土壤,确具有同质同性者。以土壤之形成,悉随大自然之偶然变化,其间错综复杂之关系,初无一定规律可循。既不能控制其成因,遂无以确定其性质,不似钢铁与洋灰,纯系人工制品,可预测其质地与用途也。故钢铁洋灰虽属近代产物,而工程司知之最深,应用裕如。土壤自来如是,历久未变,而工程司知之独少,动辄得咎。因之一切近代工程,凡与土壤有直接关系者,如基础如河工,其技术上之进步,皆比较迟缓,以致经济上财力人力之损失,不可胜算。此皆工程司之责任,而唯一解决办法,即从研究土壤始。土壤本是最古之材料,今方感觉有用最新方法研究之必要,不可不谓为工程史上之佳话。

Ⅱ. 工程司与基础学

一切工程,皆建立于地上,其与土壤接触并传达压力之部分,谓之基础。基础不固,工程等于虚设,其重要不言可喻。往时一切工程设计,皆凭经验,地上建筑与地下基础之安全及经济程度,皆无从估算。其后应用力学之理论及木石等料之性质,日渐明了,地上建筑之设计,始日趋于合理化。然地下基础虽同系木石等料所造成,应用力学之原理亦同样有效,而以四周土壤之性质不明,其间内在之潜力,无从预测,所造成之基础,遂往往不能适用,甚至走样陷落,连同上部建筑,一并倒塌。唯一办法,只有约略地,甚或盲目地,加大基础之尺寸,以经济上之牺牲,求安全之保障。然加大结果,有时适足为害,故基础工程,在往昔直无善法处理。遇有重大建筑,如桥梁、闸坝等影响大众之生命财产,其设计责任,尤为繁重。幸而工成,历时不坏,则主事者造福地方,受人崇拜,固所当然。而有时以一普通之挡土墙,地基不稳,遂招岸塌路崩之祸。其间成功失败,岂尽经验关系,偶然的幸与不幸,亦所难免。工程事业,而不能无绝对把握,则其症结所在,自为基础学上之最严重问题。此严重问题由土壤而来,土壤不能控制,则基础工程之实施遂处处受其阻碍。

然而近世文明之演进途中,基础工程占有极重要之地位,则不能不归功于少数拔类出萃之工程司。彼等遇事细心,观察灵敏,积其一生之经验,致力于所担之大任,不论工程巨细,务以科学方法,始终其事,由小而大,自浅入深,其设计周详、施工允当之例亦甚多。此等工程司,但凭经验,不肯盲然,虽对土壤之知识不充,而遇事谨慎,所成遂亦可观。今日基础工程之地位,皆上述人才所博得。谓为个人成就,因属各有千秋,而从基础工程之全局言,则未得有一般的进步,其中显然别有困难,值得吾人之注意。

此困难为何?当然是土壤问题未得解决。然其尤重要者,则普通工程司往往不认识此问题之存在,以为从书本上寻得各种土壤之胜任载重,再用书本上之各种公式,推算基础尺寸,完全仿照上部建筑之设计,即可尽其能事。殊不知书中载重表,系指某种土壤而言,而土壤之分类名称,素不统一,如所谓"细泥"(fine clay),可指松散粒泥或坚硬如石之泥,其载重力大不相同。倘工程司见所谓报告,指明土壤为细泥,即用书中细泥之载重力,不问实际土壤究为"粒泥"抑"泥石",则其设计之谬误何堪设想。又如书中所谓"胜任载重"一语,若不注明载重后之容许下沉度则为无意义,因土壤中基础未有不下沉者,其下沉限度及所需时间,均足影响上部建筑之安全或用途,而工程司所当预为之计也。至书中理论公式,疏漏尤多,引用稍有不慎,设计即不可靠,其危险更不待言。今以不可靠之公式,根据无意义之载重表,欲于性质不明之土壤上,求得一安全经济之基础设计,其为事实所不许,何待智者而后知。然普通基础工程,意多如是作法,设计施工,其幸而完成无碍者,视为当然,其久劳无功或成而后坍者,视为意外,则何怪一般的基础工程,未有长足的进步乎?

于此有当说明者,基础工程之现状,其责任实由工程司所负者为多,至若书本作者,虽曾供给不可靠之公式或无意义之载重表,但其著书原旨,只是发表其个人之研究或经验,初未料读其书者,竟不假思索,而依样葫芦,照抄照用。最初作者对于公式或载重之说明,每不厌求详,列举其个人之研究经过,备作阅者参考。不意用之既久,后来作者往往并此而无之,遂使今之读者,误认为宝筏,援用之而不疑,则书之为害亦有不容为讳者。

总之,自有基础工程以来,除少数例外,其设计均可视作一种艺术,而非科学。乃凭无系统之经验及简单之成规,杂以个人爱憎,依刻板的方式做成者,普通美其名曰"良规",是即基础工程之佳绩。

Ⅲ. 基础工程之设计

已往基础工程之设计,往往只凭理论,视土压力之公式为天经地义,并以公式中之假定,作为事实,连类推及土壤性质,一切皆以此假定为依归,而纯用数学手续解决之。但事实上则有大谬不然者,如公式中假定:①土壤为完美的、均匀的、干净细小之颗粒所组成;②颗粒间摩擦之系数等于此种土质休角之正切;③土之旁压力愈深愈大,其增长与深度成正比;④土崩时依一平面分离,此平面谓之崩裂面;等。皆系指理想的材料而言,其性质可用数语表明之。然实际上之土壤,欲确切说明其性质,则虽千言万语不能尽,以上假定,能

——有效乎？又如木桩基础之下沉度，理论上以为仅试一桩之下沉度，即知此全基础之下沉度，而实际上众桩排列，彼此牵制，全基之下沉，较诸其中一桩单独下沉度，有多至五倍以至五百倍者。又如木桩承载量之公式，只可算得一桩之承力，但在一群木桩之基础中，其合并承载量及下沉度，均无从知悉。又如关于挡土墙之理论，盈篇累幅，但其中只几何作图及数学演算而已，关于土之性质，除假定外，别不在意。又如朗金公式为工程司所奉为圭臬者，而希密特氏曾举一例，援用此公式及关于休角之假定，算得一隧道在泥土中之安全程度，以稀烂如水之泥土为最佳，但若在坚硬之泥土中，则此隧道有陷坍之危险，其悖谬有如此者。

凡此所述，非谓理论公式本身之谬误，乃说明误用之不当。一切理论皆有假设（hypothesis）、推论（thesis）、定律（law）之分，其区别在所引佐证之真实程度。最真者之理论为定律，最不可靠者为假设。而基础学中往往误引假设为论断，待此论断见于书本，则读者又认为定律，以此为设计之依据，安得不偾事。故普通之挡土墙、桥头翼墙、桥台等往往落成未久而龟裂，盖墙后土壤并无此假想之性质，而其动态亦不依此"数学玄虚"之路线也。

理论公式之作者，本其经验所得，将研究结果公诸于世，对于基础学之进步，贡献实多，当然值得工程司之崇拜。倘并此公式而无之,则工程司如遇基础设计,将有无从下手之叹。虽有误用公式而偾事者,但在谨慎工程司手中,考释理论及公式仍不失为一种应付土壤问题之工具。凡工具皆有缺点,如何善用其长,则神而明之存乎其人。以理论公式言,第一须知各名词之确切意义,第二须知其适用之条件,第三须知其所凭借之佐证。由此推测其可靠程度,则用工具时,方不致反为所用,此过去之伟大基础所以成功,而为一般工程司所当师法者。

以上三条件——名词、用途及佐证,在普通情形下,异常难解,欲希望公式作者单独发表其意义,而用其公式者能完全明了其意义,殆为事实所不许。因此三事皆牵涉土壤之性质及动态,非经工程司之集体研究,并做普遍的考察及试验,不能得有其共同之了解。此种工作,即土壤力学之目的,兹依次说明之。

Ⅳ. 土壤性质

岩石经风化(weathering)作用,其剥蚀残余部分,丢弃积存于大地者,均为土壤。工程司常用"卵石""粗砾""细沙""淤泥"等名词形容之。盖皆粒体由"黏土""水""气"及"胶子"四项物质组合而成。此项组合之复杂,天地造化之妙,故欲寻一标准分类法,使读者顾名思义即能断定土壤之种类,而明其四项物质组合之状况,殆为不可能之事。草草区分,固可别为"沙""泥"两大类,沙为粒体显著之土壤,泥为黏性显著之土壤,但纯沙纯泥,皆试验室中名词,而为实际上所罕见。亦有根据矿石成分、空隙成分、粒体组合、水分、胶子成分等方法分类者,视粒体粗细之成分,别为若干类,每类定一名称,曾经国际土壤会议采为标准,但仍不足说明土壤之内容,或推测其性质。而土壤性质,则为基础设计最重要之张本,而工程司所最当明晰者。

土壤性质之影响工程者当然甚多,举其要者如压力增加时体积之变动、透水率、无载重时之剪力抵抗等均足推知其在载重时适用之程度。然则将此数种性质设法断定,即可将土壤分类,并作设计之张本乎? 此须视环境情形,而非一成不变者。因任何土壤皆受下述外力之影响而变更其性质:晴雨、雪霜、寒暑、风暴、河流、地泉、潮汐、地震、草皮、树根、虫豸及微生物等所萌生之机械的、化学的、热力的及电力的作用以及人为的压紧、疏松、加水、去湿等方法。土壤内之分子既已极尽复杂之能事,而外来影响更系多方面,且随时随地皆可发生者,则其性质之难以断定,诚足令人沮丧。无已,只有承认土壤变态之存在,为工程司者当知其变态之得失,务于设计时,将变态之最大限度审慎权衡其轻重,尽量地预为之所,不令小小变动推翻全局(如房屋之不平均的下沉度),如是而已。然而此岂易事乎?

土壤为天所造,而天然事物未有不复杂者。故土壤性质断非仅知其名而能了了。虽用最精深之数学原理,亦必无济于事了。唯一之科学方法,为考察其实际情形,并试验其各别性质,然后综合地加以研究,或可窥测其中奥妙之十一。

V. 土壤考察

土壤性质,非同假想,不必待工程肇祸而后知。凡施工之际,自动土时起,苟逐日考察土壤表面上之变化,必可发现若干事实,足以推知土质及潜力之真相。所惜者,普遍工程司每无暇及此,而后斤斤于原设计之实施,土在足下,不值一盼,因此而贻误事机,不可胜算。盖倘放胆一观,只须留意数种现象,逐日比较其衍变之形迹,不待多时,必可发其深省,而不再怀疑土壤专家之警告,警告维何,即任何土壤之性质,绝不与工程司所假想者相同! 经此考察则理论中之真情与假想毕露,因此而确定理论之价值,则可作为附带的收获。

因工程失败缘于土壤关系者居多,故土壤考察之重要,还博得现代工程司之注意。且有离开书房试验室,而于工地帐蓬内,做土壤研究者。考察时,仅凭肉眼之所见,当然甚少,不得不赖各种仪器之辅助。其中最要者,为取样器,就施工地点,采取土壤少许名为"土样",分布区域,务求其广,采取次数,务求其多,以期土之本质及所受外力之影响,得于土样中,窥其全豹。此种土样须保存其原来状态,不但颗粒之配合,不可扰动,即其中水分气质,亦当维持,故取样手续,殊非简易,亦足见土壤考察之不易。

除土样外,施工时对于土壤之考察,尚有多种,其目的在核对设计之当否,并预测工程完毕后之效用。考察时所用仪器及方法,务须标准化,以便比较及研究;且应附具极详细之说明,使读其报告者,得完全明了当地之情况。尤当注意者,考察务须彻底,使其结论不致空泛或偏颇。如观察一房屋之下沉度,若其面积有一方之大($100' \times 100'$),则屋下土质情形,应推测至 150 尺之深,方能得有较确之结论。因在一实例,屋下 130 尺之泥层,曾使此屋下沉达一尺之多也。又如开深沟时,需用木板支持土壤,此板后之土往往有拱力作用,因而变更土之旁压力,故支持木板时,所用支架之作法,亦与旁压力有关,将来支架拆去,而其影响犹在,此在作考察报告时,所当详切说明者。

土样取得后,即送试验室,以便鉴定其性质。施工报告中,有奇特现象,须待解说者,第一步工作,亦系在试验室试验后,方有研究之资料。

Ⅵ. 土壤试验

试验结果为最确凿之资料,科学上定律皆从此中得来,故土壤问题之解决,亦必有赖于试验。从广义言之,工地考察亦试验之一部分,而大规模之试验,亦有就地举行,不能限于室内者。但终以室内工作为多,且大事繁杂,牵涉多种科学,故土壤试验成为专门学术,究心于此者,有"土壤专家"之称,固不必皆由工程司兼任也。

最初土壤试验,皆由材料试验室或水工试验所兼办,至1929年,奥国①维也纳工科大学始有独立完善之土壤试验室。其后美国哈佛大学于1930年,康奈尔大学于1935年及其他各大学与工程机关相继设立。然迄今总数,仍不甚多,据1936年之统计,则全世界不过30所而已。

土壤试验室之重要部分为保温房及保湿房,其中温度及湿度可分别管制,以便维持固定之温度或水分。试验室之仪器及机械设备,除普通材料试验可用者外,大都系专家自行设计,就试验性质特别制造者。

土壤试验之种类甚多,就其重要者,区分如下。

---

① 奥国:奥地利。

（甲）关于土壤分类者：此类包括器械分析、化学分析、矿植物分析、显微镜观察等方法，用以划分土壤种类，并鉴定其名称。（1）颗粒大小及分配；（2）颗粒形状；（3）空隙成分；（4）比重；（5）水之成分；（6）空气成分；（7）石灰成分；（8）植物成分；（9）"爱特堡氏限度"；（10）干湿程度。

（乙）关于土壤性质者：凡土壤在工程上所表现之性质，皆与其潜力有关，而潜力则受其成分及特性之影响。下列试验，皆所以测定土壤之物理上性质。（1）剪力；（2）压力；（3）凝结；（4）透水率；（5）毛管压力；（6）冰冻现象；（7）张力；（8）胶子等。

（丙）关于土壤理论者：应用力学理论，当然为解决土壤问题之基干，但以土质复杂，蕴藏之因数过多，纵然从理论演得公式，而其中系数待求（水力学中此例甚多），或事实上尚难应用，则须假试验方法，探明其中之真相。因此而发现新的了解，借以促进土壤理论者，事例极多。故试验室中，关于土壤理论之试验，初无固定范围，兹为说明内容，姑举数例，以状一斑。（1）桩旁之压力分配；（2）泥土中向上压力；（3）沙之弹性；（4）主应力与空隙率；（5）土之拱力；（6）边土安稳度；（7）隧道四周之压力分配；（8）土坝漏水性；（9）模型之"光弹"试验。

Ⅶ. 土壤研究

工地考察及室内试验,为研究土壤之必要工作。因所得资料皆有确切佐证,且有时可用数字说明,无隐约模糊之弊;就此资料而研究,则无论有无结果,所费时间皆非虚掷,其幸而有成,则可改良当前之工事,纵然无功,其记载及经过,犹值得将来研究之参考。否则若凭假想及推论,搬弄数学玄虚,则人人研究,各执一词,土壤学术,永无进步矣。考察及试验之技术,至近年始普遍而精进,故土壤研究之成就亦日新月异,风声所播,昔日拘泥成见专重理论或只谈经验者,渐觉狭隘之非,不但互泯争端,且有相率共同研究者,此为工程界之一大转变。

土壤研究之目的,在统一土壤名词、鉴定每种性质、推测外力影响、建议设计方法以及增进研究技术等。此项工作,从上次欧战后,即已发轫,然以内容繁复,今才树其始基,距理想境界,相去仍远。即以准确程度一端论,任何土样,取至试验室时,皆不能与其天然状态绝对相同。即将来取样方法改良,而所试验者仍不过一"样"而已。土壤性质,随时随地变更,从各种土样中岂遂能绝对地断定一切乎?其间有个人经验及特性关系,试验结果之精密程度,难有一定标准。因之研究结论,亦不免宽泛或略带弹性,至如何发挥其效用,则不能不视工程司之实际经验。故土壤研究之进行,须赖试验室内之土壤专家及实施建设之工程司,双方分工合作,互解难题,计日程功,而后可渐达理想之境界。

土壤专家之责任为如何乎？研究简单明确之土壤数种,求其性质及其测验之方法,渐进而求土壤之分类法,各种土壤之动态及外力之影响,改良取样、试验及校对之仪器及方法,推求土质土性之成因及其变化之原理,从力学、化学、电学等科学,研究土壤之一切反应等。

工程司之责任为如何乎？从专家之研究,证验其结论于工场,于施工状况下,研究精密之取样法及各种量度法,利用土之特性改善工程,根据专家所述之定理,设计工程及工具,就"原土"研究其性质,俾作专家之参考,供给专家关于整个工程自始至终之观察资料,遇有奇特现象报告专家研究等。

例如下列各问题,现均在研究之中,而无一能由专家或工程司单独解决者:(1)公路之路基及路面;(2)铁路公路之排水方法;(3)填土挖土之施工;(4)路基之冰冻现象;(5)各种土壤之承载量;(6)木桩或洋灰桩之承载量;(7)桥基及房屋之下沉度;(8)地下建筑(如隧道)之土压力;(9)挡土墙之安稳度及弹性移动;(10)河岸之崩塌及侵蚀;(11)河道之变迁;(12)堤坝之安稳度及基础;(13)深沟边土之崩陷等。

故土壤专家及工程司对于土壤之研究,各有责任,各有目标,同时互相联络,互相协助,方能彼此有成,相得益彰。所有应用科学中,其应用及科学,长期的亦步亦趋,缺一不可,关系深切,有如土壤之研究者,尚不多见。故此种研究,现已成为一种最新的科学,名为土壤力学。

Ⅷ.土壤力学

土壤力学之目的,系以土地考察及室内试验之方法,研究土壤性质,及其所受外力之影响,俾于基础及土方问题,得有合理解决,借作设计及施工之准则。其对象为"原土"及"自然力",故力学如何应用于土壤及土壤如何受力学之支配,即本学科之精义所在,而与农业土壤学之所由划分。昔时研究土壤者,往往以数学及力学为唯一之工具,但从事土壤力学者,则须牵涉物理、化学、地质、气象、矿物、动植物等学科,足见其事之不易。

自重要基础工程,时遭意外,旧时土壤理论渐形动摇以来,工程司对于土壤之观念,为之一变。上次欧战后,遂发生"研究土壤"之运动,以奥国工科大学之窦萨基教授为中坚,一时风起云从,咸憬然于过去之疏失,于是土壤研究,成为新兴的科学,而窦萨基氏遂为土壤力学之权威。

在窦氏以前,研究土壤者,穷思竭力,独对各种土壤之性质,求得相当数字,则以之代入公式中,任何条件,一算即得,便与桥梁设计,同一方法,土壤问题,岂能解决。然土壤非钢铁或洋灰可比,此种希望,永无实现之可能。研究土壤,犹医士之治病,人之秉质不一,感应互异,治疗原则虽同,而施术之际,差之毫厘,谬以千里。土壤之复杂初无殊于病症,必如医士之虚心,始收研究之功效。此事例经窦氏一语道破,工程界始转移目光,潜心于土壤资料之搜集及考察试验之工作。经全世界之努力,此新兴科学,遂逐渐树立其基础,发展之速,出人意表。至 1936 年时更有国际土壤力学会议之召集,于是土壤力学渐成为工程司必备之工具。其于学术上之贡献,固足承先启后,而于将来工程经济上及安全上之补益,更属无可限量。此复杂奥妙之土壤问题,今竟觅得最可靠之锁钥,不可不谓人类大幸事也。

兹以窦氏在上述国际会议中发表之警语,作本文结束:"土壤力学之于工程,犹近代医学之于治疗,应以排斥'走方郎中'为第一义。"

附注:民国二十年,本文著者曾以代表铁道部及全国经济委员会之名义,函请窦萨基氏来华演讲,并为计划土壤力学试验室,窦氏后允于民国二十七年秋启行,不意抗战事起无期延搁,甚盼终有实现之一日也。

土壤力学

桥梁设计工程处之任务^①

今日奉命向诸位报告桥梁设计工程处之任务，深感荣幸。桥梁工程，是一种经济建设。经济建设中，以交通建设最为首要，而交通建设中，费钱最多者为铁路与公路，铁路与公路之建筑，其费时最多者，则为桥梁。因此桥梁工程，在经济建设中，实占重要地位。吾人平时乘车渡河，在等船的时候，即感觉到桥梁之需要，若就国防方面说，桥梁关系尤为重大。民国二十六年冬，南京撤退，因南京浦口间未有桥梁，故人力物资之损失，不可胜计，而杭州之撤退，则赖有钱塘江大桥之完成，大量物资，得以撤退，生命之得以获救者，更不知凡几。是以桥梁工程在经济建设，与国防建设上同有其重要

① 本文是1943年6月14日茅以升在国民政府交通部"国父纪念周"的报告，由金敏甫整理。

80

性。再就战后复员复兴而论，最重要者为交通之恢复，其中尤以铁路公路为先，因之桥梁修复，必成严重问题。由此可见桥梁工程，在交通事业上，实应特加注意。

桥梁工程，在土木工程中进步最速，不但可以通过河流山谷，且可通过巨大湖泊，倘不顾经济，且可通过海洋。如美国最近所建之金门桥，其中一孔长至4200呎，我国钱塘江大桥其有16孔，而仅及其一孔之长，且桥梁完成后，在车辆通过时，桥身所受力量，可用仪器测量，其结果与设计时估算之数相差无几，足见其技术之进步，亦足见其范围之广。此中可分三方面来说：一为人才，二为材料，三为工具。因桥梁工程，不仅为单纯之土木工程，其中包括机械工程、电气工程、水利工程与矿冶工程，需要各种之人才、材料与工具，每种均具有特殊性与专门性，故桥梁工程，实系一极专门之技术，需要极端专业化之设备。

如何能使桥梁建设，适应战时及平时之需要，并顾及国防与经济之条件，则必赖其本身事业之健全。此中包括三项：一为设计，二为施工，三为制造。兹分别述之。

（一）设计方面。可分为二部分：其一为特殊设计，如抗战以后黄河铁桥之重建设计，汉口潼关诸大桥设计等等是也。其二更较重要者为桥梁之标准设计，凡同一长度，同一载重之桥梁,予以标准划一之设计,此在平时可便各路联运,且减低建造经费,在战时可各桥互换,易拆易修,对于复兴准备并可将各种长度之桥梁预为建造,以便战事结束时立即施工。是项工作,甚为烦琐,因桥梁之建筑,材料不同,路有宽轨狭轨之别,又有各种载重,再加以各种桥式及上承与下承之分,而须按各种长度每种做成设计,且除标准公尺以外,更须另用英尺制,故依此类别,绘成图样,约需四千余张。每人绘成一图,至少需时两星期,故仅制图工作,以100人担任,即需两年方可竣事,工作之艰巨,由此可知。

(二)施工方面。此指桥基而言,为土木工程中最艰难之工作,需要特种工具设备及熟练技术工人。我国过去桥工多系由承办房屋之营造厂承包,故工具不足,工作亦多不可靠,将来大举桥工时,必须由本部充分准备特殊材料、特殊工具,方能协助包商,完成计划。

(三)制造方面。此指钢桥而言,需要专门制桥之机器厂。我国铁路钢桥,昔以借款关系,多系在外国制造;其实钢桥原料,一时或不得不仰给国外,而普通制桥工作,本国实优为之。前山海关桥梁厂之成绩,即足证明。将来铁路之复兴建设中,必须尽量设法将大部钢桥在本国制造,以期减少成本。

桥梁设计处之成立,渊源于上述之第一项工作,即标准设计。以前铁道部之工务科,曾绘成标准设计图一百六十余张,工作未完而停顿。抗战后交铁两部合并,张前部长特将此项工作恢复,当时本人及钱昌淦先生奉派主持其事,旋以本人改职交通大学唐山工学院,故由钱昌淦先生负责。当时钱先生深感工作烦琐,以有限之经费无法推动,故在本部移渝以后,乃以整理香港所存桥梁材料及为滇缅公路设计桥梁之故,于民国二十八年春,在昆明成立桥梁设计处,兼办标准设计。唯以经费奇绌,不得不承办工程,以资弥补。如滇缅公路澜沧江桥,即由该处设计承办。惜通车之前数日,钱昌淦先生由渝乘机赴昆,遭敌机袭击而遇难,桥梁设计处因而遭受重大损失。其时该处并办有南畹河桥及滇缅铁路设计工作。嗣又办理滇缅公路桥梁之抢修工程。民国三十年夏,兄弟奉派继任钱先生职务,适滇缅铁路督办公署成立,乃为担任澜沧江桥之设计及工程。翌年滇缅铁路停工,本处遂恢复担任标准设计之工作,并为工作便利起见,迁至贵阳办公。此为本处推动桥梁设计之经过。

去年冬本部铁路技术标准委员会成立,设有桥梁组,办理各项标准设计。今年该会扩大组织,改成桥梁处。而本处则专办工程及特殊设计,并改称为桥梁设计工程处。此为本处由设计推动到施工之经过。

今年二月间,曾部长鉴于钢桥制造,渐形重要,而渝市各钢铁厂陆续成立,因拟利用其出品,制造钢桥与工具,乃嘱本处筹备,联合中国兴业公司、交通银行、中国银行等五机关,合资组设中国桥梁公司,以制造钢桥为重要业务,现已成立。此为本处由施工推动到制造之经过。

目前关于桥梁工程,本部有三个机关办理:(1)铁路技术标准委员会桥梁处,办理标准设计;(2)桥梁设计工程处,办理特殊设计及施工;(3)中国桥梁公司,办理钢桥与工具之制造。性质虽不相同,表面上似嫌重复,或可并成一个机关,以总其成。但中国桥梁公司,既不便担任标准设计之工作,则技术标准委员会之桥梁处,实有设置之必要。至于桥梁设计工程处与中国桥梁公司,一司施工,一司制造,原有合并之可能,但公司之希望在将来,现值国家预算紧缩,公司业务一时尚不能充分发展,以维持设计工程处之人员,故暂时尚难办到。

桥梁工程,由设计,而施工,而制造,实应互相衔接,其中桥梁设计处,负了推动与联系之责任,可算为桥梁事业,搭了几座桥。本处之有今日,悉赖部中长官同仁督导鼓励,将来仍希望部次长及部内各长官各同仁继续扶持,随时指教,俾可担任复兴与建设之重任。今日为联合国日,吾人举行纪念,可算庆祝联合国家之桥梁精神,甚盼本此精神,扶植桥梁事业之成功。

原载 1943 年《交通建设》第 1 卷第 9 期

重庆两江大桥^①

主席、各位先生：

今天本人第一次参加星期五聚餐会，同时报告重庆两江大桥初步计划，非常荣幸。重庆两江大桥之需要，尽人皆知。抗战八年中国国民参政会及重庆市临时参议会均有提案，唯以抗战时期，时遭空袭，暂为缓议。去年八月战争胜利结束，市政府发起建筑两江大桥，并组织陪都两江大桥筹建委员会聘请工程师参与其事，研究桥梁计划。所有设计经费1500万元由市政府、战时生产局、中国桥梁公司平均分担。桥梁设计工作由桥梁公司负担。兹将两桥初步计划，简单说明。

扬子江大桥拟建地点为打铜街与陕西街间之东水门。嘉陵江大桥拟建地点有二，一为曾家岩，一为大溪沟，将来根

---

① 1946年，茅以升在中国桥梁公司任职期间，于1月25日发表该演讲。

据市政府干路计划,再行决定。两桥均依都市及公路需要而设计。扬子江大桥采用吊桥式,全长 1000 公尺,中孔为 500 公尺,宽 12 公尺,同时可行驶四辆汽车,将来并可行驶电车。桥面离水面高度为 30 公尺。嘉陵江大桥,现时暂以曾家岩地址设计,全长为 500 公尺,中孔为 300 公尺,其余一切均与扬子江大桥相同。两桥全部建筑费按现时工料计算需国币七十余亿元,美金二百七十余万元,需要水泥四万八千桶,钢铁一万七千吨,可谓国内比较巨大之工程。现在桥梁设计在进行中,俟测量完竣,即开始钻探,然后依据详细计划,精密计算材料。

两桥初步计划,如上所述。此外尚有若干问题,顺便向各位说明。

一、桥梁地点是否适宜。

扬子江大桥地点除东水门外尚可选择其他二三地址,如储奇门等。嘉陵江大桥除现在选定两地以外是否另有适宜地点? 就重庆地势说,可选择为桥梁地址的甚多,而实际需要实亦不只一桥。现在的选择,完全以经费经济一点着眼,就建筑费最轻中选定现在的东水门和曾家岩。

二、桥梁隧道何者适宜。

桥梁与隧道两者比较究竟何者合算,任何国家建筑过江工程时首先讨论。重庆系山城,两岸地势甚高,建筑桥梁比较容易,且桥梁在空袭时遭受轰炸的损失,并不如预料之大,同时隧道亦并不能完全避免轰炸的损失,所以在重庆两江过江工程可采用桥梁。

三、费用如此浩大是否值得。

从两桥初步计划,即知所需费用甚为浩大,总计国币美金共需百亿以上,究竟是否值得?这一个问题,我们可以分两方面来说明。一方面以每日经过大桥车辆及行人计算,以每日经过车千辆,行人一万五千人,前者每车收费 500 元,后者每人收费 30 元,三十年即可收得九十余亿元。另一方面,桥梁完成以后,两岸土地以交通便利地价高涨,受益土地扬子江大桥两岸以 54 万方计算,嘉陵江大桥两岸以 27 万方计算,两桥两岸共计 81 万方,以每方征收一万元(事实上市民所得的决不止此),即得 81 亿元。这是说明在两江大桥建筑完成以后,各方受益情况,所以虽花如此巨大费用建筑两江大桥亦是值得。

四、现时建筑是否适宜。

重庆在抗战时期为国家陪都,现在抗战胜利,政府即将还都,现时建筑是否适当时机?我们以为都市的繁荣有政治性的,有商业性的。纽约、上海之繁荣,并不以其政治地位,是由商业发达。重庆是中国西部之重心,将来可为西部之上海,绝不因政府还都而受影响,而且现时建筑两江大桥,正所以巩固其经济都市的地位。

五、经费如何筹措。

两江大桥既需如此巨大经费,如何筹措确是一个唯一待解决之问题。我们以为建桥经费要由中央与地方分担。两江大桥非仅繁荣市区之必要工程,亦是西南交通之必需工程。七七抗战起自卢沟桥,现在也需要建筑两江大桥以纪念胜利。

原载 1946 年《西南实业通讯》第 13 卷第 12 期

钱塘江桥工程记

本桥总长 1453 公尺,分为正桥及引桥两部分,正桥 16
孔,每孔 67 公尺,北岸引桥 288 公尺,南岸引桥 93 公尺。全
桥结构采用双层式,上承公路下载铁道。铁道净空高 6.71 公
尺,宽 4.88 公尺,载重古柏氏 50 级。公路桥面宽 6.096 公
尺,载重 15 级,人行道宽 1.52 公尺。桥墩及公路路面为钢筋
混凝土建筑,引桥拱梁为碳钢,正桥桁梁则为含铬之合金钢。
江中正桥桥墩 15 座,六座筑至江底石层,九座下为 30 公尺长
之木桩,每墩 160 根,下达石层。最深之桥墩,自桩底石层,上
至钢梁路面,共高 71 公尺,超出两墩间之孔距。桥墩分上下
两部,上为墩柱,承托钢梁,下为墩座,亦名沉箱。墩柱高低
不一,最高者 28.3 公尺,其断面上狭下广,顶面长 9.75 公尺,
宽 2.6 公尺,以下断面沿柱长展放,倾斜 1/18。墩座长方形,
如有底之空箱,长 17.7 公尺,宽 11.3 公尺,高 6.1 公尺,厚

0.508公尺,重六百余吨。均系在岸上浇筑,用特制吊车移至江边落水,浮运至桥址就位,然后用气压沉箱法,将墩底泥沙逐渐挖出,使墩座徐徐下降,同时在墩座上浇筑墩柱,高出水面,旋降旋筑,至墩座抵达石层为止。其木桩承载之九墩,则于墩座在岸上浇筑时,即将木桩于墩位击至石层,其桩顶送至江底冲刷线下,使整个木桩,深埋土中。然后将墩座浮运就位,下沉至桩顶,并筑造墩柱而全墩告成。凡邻近两墩完成时,即架设其中孔之钢梁。各孔钢梁形式一致,每梁长67公尺,宽6.1公尺,高10.7公尺,重260吨。先于岸上将钢梁全部配装铆合,用特制拖车,运至江边,然后以木船两艘,将钢梁浮运至桥址,利用潮水涨落,安装于墩顶,再于梁上筑造公路路面,俟全部钢梁装妥时,敷设铁路,而正桥完成。引桥工程,系为承载公路而设。北岸桥墩16座,其中临江两座用开口沉箱法,筑至石层,共高25公尺,再北两座用15公尺至30公尺长之木桩,此外则用开挖式之基础。北岸桥梁,自江边起系三孔双枢式之钢拱梁,每孔50公尺,再用钢筋混凝土框架桥十座,每座长9.1公尺,连接原有之公路。南岸桥墩五座,临江两座,深43公尺,用钢板桩围堰法,内打30公尺长木桩85根,其余两座用20公尺长木桩,一座用开挖式。南岸桥梁自江边起,初为一孔双枢式之钢拱梁,孔长50公尺,次为两孔钢筋混凝土框架梁,然后用土台通达江南公路。

本桥于民国二十三年十一月十一日举行开工典礼,筹备工具,并与承办正桥桥墩之康益洋行签订正式合同,十二月六日与承办正桥钢梁之道门朗公司,民国二十四年二月十一日与承办北岸引桥工程之东亚工程公司,与承办南岸引桥之新亨营造厂,四月十二日与承办引桥钢料之西门子洋行分别签订正式合同,积极施工。至民国二十六年九月二十六日全桥安装就绪,铁路通车,计实际施工925日。在此期间无假期、无昼夜,在事员工,不分本处或包商,悉力奔赴,艰危不辞。总工程师罗英君策划指挥,承办包商康益君匠心巧运,厥功尤巨。本处副总工程师怀德好施,工程师梅旸春、李学海、李文骥、卜如默及工务人员李洙、朱纪良、李仲强、余权、孙鹿宜、王同熙、熊正祕、罗元谦、鲁乃参、陈德华、熊胤笃、孙植三、何武堪、杨克刚、王世玲、洪傅勋、胡国柽、丘勤宝、李伯宁、蒋德馨、梁遹章、胡嗣道、王开棣、黄克缃、鲍永昌、陈祖阊、姜时俊、赵守恒、张宗安、唐储孝、瞿懋宁、冯寅、丁瑞伦、王纯伦,绘图员汪伯琴、余观瑞,监工杨桂圃、张庆霖、来者佛、王立生、董全和、叶泽廉等,行政事务人员朱复、史都亚、石道伊、许试、朱积基、张舜农、吉彭述、宋千里、沈骥、包荣爵、杨静之、黄华、陶伯英、谢克孝、胡挈,承办包商康益洋行白莱塔、德法施,道门朗公司司考德,东亚工程公司钱昌淦、夏彦儒,新亨营造厂徐巨亨等,均始终其事,各有贡献。而在施工期间,更有东亚公司监工王贤良、机匠袁明祥,工人王德元、陆才明四人,因公忘身,遇难殉职,康益洋行工人王庆林、鲍文龙等六十余人于上工时乘轮倾覆,惨遭没顶。本桥遭遇万难,而卒底于成,全体员工之努力,足征见之。

本桥于民国二十六年九月廿六日通车,而上月十三日,淞沪抗日战争,先已开始,翌日,本桥即为敌机侦察,此后不时轰炸,情势日紧,工作亦愈形艰苦。然幸能誓群工,兼昼夜,而卒克完成大业者,实赖我淞沪守土将士,屹立前军,效死不去之故。其后通车三月,发挥本桥之使命,及今胜利归来,又获重整旧工,皆我抗战将士牺牲之后果。工程成败,有视军事,于本桥为益信。本桥之成,实我抗战胜利之纪功建筑矣。

民国三十五年五月十七日

1946 年 5 月 17 日

上海市越江工程之研究①

一、绪　言

　　本市越江工程,于本年(民国三十五年)六月二十七日承上海市越江工程委员会委托本公司办理设计及钻探等工作,并规定分为两期进行。第一期工作包括选择及测绘地址,并将研究结果编具报告,连同图表说明、估价比较表等,送请越江工程委员会研讨决定工程应取之地址及式别。第二期工作包括钻探选定地址,设计工程图样,编制工程预算,拟订工程计划,并准备招标及发包手续。当于本年八月六日拨到设计经费开始第一期工作,并将初步研究结果,于十月十一日

---

　　①　本文系交通部中国桥梁公司工程师(原钱塘江桥工程处工程师)集体创作,由总工程师茅以升主编,于 1946 年送当时的上海市政府。

报告技术顾问小组委员会第一次会议,经订定规范及主要尺度后,又继续研究估算。兹就第一期工作范围拟具报告陈述于后,以供抉择越江地址及工程式别之参考。

二、拟建方式规范及主要尺度之订定

本工程拟建方式根据委托书订定计有下列四种。

(甲)建筑隧道穿过黄浦江底。

(乙)建筑高架固定桥梁,使高桅船只,可在桥下通过。

(丙)建筑低架活动桥梁,在规定时间启闭,通过船只。

(丁)在上游建筑固定式桥梁,仅使中型船只通过,高桅船只限定在桥位下游地段停泊。

本公司于搜集各项资料之后,曾就上列四种方式绘制草图,估计工费,并附有关主要尺度及参考规范之各项建议,送请技术顾问小组委员会,决定范围,以做设计之准绳,其决议要点,可归纳如下。

(甲)坡度。桥梁及隧道坡度,暂定采用4%。唯隧道计划,应就5%坡度,另估建筑费用,以资比较。

(乙)宽度。桥梁宽度,以容纳四车道(12公尺)为标准,每边人行道,净宽3公尺。隧道宽度以容纳双车道(6公尺)为标准,不设人行道。

（丙）桥上及隧道净空高度。桥上净空高度为 6 公尺。隧道净空高度为 4.25 公尺。

（丁）载重。以二十吨级之公路载重，为桥梁及隧道设计标准。

（戊）桥下净空。活动桥关闭时,桥下净空为 10 公尺,以最大高水位为标准。在江南造船所下游,不得建造固定式或直升式桥梁,以适合国防之需要。

（己）规范。以下列四种规范书为参考：

(1)《上海市工务局建筑规则》(民国三十五年编印)；

(2)《交通部公路总局桥涵工程设计准则》(民国三十二年)；

(3)《美国公路协会活动桥规范书》(1938 年)；

(4)《交通部国营铁路钢桥规范书》(民国三十四年)。

（庚）建筑地点。保留中正东路外滩为建造隧道地点,假定十六铺为建造活动桥地点,固定桥地点缓议。

根据上列决议,越江工程之建筑,遂简化为（甲）隧道（乙）低架活动桥之二式矣。

三、越江地点之研究

浦江沿市区之一段,其江流、江身及江底地质情形,尚无显著之差异,而两岸地面平坦无足资利用,以减短引桥之天然形势。故在纯工程立场而言,越江地址须周密考虑之点,尚不十分复杂,但在完成后,如何使两岸及水上交通简捷畅达,施工时如何能减少对于已成建筑之损坏,则颇有研究之必要。

影响选择地址之重要因素,计有:(1)不能距离市区太远,以免道路迂回,影响多数过客之时间及费用;(2)连接引桥之道路,须于原运输量之外,更能吐纳过江车辆;(3)引桥或坡道位置,须能不妨碍附近及垂直方向之原有交通系统;(4)施工时,对已成建筑物损坏最少;(5)完成后,引桥不遮蔽两旁房屋之光线,或阻塞两旁居民之出入;(6)隧道出口,须不受高潮时江水倒灌之影响;(7)施工及完成后,对水上交通阻碍最小。

基于上述条件,越江地点,不论桥梁隧道,当以外滩公园起,至江南造船所止之一段江面,较为相宜。而在此范围内之可能渡口如下。

(甲)中正东路外滩。计划之越江工程,在中正东路外滩过江,衔接浦东之陆家嘴路计划线。在上海方面,桥梁引桥,以转直角沿外滩伸展,至汉口路附近为宜,以免阻塞中正东路交通,而隧道坡路,则以沿中正东路,在江西路附近出口较佳,庶免筑堰及采用驼峰式入口引道,以防江水倒灌之措置。

(乙)十六铺。计划之越江工程,沿东门路伸展至外滩,在十六铺附近过江,与浦东之东昌路计划线衔接。

(丙)董家渡。计划之越江工程,沿陆家浜路及油车码头街,在董家渡附近过江。

(丁)日晖港。计划之越江工程,沿鲁班路至江边,在日晖港及高昌庙之间过江。

依照第一次技术顾问小组会议议决案,决定保留中正东路外滩,为建造隧道地点假定十六铺为建造活动桥地点,兹更申论之,以作最后抉择之参考。

活动桥在关闭时,需能通行小型船只,否则常须开合,影响桥上交通过巨,故活动桥之引桥,有相当长度,如在闹市过江,则引桥不免阻碍重要道路,遮塞两旁房屋,若远离市商业区,则又失采用活动桥之原意。假定之桥址,利用东门路计划线为引桥,宽度有余,而地位适在市商业区边缘,出入允称便利。唯东门路在本桥完成后,将为引桥划分为左右狭道两条,虽可将路面放宽,究不如原线之完整。再引桥不能与市区干线道路直接衔接,均不得不认为本桥址之缺憾。

隧道除出口一段,不免阻塞道路交通外,余均在地下,与原有街市,不相冲突,而对两旁房屋,尤少影响,故可在最繁华地区过江。然施工时,仍将妨碍附近干线交通,筑成后车辆骤增,亦将影响原市区干线道路之容量。若在此区域,放宽已成道路,殊属困难,他如上下坡道,随原有路线曲折,亦为所假定地点瑕疵之一。

按目前两种越江方式之需要,所假定之地址,虽有缺点,然对各项决定因素,尚无重大抵触。

四、隧道与桥梁之比较

本市越江工程,采用隧道或桥梁问题,各界人士还有讨论,数见报章杂志,各具见地,未可厚非。根据目前工程知识,桥梁隧道,各有利弊,本不能言何者较优,即在同一地点,同一地质,亦难确定以何式为宜。故欧美各大都市之傍水而设者,桥梁与隧道多栉比并存,亦未闻有兴彼废此之结论。本市地位重要,依商业、人口、交通之需求,越江工程,应不只一处,故以后趋势,当为桥梁隧道,同时存在。至于目前建筑,似应视现时财力之所及,而地点适宜,并合乎最近交通之需要者,即可先行兴建,毋需怀铸成大错,无法纠正之顾虑。

隧道与桥梁之比较,可分列如下。

(甲)水上交通。隧道在完成后,无论为堑壕法或盾法所筑,均不影响船舶往来,在施工时用前法者,对水上交通,则略有阻碍。活动式桥梁,于大船经过时,桥上交通须暂停(普通规定开桥或闭桥不得超过一分半钟),唯如管理得宜,影响不大,照目前拟定之桥址,系在多数码头之上游,大船上驶者为数不多，如开闭时间，规定在清晨或其他车辆稀少之时，对两岸交通之影响，更可减小。观夫美国支加哥①河上，有多孔活动桥梁，而依次启闭，需时极少，可知大概。但就本点一般而言，隧道较桥梁为优。

（乙）车辆容量。根据市公用局第一处统计，浦江市轮渡，每月载客约113万人，济渡约66万6千人，划船共有1600只至2000只，载客人数不详，则目前每日渡江旅客，估计在七万人左右，两岸交通，已极繁忙。如越江工程落成，则货运及移居浦东人数，更将激增，过江车辆，自更增多。

按照美国统计，双车道每日可通行汽车一万六千辆左右，而四车道则快慢车可以分离，兼能灵活运用，在单向车运繁忙时，调度为三车道（此向）及一车道（反向），通行汽车数目，每日遂可增至四万辆左右。参照目前过江人数，以后四车道较能适合估计情形，而双车道是否能适应交通需要，则颇成疑问。就本点而言，桥梁当较隧道为优。

（丙）建筑费用。隧道与桥梁之建筑费用，比较颇为困难，盖工程所在地址，设计要点，施工年份等，均足以影响工价料价，如忽遽论断，易致偏颇。经查各地桥梁隧道之建筑费用，情形较近，足资比较者，有以下二例。

---

① 今译芝加哥。

（1）纽约赫得逊①河。

荷兰大隧道：（盾法），车道四，建筑费用，5500万美元。

林肯大隧道：（盾法），双车道完成时，建筑费用，4860万美元。

乔治华盛顿悬桥：车道八，建筑费用，5500万美元。

（2）底得律②底得律河。

隧道：（堑壕法）车道二，建筑费用，2500万美元。

桥梁：车道五，建筑费用，2200万美元。

按此已成建筑之二例，在美国情形，隧道造价较桥梁为高，如以每车道之造价相比，隧道则为桥梁之2（前例）至2.8（后例）倍；根据佛兰克兰氏隧道与桥梁之经济比较一书，列为2.3至4倍。

再按本市目前情形而言，工料价格，均动荡甚速，隧道所需国内人工材料较多，不定因素亦夥。而桥梁所用之钢铁部分，照美国料价，加配制及运杂等费，计算较易准确，现国内工料飞涨，虽多用外洋材料，固系反常现象，但造价因此有显著减削，则亦毋庸讳言，故以双车道之隧道与四车道之低架活动桥相较，后者之建筑费，尚廉于前者。

---

① 今译哈德逊。
② 今译底特律。

（丁）施工难易。在工程立场而言,桥梁隧道在国外均年有兴筑,事非创举,只需设备完善,殊无难易之分:隧道,固需在水底装接,而桥梁基础,亦何独不然。唯以国内技术水准而言,桥梁工人,较易罗致,而隧道在国内,尚无已成建筑,工人难有适当经验而已。

（戊）养护费用。比较养护工作之繁简,莫若以所需费用相较,即知梗概。固定桥梁,养护当较隧道简单,唯活动桥则管理、清洁、保险等费,与隧道相同,灯火、警卫费较廉,隧道不需油漆,桥梁不需通风,桥梁须维持开闭机具,而隧道须养护通风及抽水设备,唯车辆发生意外事件时,在隧道中则较难处置。故综合以上各点,隧道之养护费用,当较活动桥稍昂。

（己）对邻近建筑物之影响。隧道大部均在地下,对邻近建筑物之损坏自极微小,桥梁如引桥之设计及处置相宜,亦不致影响附近建筑,但在普通情形下,隧道当较桥梁为优。

（庚）国防问题。关于隧道桥梁,在战争时,对于防御袭击之耐力,近年颇多发挥,唯仍少肯定结论,或谓桥梁较隧道目标显著,且全部暴露,甚易命中,或云隧道入口广阔,在空中亦一目了然,如以深水炸弹袭击,爆发力在水中不易散失,在附近之爆炸,亦能使隧道蒙受损失。归纳言之,桥梁在防卫上,较隧道为弱,唯破坏后,桥梁较易修理,而隧道则不易善后。

（辛）行车舒适问题。隧道以四周固封，致内部照明，全恃灯光，即在荷兰、林肯等最大隧道内，无不有地位狭隘、视短不佳之感；虽冬季不易受冰雪影响，但如本市气候，此点并不重要，而桥上则车道开阔，光线明朗，行车当远较舒适。

（壬）增进市容问题。隧道除两端外，不易察觉，桥梁则跨越两岸，为本市之门户，亦轮船旅客抵埠时，首先遇目之重要建筑，如设计欠佳，固为市容之玷，但配置得宜，远视怡人，则将成本市胜景之一，亦解决交通问题外之附带收获也。

综上所述各有利弊，如以经费及车辆容量为重，则桥梁似较胜于隧道。

五、桥梁式样之选择

（甲）活动孔之跨度。基于航行需要，活动孔净宽，似愈阔愈佳。唯开闭式桥桁，承负重荷，为悬臂作用，亦自有结构上之限制。计划中采用水道净宽为 60 公尺左右，枢承中心距为 77 公尺，对水道需要，已可应付裕如，同时亦近活动桥之最大经济跨度矣。

（乙）活动孔之材料。计划中采用合金钢为主梁材料，对于全桥重量，减轻不少，尤其平锤及机具之设计，为之简省甚多;但桥面系及支撑系,应力不大,将仍用碳钢。普通桥面布置,计有轻钢桥面、木块桥面两种,以后者行车较为舒适,且便于抽换,故予采用。

(丙)活动孔桥式。在纯工程立场而言,浦江江底,地质松软,为避免不均匀沉陷起见,自以直升式活动桥最为适合。现经规定江南造船所下游,不得建造此式桥梁,则退求其次,当以支加哥单枢式较为相宜。余旋转式活动桥,在同样水道净宽情形下,跨度增加一倍,且开桥时,两端突出,易受损坏,故最近美国趋势,此式已渐少采用,斯屈氏多枢式开闭活动桥,虽有重心易于平衡之优点,但专利部分过多,且多枢则养护困难,亦不如单枢式之简便。至于滚升式开闭活动桥,在开合时,载重重心亦同时移动,如浦江之江底地质,采用殊非所宜。

(丁)活动孔桥桁。桥桁式样,可采用穿式、半穿式及托式三种。本计划仅有单层桥面,同时桥桁受力,为悬臂作用,在梁端之高度,以小为经济,故对穿式桁梁,殊无采用之理由,托式桥桥面平坦开阔,支撑亦比较坚实,如能采用,自较适宜,唯因活动桥之细节及高度限制,有时不能采取托式布置,又同时适合其他条件,则势将改用半穿式桁梁。半穿式桥,又可分为二种:(1)桁梁突出桥面仅及一公尺左右,有栏杆之外形及效用;(2)随顶杆应力需要,而成折线。但因桁高究竟有限,此二式远观,当与托式相差无几,唯在桥上,则外观不及托式整洁。本计划系以用托式桥为原则,但如细节发生问题,则改用栏杆高度之半穿式桁架。

(戊)全桥布置。活动孔跨度既定,且为保持对称起见,位于河道中央,则两旁正桥固定孔之布置,难有十分出入,建议每旁用穿式桁三孔,在维持最小净空及便利工程之原则下,最为简易经济。本工程所在地之地质情形,不宜用复杂结构,但如采用系拱,伸臂梁,或增长两旁固定孔之跨度,及改用托式桁梁等,均无不可。

(己)对道路系统之影响。引桥布置,如与市工务局计划道路系统衔接配合,避免平交道,则不能全桥维持4%坡度,引桥全长,自将增加。如填高或放低原有道路路面标高,使仍分层通过引桥,再或使原有道路,迂回绕过本桥引桥范围,则就全桥建筑费而言,或可减少,但对道路系统,将不免发生室碍。

(庚)基础。正桥基墩,均用木桩承托。施工方法,有围堰、开口沉箱、气压沉箱三种方式。但以需用木桩,数目甚多,如用开口沉箱,有沉箱隔壁阻碍,难以排列多数桩木。围堰则以桥址水深在十公尺以上,虽不能谓十分困难,但殊难言经济。故以事先以送桩打好木桩,再用气压沉箱,筑成基墩为宜。计划基础深度,以在河床下最少五公尺为标准。木桩载重,以 20 公吨①为标准。

1946 年

---

① 公吨:公制单位,1 公吨 = 1000 千克。

三十年来中国之桥梁工程

一、引　言

　　桥梁之于交通，其重要犹如关节之于肢体，联系运行，莫不胥赖。至越溪跨谷，缩地通道，其功用尤为特立。当考我国各路桥涵长度，几占全路十分之一二，建筑费用亦居路产十分之一二，其关系运输通塞之切要，盖可想见。

　　我国桥梁工程，古代巨匠辈出，其技术之精，工程之伟，不亚于宫城建筑。材料不拘竹木石铁，形式不问梁拱浮悬，坚固美丽，各有千秋。而创设之始，又远在欧西各国之前。迄今各地犹多古桥遗迹，如冀燕之安济卢沟，陕之灞浐，苏之宝带，闽之洛阳，陇之西津以及其他有名大桥，率皆千百年前遗物，迄今多依然无恙。而峜皇典丽，古今称美。惜以历代轻视工术,技工经验,仅由师徒口承,缺少文字记载,乃致良规成例,仅能默守,迄无进展。迨逊清末叶,欧风东渐,兴筑铁路之风气大盛,始有新式钢桥出现。唯一切计划材料皆采自外洋。凡桥工委诸英人经办者,则一切规划统取于英,委诸德则德,委诸法则法,各自为政,不相统属。于是错综纷歧,纷乱异常。然在此期内,自旧式桥梁一跃而为新型钢桥,实开吾国桥梁史之新纪元。就桥工演进而言,可称为草创时期。民初以远,当局有见及此,先后造就桥梁专才,仿效欧美建筑新法,于是一切工程设施,渐入正轨。桥梁建筑,亦订立规范,自行设计营造。在此期内,桥梁工程,由外人手中移转国人自办,可称之为演变时期。民国十七年南京交通部召开全国交通会议起,迄今为止,全国一切建设,均有长足进步。桥工设施,亦能迎头赶上。国内桥梁工程司自建之大桥,如钱塘江之双层大桥及最近柳江之钢轨桥,可推为代表之作。抗战军兴,军运急迫,桥梁亦随新路而赶筑。虽外洋材料断绝供应,竟能独出心裁,迁就事实,争取时间,因地制宜,资助国防,处此艰难困苦之环境条件下,而能完成伟业,在吾国桥梁史上,应占有光辉之一页。在此期内,桥梁工程由仿效而踏入独立境地,是为勃兴时期。愿吾中国桥梁工程司,更加努力,使不久之将来,不绝造成世界的记录,则可预定之为创造时期。

爰者,中国工程师学会,鉴于三十年来工程之进展,将有专刊之印行。爰就三十年来铁路、公路及城市桥梁各项资料搜集所及,述其梗概,俾知我桥梁工程司成就之一斑。至各重要桥梁之设计及施工详情,已备载本会工程杂志之"桥渡专号"上下两期及"钱塘江桥工程专号",兹不转录。属稿忽忽,遗漏难免。尚祈读者教正是幸。

二、铁路桥梁

我国建筑铁路,始于清末,当时我国技术人才缺乏,最初建筑各路,除平绥、沪杭甬外,全委托债权国承造。因而各路桥梁之规范,殊不一致。其中纷歧最甚者,当推平汉、陇海,至北宁、津浦、京沪则较整齐,中以胶济路之桥梁为最薄弱。各路桥梁中之最伟大者,当推平汉及津浦黄河桥。平汉黄河桥南起荣泽口,北达广武山,全长 3010 公尺,共计 102 孔。后于北端填塞二孔,遂成 100 孔,均按单线设计。1903 年 6 月开工,1905 年 4 月完成。共费库平银 265 万两。津浦黄河桥位于山东之泺口,全长 1255.2 公尺,共 12 孔,内有二孔为翅臂式钢桁桥。桥梁宽度,系留备将来改设双线,载重则按单线设计。将来改造双线之计划,乃于原钢桁外,另加同样之钢桁。该桥由德国孟阿恩公司承办,于 1907 年开工,1912 年 12 月完成。工料总价为 1200 万马克。津浦路之淮河大桥,长计 574.55 公尺,共九孔,均为 60.96 公尺孔径之下承钢桁。施工期共历一年。桥之上下游均设有拔桅装置,俾高樯商船,便于通航,为该桥之特点。其他各路大桥全长在 400 公尺以上者,在平汉路尚有永定河、沙河、滹沱河等桥。在津浦路有泲河桥,陇海路有灞河桥,北宁路有六股河、大凌河诸桥,平绥路有大洋河、玉河诸桥。关于各路大桥之概况,兹附统计表如后(表一、二、三、四)。

沟通江浙之京沪、沪杭甬及苏嘉各路,沿路大桥甚少,盖所经地带均属平原,河流纵横小桥涵洞颇多,长孔桥梁则极少。河南之道清、山西之正太等路,经行太行山麓,一片平畴,或沿河而行,故沿路仅有极少数之桥梁,无可记述者。

其次关于铁路桥梁方面之重要事项,择述如下。

桥梁工厂　当北宁路展筑至滦州,为谋工程进展便利起见,购备建桥机械,招募熟练工匠,建立滦河钢桥,翌年告成。因所有工具工匠,一旦遣散,殊为可惜,乃设厂于山海关站,收容上项工匠。初称山海关桥梁厂,民国五年改称山海关铁工厂,十八年改称山海关工厂,十九年改隶该路厂务处。开

铁路桥梁统计表

一、桥身

材料	路名	孔数	总长(公尺)	净孔 100公尺以下	100～199公尺	200～299公尺	300～399公尺	400～499公尺	500～599公尺	600公尺以上	桥式 桥梁	板梁	工字梁	轨梁	槽梁	拱桥	板桥	木梁	上承	下承	载重 E10至E19	E20至E29	E30至E39	E40至E49	E50至E59	不详
钢	平汉	796	14,158	153	115	234		11		3	284	382		119	11				544	252	58	362	166	139		145
	北宁	875	8,906	697	119	6	43			10	144	602	129						747	128			495	29	351	
	津浦	788	11,787	516	82	50	70	39		27	181	531	76						626	162	6	252	517		13	
	京沪	55	582	38	17							53	2						30	25			49	6		
	沪杭甬	31	947	11	8		2	2		8	13	14	4						10	21	2	7		6	4	
	胶济	164	4,310	3	17	45	86	13			54	107	3						91	73	53			8	111	3
钢	平绥	808	5,726	747			61				61	38	342	367					807	1			779		29	
	粤汉	369	5,877	106	172		23	18		10	42	327							266	103			176	175	18	
	陇海	395	8,827	52	67	95	180			1	179	210	6						214	181			76	241	79	
	正太	60	1,454	10	29	8		6		4		50	10						10	50		28		32		
	广九	115	1,507	75	27		6			7	35	80							61	54						115
	南浔	53	1,201	8	33		6			6	12	41							47	6			7	46		
	道清	78	497	78								78							78					78		

材料	路名	孔数	总长(公尺)	净孔							桥式									载重					
				100公尺以下	100~199公尺	200~299公尺	300~399公尺	400~499公尺	500~599公尺	600公尺以上	桁梁	板梁	工字梁	轨梁	槽梁	拱桥	板桥	木梁(上承)	木梁(下承)	E10至E19	E20至E29	E30至E39	E40至E49	E50至E59	不详
钢	北宁	148	619	148								104			44									148	
混凝土	津浦	19	244	19												19									19
	沪杭甬	3	18	3													3					3			
	胶济	60	310	59		1										13	47					30		30	
	平绥	68	320	59	9											68						68			
	粤汉	4	24	4													4					4			
	陇海	14	112	8	6											14							10	4	
	广九	50	144	50												50									50
	道清	19	116	19												19							19		
木	平汉	22	74	22														22							22
	京沪	14	67	14														14			14				
	平绥	135	888	135														110	25			110			25
	粤汉	34	197	34														34					34		
石	平汉	11	145	11												11									
	正太	108	792	73	33	2										108					91	17			

附注：

1. 本表均按民国二十五年出版之第三卷铁道年鉴图略大桥表统计，统计范围以国营铁路旧路为限。
2. 上列粤汉铁路仅指该路湘鄂、广东两段，陇海铁路指海潼、潼西两段，北宁铁路指关内路线。
3. 上述各路支线各梁均包括在内。
4. 吉黑辽热四省路线因资料缺乏暂缺。

铁路桥梁统计表

二、桥台

路名 \ 材料数目	钢筋混凝土	混凝土	粗石	细石	乱石	砖	木	钢架	铁桩	砖及石	砖及混凝土	粗石及混凝土	乱石及混凝土	细石及混凝土	混凝土砖垒	混凝土桩架	质料未明者
平汉		70	14	132	10	34	2		16	10		10	4	8			8
北宁		170	82	16		26		6			4	4				4	
津浦		120	188		14	26						24					
京沪		6	22			2									4		
沪杭甬	8	30															
胶济		26	2	6	12							82	8	16			2
平绥		254				16	14										
粤汉		210															
陇海		80		156	10	32	2	6						2			
正太			80														
广九						12											172
南浔		20												10			
道清		2		26													

铁路桥梁统计表

三、桥墩

路名 材料	钢筋混凝土	混凝土	粗石	细石	乱石	砖	木	钢架	铁桩	砖及石	砖及混凝土	粗石及混凝土	乱石及混凝土	细石及混凝土	混凝土砖垒	混凝土桩架	质料未明者
平汉		167	19	166	10	5	48		123	16		11	6	29			70
北宁		470	311	25				7			11	2				46	
津浦		301	239			17						69					
京沪			22			12	13										
沪杭甬		15															
胶济		30		4	9							48	21	21			14
平绥		859					18										
粤汉		247				47											
陇海		115		110		21		14						5			
正太			128														
广九																	
南浔		26				11											79
道清		8		42										28			

附注：本表来源与前表同。

铁路桥梁统计表

四,工费（开办之日起至民国二十四年六月底止）

路名	路长(公里)	桥总长(公尺)	每公里路之桥长(公尺)	总资产(元)	施工费(元)	百分率
平汉	1,319.2	14,377	10.90	128,132,000	16,825,000	13.1
北宁	596.6	9,525	15.96	129,303,000	17,889,000	13.8
津浦	1,104.9	12,031	10.89	131,765,000	21,531,000	16.3
京沪	346.0	649	1.88	40,558,000	2,805,000	6.9
沪杭甬	286.7	965	3.36	29,048,000	2,674,000	9.2
平绥	876.5	6,934	7.91	60,578,000	5,657,000	9.4
正太	278.2	2,246	8.07	28,925,000	2,972,000	10.3
道清	165.4	613	3.70	8,451,000	387,000	4.6
粤汉（湘鄂段）	513.3	6,098	7.13	66,366,000	6,258,000	9.4
粤汉（广韶段）	342.0			34,489,000	3,777,000	10.9
粤汉（株韶段）				26,797,000	6,741,000	25.2
胶济	458.7	4,620	10.07	47,949,000	8,099,000	16.9
陇海（东段）				131,726,000	10,630,000	8.1
陇海（汴洛段）	924.1	8,939	9.67	15,958,000	2,889,000	18.1
陇海（潼西段）				9,223,000	2,376,000	25.8
南浔	128.4	1,201	9.35	12,302,000	2,488,000	20.2
广九	143.0	1,651	11.55	16,274,000	2,322,000	14.3
浙赣（杭玉段）				14,072,000	2,405,000	17.1
浙赣（玉萍段）				16,592,000	3,106,000	18.8
江南				6,421,000	828,000	12.9
淮南				3,730,000	169,000	4.5
同蒲				16,128,000	3,583,000	22.2
国营铁路共计	7,483.0	69,849	9.33	917,844,000	116,320,000	12.7
总计				974,787,000	126,411,000	13.0

办迄今,计有四十余年之历史,实为吾国最早之桥梁工厂。

规范书之颁布与改订　民初以前,各路桥梁建筑,大都委托外人,一切标准,颇不一致,因而纷乱异常,对于路政影响至大。民国六年,前北京交通部有鉴及此,乃成立"铁路技术委员会",首先着手订立铁路各种规范,于民国十一年正式颁布《国有铁路钢桥规范书》等若干种。是项规范书之内容,大都取法美国铁路工程协会1920年之规范书内诸款。自是而后,各铁路加修改筑钢桥时,大率依此为准绳。唯该项规范书中之活重,原就"古柏氏"标准载重换算,酌量化整而来。但近年来机车之进步甚速,无后轮之机车,日益减少,2-8-2及4-8-2式机车日益增多。因之"古柏氏"标准载重,已不能适合近代趋势。而吾国近年来新购之机车,亦大都为有后轮式,故前订之标准载重,已有更改之必要。战前铁道部技监室有鉴于此,乃于民国二十五年着手改订。当时分别参照美国铁路工程协会1935年之钢桥规范,英国1923年之工程标准协会桥梁及材料规范书,法国1927年铁路设计规范书及1931年之钢桥工程规范书,德国1934年之国有铁路规范书及1932年德国标准协会材料标准等,逐一比较研究,拟订草案,分别征求意见。最后召集国内桥梁专家集会审订,民国二十七年始正式颁布。此项新颁规范书中,重要更改各点,略述如下。

载重及轮距,全用公制,分为中华十六、二十、二十四、二十八等级。材料之品质限制及容许应力等规定,均予以更改,以期适切实际情形。此外关于设计细则部分,如压杆之宽厚比,翼板伸出限度,铆孔折减算法,板梁设计方法,中部加劲杆之间隔,联系板之设计方法等,均采用最新学说及严密实验之结果,详加推敲而后订定。

云河桥事件　胶济铁路之桥梁,原甚薄弱。民国十二年二月间竟有云河桥折断事件发生。其肇祸原因,系双挂凝固式机车违章疾驰,过桥时又骤然施闸所致。及后乃有彻底换桥之举。民国十三年起,陆续更换、重建,所有主持人员,全系国人,成绩斐然。民国十八年铁道部顾问华特尔博士奉命视察,颇加赞美。

黄河桥之修复　津浦路之泺口黄河桥,曾在民国十六年间,国民军接近济南,北军撤退之际被毁,交通中断。是年冬,铁路局组织桥梁工程司考察团,前往研究,始修复通车。嗣后复将被毁部分逐一更换,乃复完好如初。此亦为我国桥梁工程司初期出色之贡献。

桥梁载重能力之复核　民国十八年以后,铁道部因鉴于云河桥事件之发生,乃开始按民国十一年之规范书,就各路现有桥梁之实况,逐一复核其载重能力,借知一般桥梁之强度。统计全国各路桥梁平均约在"古柏"35级左右,最高者达"古柏"50级,最低者在"古柏"20级以下。而当时机车轮重,逐年增加,往往可达"古柏"40级以上,影响于桥梁之安全颇大。

标准桥梁之设计　民国十九年粤汉路株韶段兴工之始,铁道部工务司召集胶济、津浦两路桥梁工程司会同规划"古柏"50级标准桥梁之设计。自株韶段采用以后,陇海西段新工及平汉路改善工程亦相继采用。嗣后工务司复着手"古柏"35级标准桥梁之设计,近年散见于湘桂路之"古柏"35级钢桥,大率以此为张本。民国二十五年着手重订之规范书,民国二十七年正式颁布,同时完成"中华"16级桥梁标准设计一套,其用意在划一以后各新路钢桥之设计。此项规范,已由叙昆、滇缅、黔桂三路采用。凡永久性之桥梁均用"中华"16级载重,临时性者用"中华"12级。其后并由交通部桥梁设计工程处续办标准设计,继续四年之久,先后完成图件达4000张以上。

新材料新方法之试用　吾国铁路桥梁建筑,大都采用钢铁,利用砖石建筑者极少。直至民国十三年以后,胶济路实施彻底加强桥梁时,始采用钢筋混凝土为铁路桥梁之材料。

唯当时初次尝试,仅用做短跨径之平板桥及小径拱桥而已。民国十九年后,株韶段开工,先后完成孔径长达30公尺之拱桥五座,号称株韶五大拱桥。继此而后,京赣、成渝、黔桂各路相继采用。诚以混凝土为国产材料,用以代替钢铁,借塞漏卮,对于国家经济,颇多裨益。

电焊桥梁较为新颖,吾国用以加固桥梁,颇有成效,如粤汉之株韶,平汉与津浦各路均曾采用。或用以补救铆合翼角与腹板钉距过长之弊,或用以加固工字梁桥,或桁梁板梁等桥,惜以试用时期不久,而抗战军兴,未能充分利用,至为可惜。

国人擘划经营之桥梁　民国十九年以后,国人擘划经营之铁路,风起云涌。除关外各新路外,株韶、陇海之东西段,浙赣、淮南诸路,亦相继完成。至抗战前一二年所筑之京赣、成渝等路,亦次第兴工,成绩之表现,不亚于以往假手外人诸路。而桥梁工程亦有长足进步,中以钱塘江大桥之完成,推为近年来最大之成就。桥长达1400公尺,采用双层式桥面,上层公路,下层铁道。正桥16孔,均用铬钢构成。桥墩用沉箱建筑,中经45公尺之流沙。其基础之困难,工程之伟大,在国内犹属初见。其次为潼关之黄河桥,共计15孔,孔长各60公尺,正筹备就绪,忽焉抗战军兴,未能继续兴筑。此外如株韶段之渌河、洣河、耒河等桥,浙赣路之梁家渡桥及赣江大桥等,均堪记录。

抗战期内之桥梁建筑　民国二十六年湘桂路衡桂段开工,为接通粤汉路起见,乃有衡阳湘江桥之规划。该桥原定为铁路公路之混合桥,全桥计七孔,各孔用 60 公尺之"华伦"式钢桁,民国二十六年冬开工,十一月完成桥台二座,桥墩三座,后以长沙大火,工程停顿,民国三十一年冬续修,三十三年一月完成。

　　民国二十八年夏黔桂路兴工,为沟通湘桂路之运输起见,因而柳江桥必须兴修。唯以柳江水深流急,并有永久式之结构,难保安全。其时外来材料告罄,即国产之水泥,亦因运输艰难,不能充分供给。乃设法利用旧存长短各异之旧板梁,与 12 磅至 85 磅轻重不一之旧钢轨,凑成长达 581.56 公尺之大桥,号称钢轨桥。匠心独运,实鲜前例。该桥完成之后,黔桂路各桥亦类多仿此,利用废钢木料,达成桥工任务。此种战时建筑,切合军事需要,其成功实为我国桥梁工程司之重大贡献。

铁路桥梁之记录的数字　兹就全国铁路桥梁分别统计,得以下各种记录的数字,借此作为日后精进之鹄的。

　　最长之铁路桥梁,为平汉路临时黄河桥,全长计 2930 公尺(100 孔)。

最长之钢桁孔径,为津浦路黄河桥,计长 164.7 公尺。

最长之钢板梁孔径,为浙赣路抚河桥,计长 35 公尺。

最长之工字梁孔径,为同蒲路沙河等桥,计长 11 公尺。

最长之钢筋混凝土拱桥孔径,为粤汉路新岩下等桥,计长 30 公尺。

最长之钢筋混凝土 T 字梁桥孔径,为黔桂路庙头桥,计长 15 公尺。

最长之木桁桥孔径,为洮昂路江桥,计长 22 公尺。

最长之木拱架桥孔径,为黔桂路之龙江桥,计长 20 公尺。

最长之铁路公路混合桥及最艰巨之基础工程,为钱塘江桥,全长 1400 公尺。

三、公路桥梁

吾国公路,创自湖南。当民国十一年间,谭延闿氏主湘,聘外人主持修筑湘潭至宝庆间一段公路,一切组织规章,全部仿铁道,实开吾国公路建筑之先河。民国十三年,浙江省成立公路局,修筑钱江南北公路,一切规章法制全由国人订立。于是中国公路事业之基础,得以奠定。唯以初次创造,且缺乏良规,足资借镜,故其内容比较简陋,复以经费支绌,组织规模,远非铁道可比,故其成就亦逊。尤以桥梁建筑,更较草率。及后国民军兴,公路之建筑逐渐发展。民国十七年,中原砥定,是年八月,交通部召开交通会议于南京,对全国公路之建设,提案甚多,嗣后遂有国道之规划。而省道、县道、村道之计划,亦分令各省县,按期推进,从此公路工程遂为一般国人所注视。民国二十年,全国经济委员会成立公路组,专司擘划全国公路事宜。及后扩大组织成立公路处,主持国道建设,先后完成西兰、西汉等路,并协助各省市建设公路。至民国二十六年抗战初起,全国完成公路之长度,已逾十万公里,而新颖伟大之桥梁亦相继呈现。然在西南、西北各省,犹未能充分顾及。迨乎抗战以后,工程司群集西南西北,于是又完成一万余公里之山地路线,而桥梁工程所遭遇之艰难困苦,又非战前可比。然均能运用手脑,克服环境,完成使命,足见我国公路桥梁工程司之努力。

吾国公路建筑之历史较短,但进展则速。因而经济人才,均未能充分供应,故路线与桥梁完成之数量虽多,而良窳不一。兹就各省公路桥梁作一概括之记载,借明公路桥梁工程之成就。

湖南省 湖南省修筑公路,推为全国第一。开始即依铁路组织一切工程进行,不稍苟且,故颇有成绩。其后国人主持,亦能本此精神,继续发扬。故该省各路桥梁采用永久式者几达全部85%以上,临时性之桥梁仅占5%。且所采形式颇多新颖,砖石混凝土之拱桥,钢及钢筋混凝土之桥梁,散见各路。中以孔长26.8公尺之吊式拱桥(永丰桥),为全国最长之钢筋混凝土拱桥纪录。而孔长33.5公尺之白竹桥,又造成全国最长之石拱桥。能滩之钢链吊桥,系利用废旧汽车钢架,重铸凑合而成,不假手外洋材料,完成孔长80公尺之钢链吊桥。在当时推为国中唯一之新式吊桥,尤见匠心。

浙江省　浙江省公路局,在我国组织最早,当时所造桥梁,颇多佳构。如鄞奉诸路上若干座钢桁桥,早在民国十五六年时,先后架设完成,实导公路钢桥之先河。

江苏省　江苏省公路局成立较晚,以地势平坦,河道纵横,舟楫四达,故桥梁特多。唯以河流缓窄,桥梁之可堪记录者亦鲜。仅扬州十二圩等处之公路活动桥数座,为他省所少见。

江西省　江西省之公路,初无甚表现,其后因军事关系,发展始速。唯目的专为军运,所有桥梁尽属临时,迨战事终止,元气大伤,不但改进维艰,即维持此项临时性之木桥,亦煞费张罗。唯南昌牛行间之中正大桥,全长608公尺,为全国公路桥梁之最长纪录。

安徽省 安徽省公路中,以杭徽路之艰险著名。唯桥梁工程,则少伟构,足资记述。

河南省 河南省公路亦因军事而发展,复以一·二八之役,定洛阳为行都,因得中枢之资助。较大之桥工,亦相继完成。如洛阳之林森桥,得林主席之捐廉建造,长达 383 公尺,仅次于南昌中正桥一筹耳。其他如周口之沙河桥,叶县之汝渍桥等,均为 100 公尺以上之钢筋混凝土桥,先后完成达六七座之多。

两广 广东、广西两省公路,建筑较早,且以财力较充,所有桥梁大都采用永久式,其中颇多出色之作。

陕西省 陕西省公路之建筑,开始于全国经济委员会公路处之修筑西汉、西兰两路。一切规章均依部颁,财力人力均较充分,故其成就亦大。唯以地处高原,河流较少,桥梁不多。足资记录者,仅有西汉路上之天心桥,单孔钢桁桥孔长 50 公尺,在当时推为此项公路桥梁中之纪录长。

甘肃省 甘肃省公路亦肇始于经委会公路处修筑之西兰路。但路线所经,尚少巨川深壑,故伟大之桥梁工程甚少。唯一足资记载者,为逊清末叶建造之黄河桥。桥在兰州北门外之黄河上,凡五孔,孔长各 45.9 公尺,为单式钢桁桥,迄今已有三十余年之历史。回想当年一切工具材料全恃驮载筏运,迢迢数千里,艰难情形,可以想见。

川滇黔三省 川滇黔三省公路之建筑,远在民国二十年以前,即行开始。唯以财力人才缺乏,成绩不彰。及抗战以后,国际路线之滇缅,贯通三省之公路如黔滇、湘黔、川黔、川滇、川湘诸路,次第兴修,技术人才,亦因抗战而集中西南,于是伟大桥工,陆续出现。其中可堪记录者,如滇缅路之昌淦桥,中间孔径达 123 公尺,打破全国悬桥跨孔之纪录;川黔路之乌江桥,为三孔之连续钢桁桥,中孔长度达 55 公尺,推为是项形式桥梁之最长纪录;垒畹公路上之南畹河桥,独孔钢桁,跨长达 56.4 公尺;川滇东路之七星关桥,孔径长达 36 公尺,川滇西路之大渡河吊桥,孔长 110 公尺,仅次于昌淦桥一筹;峨眉河之钢筋混凝土梁桥,其最长之孔径长达 22 公尺,造成该式桥梁之全国纪录;他如桂穗路之木架钢桁桥,利用废旧钢料,拼凑剪合,造成 62 公尺之长孔桥梁,打破全国公路桁桥之最高纪录,均有足称者。

其他各省 闽、鄂、鲁、晋、冀、辽、黑、吉以及察、热、蒙、康、宁、新、青、藏各区,公路所经必有桥梁,徒以资料不全,或成就不著,以致良好成绩,湮没不彰。且以军事变化,瞬息万变,公路之兴废无常,桥梁之统计,难期正确。

其次关于公路桥梁方面之重要事项,略举数端如下。至抗战期间修建各桥之设计及施工详情，为前"桥渡专号"所未及载者，拟另编专文叙述，以留记录。

各省桥梁现况统计 兹根据最近调查，统计各省干线及各重要桥梁状况，表列于下。沦陷各省各区，资料收集困难，切实统计，只得俟诸异日。

规范书之颁布与修订 公路桥梁之设计规范书，首由浙江省公路局订立，其内容大部按照克庆著《公路桥梁之设计》一书所载者编译而成。此后各省公路局大致均仿照此项规范书略予修改而已。转年全国经济委员会公路处，始根据美国省公路员司协会所定之规范书（1931年）摘译编成《公路桥涵工程设计暂行准则》，并冠草案二字，以示尚待修正之意，并规定各省市凡受中央补助之公路桥梁，均须根据是项准则设计之，直至民国三十年十月始重行局部修正，由交通部正式颁布。其中比较重要之修正各点，略记如下：（一）半永久及临时式之桥梁载重标准，依其跨径长短而变其等级。其目的为适合目前最重炮车之通行，并免去设计上发生之困难。（二）各种材料之资用应力诸规定，关于材料之项目较多，应力之范围较宽，其目的为适切国产材料之实情而设。其他各部，虽多更改，但多属枝节细目，无关宏旨。此项准则，虽经修正颁布，但因所载项目过少，不无疏漏。唯复兴在

一、各省公路桥梁统计表（民国二十九年十二月）

类别	跨线长度（公里）	桥数	总长度（公尺）	每公里摊桥若干公尺	附注
湖南省	2,461.4	796			原填表报有一部分不全，正确长度不能求出，故不列。
浙江省	1,683.5	656	10,747.6	6.38	
福建省	1,558.7	788			同前
广东省	1,675.8	1,103	2,263.4	13.50	
广西省	1,791.0	666	9,609.6	5.37	
贵州省	848.9	110	1,913.5	2.25	内已扣去西南公路局管辖各公路之桥梁数。
甘肃省	810.3	108	1,375.2	1.70	内已扣去西兰、华双等路线内之桥梁数。
河南省	1,341.1	271	7,341.8	5.46	
云南省	776.2	191	1,217.1	1.57	内已扣去滇缅、川滇东西、滇黔各路之桥梁数。
安徽省	360.0	132			原填表报，有一部分不全，正确长度不能求出，故不列。
陕西省	2,100.0	237	4,271.7	2.04	内已扣去西汉、西兰、老白、汉白、川陕各路之桥梁数。
湖北省	727.0	173	2,643.7	3.65	
江西省	2,089.0	1,420	15,382.2	7.36	
四川省	1,907.0	588	9,362.0	4.90	内包含川省境内各公路之桥梁，凡越跨两省之公路桥梁未列入。
宁夏省	844.0	39			原填表报，有一部分不全，正确长度不能求出，故不列。
青海省	232.0	8	144.9	0.63	
总 计	21,205.9	7,286	86,618.7	5.42	总长度及摊分两项，已将湘闽皖宁青四省扣去而后算得之。

二、后方重要公路干线桥梁表（民国三十三年十二月）

路名	起迄地点	路长（公里）	全路桥梁			永久式			半永久式			临时式		
			桥数	桥总长（公尺）	每公里路之桥长（公尺）	桥数	桥总长（公尺）	百分率	桥数	桥总长（公尺）	百分率	桥数	桥总长（公尺）	百分率
黔滇	贵阳至昆明	662	93	1,595.10	2.41	93	1,595.10	100.0	—	—	—	—	—	—
黔桂	甘粑哨至南丹	233	59	960.00	4.12	59	960.00	100.0	—	—	—	—	—	—
湘黔	官庄至贵阳	712	200	3,778.48	5.31	64	1,636.73	43.3	128	2,061.75	54.6	8	80.00	2.1
川湘	茶洞至三角坪	883	221	2,928.10	3.32	62	847.80	29.0	152	1,448.70	49.5	7	631.60	21.5
川黔	重庆至贵阳	488	142	2,756.60	5.65	99	1,886.40	68.5	42	812.20	29.4	1	58.00	2.1
成渝	成都至重庆	444	133	2,619.30	5.90	120	2,304.65	88.0	12	304.65	11.6	1	10.00	0.4
川陕(川段)	成都至棋盘关	420	167	3,440.37	8.19	79	1,762.80	51.2	88	1,677.57	48.8	—	—	—
川陕(陕段)	棋盘关至宝鸡	381	95	3,323.00	8.72	30	632.78	19.0	64	1,545.31	46.6	1	1,145.00	34.4
绵璧	绵阳至璧山	338	115	1,729.65	5.12	101	1,376.40	79.6	14	353.25	20.4	—	—	—
华双	华家岭至双石铺	411	91	1,353.25	3.29	15	162.30	12.0	61	873.05	64.5	15	317.0	33.5
西兰	西安至兰州	719	59	1,142.31	1.59	23	417.32	36.5	29	640.54	56.1	7	84.45	7.4
甘新	兰州至猩猩峡	1,179	145	2,074.25	1.76	—	—	—	31	230.15	11.1	114	1,844.10	88.9
汉白	襄城至白河	537	228	4,460.30	8.31	69	1,364.20	30.6	150	2,015.50	45.2	9	1,080.60	24.2
老白	白河至老河口	248	125	1,721.92	6.94	5	99.10	5.8	82	789.44	45.8	38	833.38	48.4
川滇东路	泸县至天生桥	726	99	2,740.34	3.77	92	2,343.29	88.5	4	176.30	6.4	3	220.75	8.1
川滇西路	内江至镇南	1,234	353	5,838.00	4.73	109	1,984.60	34.0	195	3,069.15	52.6	49	784.25	13.4
成乐	新津至乐山	121	76	1,155.30	9.55	53	888.00	76.9	23	267.30	23.1	—	—	—
川康	成都至康定	374	144	1,645.00	4.40	24	255.50	15.5	107	1,305.20	79.4	13	84.30	5.1
川鄂	简阳至万县	639	219	2,971.40	4.65	170	2,309.50	77.7	48	632.10	21.0	1	30.00	1.0
汉渝	重庆至万源	417	100	1,581.78	3.79	69	1,307.70	82.7	31	274.08	17.3	—	—	—
滇缅	昆明至畹町	959	369	2,942.10	3.07	154	1,422.10	48.3	211	1,390.00	47.3	4	130.00	4.4
青藏	西宁至玉树	827	12	353.00	0.43	—	—	—	7	198.00	56.1	5	155.00	43.9
康青	康定至歇武	792	81	1,187.20	1.50	1	11.00	0.9	6	47.20	4.0	74	1,129.00	95.1
总计		13,744	3,344	54,296.24	3.95	1,509	25,567.07	47.1	1,485	20,111.44	37.0	350	8,617.73	15.9

三、后方重要公路桥梁表（民国三十二年四月）

路　名	桥　名	桥　址	孔数	孔长(公尺)	桥长(公尺)	式　　样	附　注
黔桂路	三江口桥	448K+000	5	25	125	钢衍桥	
	怀远桥	492K+300	6	25	150	钢桁桥	
湘黔路	施秉桥	223K+690	4	22	112	钢桁桥	
			2	22		木桁桥	
	板栗坪桥	420K+780	13	8.4	151.2	石墩台,木梁木桁桥	
			2	14			
	龙津桥	453K+250	15	9.5—13.0		石墩台,木梁木桁桥	
川湘路	河口场桥	447K+397	11	20	220	石墩台,木桁桥	
	茶洞桥	694K+500	5	20	100	石墩台,木桁桥	
川黔路	乌江桥	105K+000	1	55	110	钢桁桥	
			2	27.5			
川陕路	黄许镇桥	80K+605	13	12.8	241.4	石墩台,木梁木桁桥	自成都向北计算
			15	5			
	乌木滩桥	125K+584	12	11	132	石墩台,木桁桥	自成都向北计算
	梓橦桥	188K+436	9	13	117	石拱桥	自成都向北计算
	下寺河桥	318K+240	18	5.6	100.8	石墩台,木梁桥	自成都向北计算
	渭河桥	172K+400	65	7	455	钢轨梁桥	自西安向南计算
	襄河桥	424K+270	8	18	144	石墩台,木梁桥	自西安向南计算
	九洲河桥	450K+890	22	6	132	石墩台,木梁桥	自西安向南计算
华双路	南河川桥	166K+406	19	9	171	石墩台,木梁桥	
	泾川河	238K+990	17	9	102	石墩台,木梁桥	
甘新路	黄河桥		5	45.9	229.5	钢桁桥	
汉白路	金洋桥	104K+880	23	5—7.65	137.8	石墩台,木面桥	
川滇东路	安富桥	880K+757	17	4.4—16.5	129.6	石墩台,木梁木桁桥	
川滇西路	峨眉河桥	11K+116	3	22	99	石墩台,钢筋混凝土桥	
			2	16.5			
	流沙河桥	265K+260	54	6—18		石墩台,木梁木桁桥	
			1	26			
	大渡河桥	317K+000	1	110	172	钢索吊桥	
			1	36			
汉渝路	通川桥	269K+300			272	钢筋混凝土桥	
滇缅路	昌淦桥			123	123	钢索吊桥	
桂穗路	勒黄桥	133K+605	1	62.1	112.7	钢木合组桁桥	
			2	25.3			
	交洲桥	152K+972	4	25	100	钢木合组桁桥	
			2	50.6			
	沙宜桥	166K+063	2	4.6	167.9	钢木合组桁桥	
			1	57.5			
			1	43.7			
	正威桥	170K+600	1	62.1	131.1	钢木合组桁桥	
			1	25.3			

附注:后方各路重要桥梁为数过多,暂以全长100公尺以上之桥梁且具有永久性或半久性者列入。

望,希望不久之将来,能将公路桥梁之规范书,早日扩充颁布,俾得与吾国自订之铁路钢桥规范书先后媲美。

公路桥梁之被炸与抢修　公路桥梁受敌人之破坏者,以盘江桥及昌淦桥为最严重。而主持人竟能排除一切困苦,达成修复通车之任务,故特志之。

黔滇路为国际交通之重要路线,中以盘江桥最为险要。自海防陷落,外洋物资,统由滇缅路运入,转由滇黔路运往东南及西北各省,该路运务益见频繁,于是盘江桥遂为敌方所注目。民国三十年五六月间屡次轰炸,遂于六月八日中弹,全桥坠入江心,是日车运全停。幸路局调拨渡船抢搭浮桥,当夜即恢复交通。唯全恃浮桥渡船实难应付。而时届雨季,江水时发,七月十六日浮桥冲断,渡船失效,交通又告中断,乃用钢索锚系于桥台,上铺木板,历一周始勉强通车。际此困难情形之下,敌机继续肆虐,七月三十日复被炸断。主持者仍一本苦斗精神,先后赶修各种桥梁、渡船、浮桥、码头,以备随炸随修,随冲随抢。桥渡相济,兼顾并筹,西南交通,遂赖以维系于不绝。

滇缅路在海防陷落之后,为我国际间之唯一孔道,其中澜沧江桥工最为艰伟。该处原筑有铁链桥一座,公路兴筑时,乃改成木劲桁吊索桥,以载重能力薄弱,难以胜任大量军运,复有另建新桥之议。经始于民国二十八年之春,翌年十一月通车，为期一年又半，完成如此巨工，已属难能。而当该桥尚未完成之前，旧木桥已为敌机炸毁，交通部乃令该桥主持者钱昌淦氏，急返工地抢修新桥，不幸未达工地，而遭敌机袭击，半途殉职。此桥落成之后，因名昌淦桥，以示纪念。是桥完成之后，敌机屡来投弹，初则损失尚微，随炸随修，军运仍畅。直至十二月十四日敌机冒险低飞，投弹如雨，以致全桥坠入江心，交通乃告中断。卒赖该桥员工继续奋斗，不辞空袭之危险卒于民国三十年三月三日，正式恢复通车。如此巨工，短时期抢修完成，殊堪纪录。

四、城市桥梁

我国古代之城市桥梁，据史籍所载，首推洛阳之天津桥。当隋炀帝迁都洛阳，以洛水贯都，有天汉之象，因建此桥，大船维舟，以铁锁钩连南北，夹路对起四楼，名曰天津。是为吾国城市桥梁之最早记录。其尤足称道者，在同一时代，隋匠李春（公元 569～617 年）所修赵州（今河北赵县）安济桥，不但工程坚固，迄今犹在使用，且其石拱一孔，长达 37.47 公尺，所具拱形及构造，极合近代拱桥设计之原理，较之同时之欧西桥梁，超越远甚，足为吾国桥梁史之光荣。元明以降，代有伟构，不及备载。迨乎逊清末叶欧风东渐，滨海各地，先后辟成商埠,交通日繁,新式城市桥梁日渐发展。尤以上海、天津为最。自国府奠都南京之后,各省重要都市先后从事规划建设,新桥建筑,始由国人自办,成绩斐然。兹就其中重要城市之桥梁,略述于下。

上海市　上海市内之较大桥梁,大都集中于租界地区之吴淞江上,先后由各租借国建造,中以外白渡之下承式钢桁桥为最大。此外如四川路、河南路之钢筋混凝土翅臂悬梁桥以及新闸之下承钢桁桥等,均属新式作品。市内尚有蕴藻滨两桥,亦属可观。嗣后市工务局成立,先后筹建府南右路、淞沪路、共和路诸桥,均作宫殿式,乔皇典丽,呈露东方建筑之特点。

天津市　天津为华北之门户,在昔已属重埠。迨海口通商,益形繁荣。市内运河贯通东西,通海河而达大沽。最初赖以联络南北交通者,除船渡外,多用浮桥,后以市内交通发达,市政当局乃有筹建钢桥之议。首先建筑者,为大红桥,继之金钟桥、老铁桥等之修筑。金钟桥犹存,老铁桥已拆去,大红桥则毁于水。拳匪乱后,袁世凯督直,又有金汤、金华、金钢及万国诸桥之建筑。至比较新颖而完备之新金钢桥及万国新桥之完成时期,迄今不过二十年耳。以上诸桥,均为活动式,用人力或机力司启闭。新金钢桥筑于民国十一年之秋,十三年春蒇事,共费 50 万元,中孔长 42.8 公尺,为双叶开动钢桁桥。万国新桥于法租界与特二区之间,跨越海河,经始于民国十二年,中经顿挫,民国十五年告成。全桥建筑费117万元,中孔为47公尺长之双叶开动钢桁,两侧各附14公尺长之钢桁桥,实为该市内最大之桥工。

南京市 金陵自昔为帝王之都,但古代桥梁之记载与遗迹则极少。自朱明定鼎之后,土木大兴,跨越护城河上之桥梁相继兴筑。如长干、赛功诸桥,均历五六百年而犹完整者。至近代桥梁建筑,则民国十三年时下关建有惠民桥,为新式钢筋混凝土结构。自国府奠都南京之后,桥工之最巨者,当推挹江门外之中山桥。桥长61公尺,计中孔30.5公尺,两侧边孔各15.25公尺,桥面宽22公尺。桥梁式样,采用钢筋混凝土翅臂悬梁式,与上海之四川路桥同型。在桥之中央,搁置单承悬搁梁一节,由悬臂之端支承之。两岸另建桥台,保护坍土,与桥梁各自分开,不相连系,为该桥之特点。该桥经始于民国十七年之冬,十八年夏完成通车,造价约16万元。

广州市 广州市因珠江分成南北两区,交通往来,全恃舟楫,至感不便,屡有建桥之议,经久未能实施。直至民国十八年春,市政府当局坚主建筑,先后征求图样,是年冬开始兴工,于民国二十二年二月十五日始正式通车,桥为活动式,中孔为长48.77公尺之双叶开动钢桁,两侧边孔各长67.06公尺,为弯弦钢桁。桥宽18.3公尺,造价约130万元。

宁波市　宁波之老江桥,为独孔骹穿式钢拱桥,在国内城市桥梁中推为独步,而其构造之雄伟,亦属罕见,长虹卧波,映饰市容非浅。

桂林市　自抗战军兴,湘粤滇黔交通,全恃桂林做枢纽,于是行旅商贾云集。唯桂林市区为桂江所隔,民国二十八年冬,乃有建桥委员会之组织积极筹备建桥,二十九年秋完成通车。桥分五孔,孔各长 36.2 公尺,全长 181 公尺,桥宽 14 公尺,为钢木合组桁桥,工料费用,共计约国币 100 万元。

五、结　论

综上所述,足觇吾国三十年来桥梁工程之成绩,然而百尺竿头,更进一步,期望非奢,行之维易,亦有闻风兴起者乎?

(一)标准桥梁。近代土木工程中,桥梁工程进展最速。其故在每桥均经研究而得特殊设计。在桥言桥,为求其真善美之工程,似无标准化之必要。然就一般铁路公路言,则其特殊桥梁少,普通桥梁多。若将此大量之普通桥梁,一律标准化,则从全体铁路公路言,仍不失其真善美之价值。尤其吾国战后复兴,铁路公路,实为当务之急。其中桥梁一项,耗资最多,需时最久,尤赖预筹计划,以期路通桥通,一气呵成。此所谓预筹计划,应以桥梁标准化为最要,包括标准桥梁之设计、制造与安装。尤赖铁路公路工程司之通力合作，务以采用标准桥梁为职责，则标准桥梁所及之地，亦即路线所达之所矣。

（二）土壤力学。铁路公路通车之关键在桥梁，而桥梁完成之关键，则在基础。此基础工程则无标准化之可能者。因之基础建筑，必成为将来铁路公路之严重问题。过去建筑基础，悉凭经验，以吾国待兴桥梁之多，则富有基础经验之人才，必不敷用，因之必求解决基础之捷径，此则有赖于土壤力学之研究。近年来欧美重视土壤力学，其理论上之收获甚多，足资采用，然其应用上之困难，犹有待于我自身之努力，是则我桥梁工程司之职责矣。

（三）桥梁机械。桥梁为一成品，必有赖制造而后成者，因之需求于机械之助力，较任何其他土木工程为特多。即以基础言，则自抽水起至桥梁安装止，殆无处不需机械设备者。然桥梁工程司，均为土木工程出身，对于机械工程之原理，当然早有涉猎，而对桥梁需要之各种机械，其设计、制造、使用、修理等项则均非素习，而又甚难求得机械工程司之协助（普通机械工程司，不认桥梁为其本业，亦不愿居桥梁工程司之下）。无已，唯有赖诸所谓熟练工头者之鼻息，此诚桥梁工程司前途之危机。故桥梁工程司，不应以土木工程之智识为已足，必须如水电工程司之融冶土木工程、机械工程及电机工程于一炉,然后方可了解桥梁需要,彻头彻尾担负桥梁工程之责任。

(四)研究创造。桥梁技术日新月异,美国金门桥4200公尺之独孔,蔚为世界奇观,吾国亦能有争胜之一日乎?此在平时桥梁工程司,对于材料、工具及有关技术,能有研究兴趣及创造精神,先从平庸小桥,求其有超越他桥之点,然后累积其经验,增强其兴趣,振发其精神,务求今日之所为,胜于去日,一人如此,全国如此,以吾国桥梁之多,问题之广,其争胜之机会,固无穷也。隋代李春之赵州安济桥,已为吾国桥梁争胜于先,即近代如灌县之悬索桥,亦有其伟大奇巧处。将来吾国文化中,桥梁工程司之研究与创造,亦将占一席地乎?

原载1946年中国工程师学会三十周年纪念刊

《三十年来之中国工程》再版.南京.京华印书馆,1948年

《三十年来之中国工程》再版

三十年来之中国工程①

　　本题与中国工程师学会出版之三十周年纪念刊相同,而纪念刊为一千一百余页之巨作。今拟于极短篇幅内,敷陈我国三十年来之工程,选材叙事,自不能不另有其重心,此重心即科学与工程之关系。凡工程发展,足以显示我国科学进步者,择其成就最大者录之,以明二者消长之迹。于兹可见科学之重要,最能表现于工程,而工程之所以能推动建设,实赖科学求真之力量。

　　科学与工程之成就,我国自古有之,惜科学未成有系统之学术,而工程更缺乏科学化之基础。近三十年来,东西文化交织。近代科学,传播国内,工程事业,日益繁兴,铁道、水

---

　　① 本文与第七卷中为中国工程师学会三十周年纪念刊再版所作序文的题目相同,但内容有天壤之别,根据内容将此两文分别编入第一卷和第七卷中。

利、机电、纺织等新式建设，逐一呈现，缩地有术，生产陡增，耳目为之一新。其初国人怵于奇奥，尚不免疑虑，及见工程效用日彰，旧法为之却步，始逐渐增强信念，不复阻碍建设之推行。盖工程以科学为基础，凡所设计，皆可实施，且能保证其功用，累试累验，方能博得广大之信仰。三十年来之工程，凡合于科学者无不成，其不合科学者无不败，则中国工程之有今日，焉得不归功于科学？

工程事业，人才为重，而工程师之教育，系以科学为基本。我国新式教育，所异于往昔者，厥为科学之灌注，有此科学知识，经此科学训练，得有科学方法，习于科学精神，行之三十年，故建国人才辈出，工程师始渐露头角，而有所贡献。及今各大学之习工程者，人数众多，往往为各学院之冠，且其致力科学之勤，不亚于专习科学者，具见工程所受科学之影响。工程师问世执业，不舍科学藩篱者，辄有成就，累积多人之心志，贯串多年之经验，工程乃日有进步。三十年中，不乏杰出工程。皆此辈人才之努力，而悉以科学教育为凭借，是三十年之工程，固我三十年科学之结晶也。

近代科学之输入中国，实以工程为媒介。天算之学，因授历关系，自古重视，东来较久，然其他数理生物等科，则大都随西式炮舰而俱来。所谓工程为科学之利器者，可知利器为介绍科学之先声,亦幸而有此利器,科学始渐为国人所注目。科学为工程之母,而工程实乃科学之前锋,演变之迹,中西同辙。有此利器三十年,中国科学乃粗有基础,则此三十年之工程史,当为我科学家所珍视。

科学之提倡与研究,最耗精力与时间,然物质环境,实尤为重要。科学本身,既不生产,科学工作亦复无余力谋经济,则欲科学发达,必赖有仰助之资源。此在欧美,除政府负担培植外,多仰给于工业之补助。我国三十年来,政治不安定,科学事业时遭顿挫,然幸而薄有基础者,则社会扶植之力量为多,其中因工程需要而泽被科学者,更不鲜其例。工程师于努力建设之程途中,不得不殚精竭虑于科学之研究,甚且就其薄弱财力,分余润于科学设备,形成今日密切合作之关系,则此三十年之工程史,又不啻为科学三十年之写照也。

科学无国际,无畛域,更不应秘密。一人研究之结果,举世皆知,积多年全世之研究,遂达到今日知识之程度。各科研究,日益精细,其环境愈优越者,贡献愈多,除有地域性之生物、地质等科,各处研究机会堪称平等外,其数理科学之成就,则国际上竞争不易,我国遂难与欧美抗衡。此非工作者之不努力,而实环境使然。工程事业,为科学之应用,原理难一,而应用无穷,工程师之事业,遂能日就月将,不以地域成差别。三十年来，我国工程，略有表现，甚或在国际上得争一日之短长，其幸运与从事科学调查者正相类似，能以所得资料，供人赞赏，不必于牛角尖中钻研一世而卒无所获。此工程师所异于科学家，而中国工程师所尤引为侥幸者也。

虽然，以中国之大，三十年之久，而重大工程足以记载者，其数虽未必尽于此篇，而究嫌其寥落，殊未能满足工程师之希望。国家政治经济之缺陷，自为其主要因素，而举国对科学之认识不足，言多于行，未能蔚成风气，以致反映于建设之濡滞，则为从事工程与科学者所同感。今以过去三十年为未来之借鉴，可知国家建设赖工程，而工程进步赖科学，提倡促进科学之效用，将见于今后之工程，则凡重视工程建设者，当知从何着力矣。

中国工程师学会之创立，约与中国科学社同时（中华工程师会创立于民国元年，中国工程师学会创立于民国六年，两会于民国十二年合并为中国工程师学会），皆以发扬学术、推进事业为鹄的，而有赖于会员之努力贡献，以求集体成就者。三十余年来，两会会务，日形发达，彼此合作之成效尤彰，今以工程师学会三十周年纪念刊之菁华，亦即我工程师三十年来之作品，贡献于科学家之前，以为我科学社三十周年庆。

纪念刊中,为文 55 篇,都 150 万言,分工程、事业、行政及技术四部,皆工程专家执笔,今就其文中足以引起科学家之兴味者,如科学发明、技术研究、重要成就、教育影响及参考资料等,择其最主要者,分类陈述,作为科学在工程上之记录,以明事功之所自。至于各种工程事业之历史、现状、行政、计划等,因所涉广泛,一并从略。

测　量

（A）**大地测量**　（1）大三角洲测量。民国十九年浙江省陆地测量局举办之三角测量,计有甬台系、杭金衢系、金台系、温台系等,合围成一“日”字形。民国二十年起陆地测量总局,举办全国一等三角测量,先后完成京徐、京皖、京杭、皖鄂、南浔诸系。二等三角测量,完成者有京沪、皖赣、商正、蓉渝、隆曲诸系。（2）三角测量计算,应施于参考椭圆体上。最初各省陆地测量局采用 Bessel[①] 椭圆体,各水利机关则采用 Clarke[②] 椭圆体,及至陆地测量总局则更采用“国际参考椭圆

---

① 贝赛尔。
② 克拉克。

体",亦即美国 Hayford[①] 所定而为国际间采用者。自民国二十三年起测量总局之一切地形图图廓,悉改用此国际椭圆体计算,名为"新图廓"。(3)水准测量。陆地测量总局举办者,计有全国一等干线水准京杭、沪杭、杭坎(坎门镇)、京徐、徐海、徐汴等线。扬子江水利委员会测有沿扬子江自上海吴淞至湖南岳阳之精密水准线。顺直水利委员会测有自塘沽经天津、北平、石家庄,直达开封之精密水准线。此外全国二等水准测量,路线尚多。至以上所用之水准起点,有大沽、青岛、吴淞口、坎门镇,各处之中位海平面。陆地测量总局曾制定全国各省主要趣点之统一水准标高表一种,以坎门镇为起点,联系各地干线。(4)地图投影。陆地测量总局决定采用"兰李氏正形割圆锥投影(Lambert Conformal Conic Projection with Two Standard Parallels)",并根据"全国统一兰李氏投影"将全国横分为十一带,每带取一圆锥,并编算用表,每带一册。

(B)**地形测量** 陆地测量总局及各省陆地测量局所测各省地图之比例尺以五万分之一为主,全用三角高程测量,以控制所测之高度。顺直水利委员会之华北地形测量,用导线

---

① 海福德。

网控制,测量比例原为一万分之一,缩成五万分之一,故精度较高。

（C）**海道测量**　民国九年,海军派舰测量甬江由镇海至鄞县之一段水道。民国十一年,海道测量局成立,曾先后测量南京至汉口及南京至江阴之扬子江水道,并测算各段水位、流速,测绘岸形、地形等。民国十四年迄二十六年间,施测扬子江口至江阴之一段水道,又伶仃岛至广州水道及扬子江口至海州海岸、龙口至大沽口海岸等,并制有军用图、气象图,改正旧水道图及潮汐表等。

（D）**航空测量**　始于民国二十年,所用仪器大部购自德国与瑞士,作业方法分为纠正法及立体测图法。先后测有(1)南京、镇江、杭州、江阴、乍浦、西京、星子、南昌、赣东、闽北、镇海、株州、无锡、海州、上海、武汉及湘黔川一带之军用图。(2)南昌、新建、无锡、平湖、南京、广州、咸阳、淮宝等地区之地籍图。(3)漳龙、长渝、西兰、宝成等线之铁道图。(4)扬子江、宜渝、尺沙等段渭河流域,黄河、潼关、包头段,陕州、潼关段及冯楼、贯台决口处之水利图。

（E）**地图**　各省陆地测量局所绘地图,极不一致,且图幅以坐标线划分,无所谓经纬度。民国二十一年后,陆地测量总局采用全国统一"兰字氏正形割圆锥投影",并编有"五万分之一全国统一图廓坐标表"，以便应用此种投影，并分划经纬度。所制五万分之一图幅，规定纬度 10′、经度 15′ 为一幅。顺直水利委员会之五万分之一图幅，则系纬度 20′ 经度 30′。

(F) **仪器制造**　中国教育器械馆，成立最早，曾制有极简单之测量仪器。抗战后，为求自给计，中央水利实验处制有平板仪、流速仪及水平仪等。地政署设厂制有小平板、布卷尺及面积计等，中央研究院物理研究所制有蔡司式之多倍航空投影仪，滇缅公路局更制有整套经纬仪。

铁　路

　　新式工程中，铁路兴建较早，清同治年间即有英国代筑之淞沪铁路，于清光绪三年由我国赎回拆毁。正式铁路，始于河北省之唐山胥各庄铁路，发轫于清光绪七年。其后各铁路逐渐举办，至民国元年止，合计国有民有干支各线，共筑5849 公里，平均每年完成 195 公里。民国元年至民国十六年间，完成 3723 公里，每年 232 公里。自民国十七年至民国三十年间，完成 5915 公里，每年 423 公里，前后共计 15487 公里。内除山西及云南两省各路系一公尺轨距外，余均用标准轨距 1.435 公尺。各路工程，其初皆外国工程师主持，自京张铁路为我工程师于民国元年前一年完成后,本国工程师逐渐参加各路工作,并主持设计施工,成绩优异,尤以抗战前后之陇海、粤汉、浙赣及湘桂等路之兴筑,时短费省,表现我工程师之特色。

(A)**标准及规范** 我国铁路兴办之初,大都依赖外债,因其国籍不同,建筑标准及规范遂随之差异,影响于全国交通之统一及进展。民国十一年始由北京交通部颁布《国营铁路建筑标准》及各种规范,为此后筑路之准绳。其中要点为:(1)采用公尺制;(2)规定标准轨距为 1.435 公尺;(3)规定桥梁载重干线"古柏"E50 级,次要线 E35 级;(4)制定钢轨截面应合每公尺计重 43 公斤。至民国廿五年铁道部将此项标准酌加增补;民国卅二年交通部再做修正,以期完善。

(B)**筑路工程** 铁路建造,除桥梁隧道外,原无艰深之处,但此项工程,限于狭长一线,延展千百里之遥,其材料人工机具之布置调动,则非易事,且往往数量庞大,欲求运用灵活,尤为困难。于此我国工程师尤有其特殊贡献,为国外罕见者。(1)赶工。抗战前后所筑各路,为争取时间,在不增加经费、影响标准之条件下,曾创用各种赶工新法,如全路工程同时开工,沿路征雇大量民工,沿线征购当地材料,增加机器设备,就公路河道使用新旧各项交通工具以便利运输,修筑临时建筑物或便线以推进铺轨工作等,其间颇多新颖之技巧。(2)抢修。战时随军事进退,已成铁路时须破坏、拆迁或抢修,且为时急迫,复有战火危险,将巨大之固着物,搬迁如意,已属难能,益以材料不齐、配件缺乏,而工程师竟能达成任务,不误戎机,其艰苦可见。(3)改善。旧路初造,不免草率,其后标准提高,或支路成干线,则须将工程改善。如株萍铁路之并入浙赣干线,则将曲线坡度由峻急改为缓和,且须在维持通车下施工,其间尤见匠心。

(C)**特殊设计**　铁路建筑,需费浩繁,为急求通车计,我国铁路时有特殊计划,如浙赣铁路兴修时,限于经费,虽用标准轨距,而铺 35 磅重之轻轨,为国外所无。又如首都铁路轮渡,为适应江水涨落,两岸建有活动引桥,使列车驶登渡轮。又如湘桂铁路衡桂段,尽量用土产材料,达到每日筑成一公里铁路之纪录。

(D)**机务**　(1)机车。形式构造及配件等,各路颇多歧异,故运用修养,均感不便,交通部曾设立铁路机务标准设计处,设计标准机车、车辆、机务段及机厂等,绘有详细图样,以备全国机务之标准化。(2)车辆。各路车辆种类繁多、式样分歧,据民国二十四年调查,各路客车 2610 辆、货车 18236 辆,其中客车有 55 种,货车有 56 种之式别。民国十一年交通部公布 40 吨棚车敞车之标准设计,民国廿六年铁道部公布 40 吨之平车及石碴车,民国卅二年交通部更制定各种标准客车之图样。(3)机厂。各路均有修理机车、车辆之机厂,逐年改进,遂能将修理数量渐增,每车修理费减少,而修理时间缩短。各机厂中,唐山机厂曾于 1903 年制成 260 式机车一具(名为中国 Rocket①),至民国卅年止逐年制成机车 62 辆。四方机厂制成机车 11 辆,吴淞机厂自制及改造机车 9 辆。各路统计,自制机车占机车总数 6%,自制客车占客车总数 59%,自制货车占货车总数 62%。现交通部设有总机厂,以谋铁路机务之自给。

公　路

公路兴建较晚,虽民国初年各省已偶有发动,然大都系军工民工筑路或委诸商办,其技术自较幼稚。民国十一年间,湖南修筑湘潭至宝庆线,为我国最早之正规公路。民国十三年浙江省修筑钱塘江南北公路,订立规章法则,亦开风气之先,迄今湘浙两省公路,犹为各省之冠。此后各省继起

① 火箭。

修筑,至民国二十六年止,全国公路里程已筑有土路84500公里,路面路25000公里,共计109500公里。抗战期间,中有破坏修复及新筑者,至民国卅年止,实有公路84900公里。其间民国廿一年后,经全国经济委员会公路处之推动,非但线路陡增,技术标准亦日趋正轨。尤其抗战期中,内地筑路,工期短促,经费维艰,而公路工程师对于越岭线、沿溪线之选择,葫芦形曲线之采用,土方数量及坍方之减少以及桥位之取舍等,皆于极困难条件下,尚能维持经济坡度之标准。此外如路基土石方工程之平衡、排水工程、涵洞设置、桥梁建筑、路面试验等亦时有进步。

(A) **工程标准** 民国二十三年,全国经济委员会公布《公路工程准则》,民国卅年更完成《公路工程设计准则》,包括路线、路基、路面、防护工程、过水路面、渡口渡船、交通标号之设计与施工及《公路桥梁涵洞设计准则》,包括载重及其分布、准许单位应力、钢料建筑、钢筋混凝土建筑及木料建筑等。

(B) **筑路工程** 公路之工程标准,较铁路为低,所需材料比较简单,因之筑路工程亦较易;然工期更短,经费更绌,其艰难亦有甚于铁路者。(1)赶工。抗战初起,交通需要紧迫,公路急求其通,再期其畅,因之无路不赶工,如缅滇公路全长

959 公里,其中下关至畹町 547 公里,路经蛮烟荒僻之区,山高水深,人力物力极度缺乏,竟能发动民工 15 万人,于七个月内全部筑通,中外为之震惊。又如乐西公路,由乐山经金口河、冕宁而达西昌,长 479 公里,地势崎岖,河流湍急,器材补给不易,亦能发动民工 14 万人,于 17 个月内赶通。更如中印公路,自西昌经中甸、崖阳至印度之列多,总长 1460 公里,经有横断山脉区,附悬崖石壁而行,异常险峻,又经森林区,树木密茂,夐无人烟,更穿大江大河 19 处,于民国三十三年筑通。其艰巨为任何公路所不及。(2)抢修。公路因军事关系,破坏与抢修之频繁,远甚铁路,尤以在空袭之下维持工程为不易。至因雨季坍方或渡口被炸,其抢修成绩亦堪记录。(3)改善。公路中有已通车而不合工程准则者,须时加改善,亦有原来标准须逐渐提高者。其步骤如下:设置渡口,加固桥梁,以谋初期之贯通;加铺路面,以便雨天行车;改善路线,加强保卫工程,以减少行车危险;改建桥涵以期永久;加强渡口或改建桥梁,以提高运率;翻修并改铺高级路面,以畅利交通。全国西南、西北各公路干线,经数年来之改善,坡度多在 12% 以下,弯道多合规定,路面宽度大致在七米半或六米以上,均铺有碎石路面,厚度 10 厘米至 25 厘米,桥梁大部为永久式或半永久式,载重 7.5 吨以上。

桥　梁

（A）**铁路桥梁**　铁路桥梁工程,以平汉、津浦两路之黄河桥及杭州钱塘江桥为巨构。平汉铁路黄河桥长 3010 公尺,共用单式桁梁 102 孔,后北端填二孔遂成 100 孔。战时损毁后,又经日人以军用便桥重修通车,沿用至今,现正计划再建新桥。津浦铁路黄河桥长 1255.2 米,共 12 孔,内有翅背式钢桁桥,中孔长 164.7 米,全桥均留有加强承载双轨之余地。民国十六年北伐时为北军炸毁,后经我国桥梁工程司自行修复。钱塘江桥为国人自行设计建造之双层铁路公路联合桥,为京沪、浙赣两铁路共同使用,全长 1400 米,正桥 16 孔,均用铬钢构成。桥基用木桩及气压沉箱,深达水面以下 52 公尺方至石层,其上有流沙细泥四十余米。战时一部分桥墩钢梁为我自动炸毁,经日人临时修理,维持铁路行车。胜利后,添铺公路,并正计划彻底修复。其他各铁路桥梁,国人主持施工者亦多,如浙赣路赣江桥、湘黔路湘江桥、粤汉路五大拱桥等。至抗战期内之桥梁建筑,则以柳江桥较为奇特。该桥沟通湘桂、黔桂两路,以材料缺乏,利用旧路板梁及钢轨,折成弓形桁梁及钢墩架,共长 581.56 米,匠心独运,实鲜前例。其他各桥,亦多仿此利用废钢木料,达成桥工任务。

我国铁路桥梁规范,民国十年交通部曾采仿美国铁路工程协会规范颁布一种;至民国二十五年,铁道部着手改订,制定"中华级制"之载重(C. N. R. Loading),并参照美英法德规范重拟新规范,于民国二十七年正式颁布。铁道部鉴于民国十二年胶济路云河桥断桥事件之发生,深感各路桥梁强弱悬殊,于民国十八年着手复核其载重能力,计平均在"古柏"E35级左右,最高达"古柏"E50级,最低者"古柏"E20级以下,而当时机车载重往往在"古柏"E40级以上。民国十九年起乃拟制"古柏"E50级及E35级标准桥梁之设计,并将各路桥梁逐渐增强,胶济路更换甚多,津浦路则参用电焊加固法。及民国廿七年新规范颁布,又由桥梁设计工程处陆续拟制"中华"16级及20级标准桥梁之示范设计。

(B)公路桥梁 吾国公路湖南创办最早,其桥梁建筑永久式者占85%以上,永丰桥之中孔26.8公尺吊式拱桥,创全国钢筋混凝土公路拱桥之最长纪录;而孔长33.5米之白竹桥,又为全国最长之石拱桥。能滩钢链吊桥,长80公尺,系用废旧汽车钢架铸成,尤见匠心。浙江省鄞奉诸路上若干钢桁桥,早在民国十五六年架成,开我公路钢桥之先河。江苏扬州十二圩等处公路活动桥,为他省所罕见。南昌中正桥长

500 公尺,洛阳之林森桥长 383 公尺,均为巨构。此外龙门之中正桥、周口之沙河桥、叶县之汝渍桥,均为 100 米以上钢筋混凝土桥。陕西西汉路之天心桥,系 50 公尺单孔钢桁梁,亦为当时公路桁梁之最长纪录。甘肃兰州黄河桥为五孔 45.9 公尺单式钢桁梁,建于逊清末叶,以当时恃驮载筏运料具之困难,工程艰巨可见。战时川黔滇三省建筑公路独多,滇缅路之昌淦桥为中孔 123 公尺之悬索桥,打破全国悬索桥长度之纪录。川黔路之乌江桥为三孔连续钢桁梁,中孔长 56.4 米;叠腕公路之南畹河桥及川滇东路七星关桥亦属长孔钢桁桥。川滇西路大渡河吊桥长 110 米。峨眉河之钢筋混凝土梁桥,最长达 22 米。桂穗路之木架钢桁桥,利用废料,造成 62 米长孔桥梁,均有足称者。我国公路桥梁规范书,最初有浙江公路局编订《公路桥梁设计》一种;民国廿二年全国经济委员会公路处又根据美国省公路员司协会之规范书,译编《公路桥涵设计暂行准则》,至民国三十年经交通部修正颁布。

（C）**城市桥梁** 我国城市桥梁,以隋时洛阳之天津桥为最早记录。而河北赵县之安济桥,亦为隋匠李春所建,其石拱长达 37.47 米,迄今犹在使用,足为我国桥梁史之光荣。至新式城市桥梁,在上海者以外白渡桥最大。此外四川路桥、河南路之钢筋混凝土翅臂式桥以及新闸之下承钢桁桥,均属新式作品。市内尚有蕴藻浜两桥,亦属可观。天津以运河贯通东西,桥梁建筑甚多,且多系活动式。首先建筑者为大红桥,继有金钟桥、老铁桥等之修筑,唯老铁桥已拆去,大红桥则毁于水。其后又有金汤、金华、金钢及万国等双翼开闭桥之建筑,内以万国桥最长。南京护城河上桥梁,如长干、赛功诸桥,均历五六百年犹完整者。至新式桥梁,有下关之惠民桥及挹江门之中山桥,均钢筋混凝土建筑。广州市为珠江分成南北区,江上现有之唯一桥梁,为海珠双翼开闭铁桥,其未完成之西南大桥,正在计划筹筑铁路公路联合桥。此外宁波老江桥之独孔骹穿式钢拱及桂林中正桥之钢木合组桁梁,亦为奇伟之结构。

建　　筑

我国古代建筑有和谐色调、精美图案,宽舒而幽深,实具泱泱大国之风,爱好和平之象征,足以表彰我固有文化之特色。三十年来西风东渐,建筑工程之新技术、学理与工具,源源而来,新建筑事业于是蓬勃展开,尤以民国十六年以后突飞猛进,或倡立体式之建筑,或熔冶中西作风于一炉,开吾国建筑史之新页。

（A）研究及标准 （1）民国十九年《市组织法》公布后，各重要都市皆有建筑规范之颁布，并有建筑区域之划分。民国二十八年国府颁布《都市计划法》，至民国二十九年国府军委会核准《都市营建计划纲要》，均为比较完善之法令。（2）民国十六年北平成立之中国营造学社专事研究中国古代建筑学术，曾有《营造汇刊》之刊行，并制成宫殿模型展览，发扬我国艺术，贡献特多。（3）中国建筑师学会之《中国建筑》及沪上各营造厂联合出版之《建筑月刊》，为新型之建筑研究刊物。

（B）建筑工程 （1）民国十六年后大部分公共建筑采用宫殿式之布局、西式之构图、现代化之设备及新式之材料，实为中西文化之结晶。如北平之协和医院、燕京大学、国立北平图书馆，南京之前铁道部、交通部、中央研究院，上海之前市府大厦、市立博物馆，广东之中山大学、前中山堂，武汉之武汉大学，成都之华西大学等均是。（2）立体式之建筑为纯西式建筑，分层建造，构图紧凑，切合新工业、新都市之应用，而其钢铁及钢筋混凝土之材料，牢固耐久，更合经济原理，故大都市均采用此式。如上海之24层国际饭店、诸大公司及新式公寓以及南京之中山文化教育馆等均是。（3）陵园建筑——南京中山陵为首都最大之建筑，由花岗石及混凝土建成,自陡门至祭堂有三百余石级,全部陵墓象征自由钟,陵园占地四万五千余亩,道路纵横,花木林立,实为东方最大之陵墓公园。(4)抗战时期内地缺乏人工、器材,建筑匪易,各工厂、学校、医院、官署内迁,皆因地制宜,就地取材,建筑虽较简朴,然数量颇多,已充分表现建筑事业之艰苦精神。此外防空洞之建造如重庆之大隧道及其他军需工业、航空工业建设于山洞之中,均为战时完成之艰巨工程。

市　政

我国都市建设,素具规模。最近数十年各地市政设施,更多采仿欧美新制,且予以改进。惜以连年兵燹摧残,未能如期进展。兹择述数处,以见一斑。

(A)北平　北平为我国六百年之故都,市政设施早具规模,尤以道路布置为足称。虽迭经改变,一切建设,大部未受摧毁。民初将紫禁城开放,辟禁苑为中央公园,改建前门,整理衢道,树立新式市政之良规。民国十三年开放故宫及中南海公园。北伐成功,成立北平特别市政府,市政建设更入正轨,尤以民国二十二年街道工程之改进特有显著之成绩。沟渠工程,以疏浚旧沟渠为治标办法,另建新式沟渠,使雨水、污水分流,以求彻底改善。全市自来水由孙河镇与东直门两水厂供给,电灯则由顺城街及石景山永定河畔新旧两厂供电。至电车一项,于民国十年成立公司创办,设发电厂于通州西岸,车上零件及轴轮均可自行修造。

(B)**南京** 首都市政以国府奠都后建设最为积极。先后着手土地测量,绘成市区地图数种;道路系统,经订定采用"短矩形式",唯施行时务使阻力最小,而渐次使其合乎现代化都市之需要。民国二十年,利用荷兰退回庚款,扩充京市水利建设及下水道工程。城南用合流制雨水泄入秦淮河,污水由截水管通至水西门、汉西门间,再由抽水机输送江中。城北用合流制,其污水处理系用"江水稀释法"。首都自来水工程,于民国二十二年完成,局部出水,每日达 10000 至 14000 立方米。其后曾加扩充。京市市区铁路,由下关至南门,长 28 公里,一端与京沪路联连,一端与京芜铁路接轨,为国中唯一城市铁路。

(C)**青岛** 在德日管理时期,所建街道系统,系以市内及李村两处为中心,用"不规则之棋盘式""放射式"综合而成。自我国接收后,另拟大青岛市计划道路系统。市内自来水供给,初有海泊河及李村河两水厂。日人占据后,复成立白沙河水厂;及我国接收后,上述三厂曾加扩充。全市排水设备,素称完备,计有雨水管、污水管及混合管三种系统:雨水管系依地面天然斜度,分别导入海中。污水则分四区,经整理后,导至团岛、麦岛、湖岛、海中或利用灌溉农田。此外废物之整理及屠宰工场之设置,均迁避市外,以保市内之清洁。

(D)**上海**　上海之精华萃于租界,南市与闸北为租界相隔,一切市政设施,颇难兼筹并顾。自上海特别市成立,拟定吴淞辟港,并引筑铁道,以期水陆联运;选择市中心行政区域,控制黄浦东西各区。布置干支路线,贯通南北两市,并联络附近村镇,借以配合为最新式之商埠。战前曾对旧市区加以整理,拓宽东门路、和平路等街道,颇收繁荣市面、疏畅交通之效。至于昔日公共租界及法租界之市政设施,皆模仿英美及法国成规办理,但均未顾及全民利益,且缺乏整个道路系统之计划。胜利后,租界全部收回,事权划一,便于革新,全市建设正由工务、公用两局逐步计划实施中。

(E)**广州**　广州市政工程发轫于张之洞之修筑珠江堤岸,唯至市政厅市政府成立后,始有具体计划。全市道路据战前统计,市内计有二十九万余尺,郊外计有十四万余尺。所用路面,大部为地沥青、混凝土涂沥青及洋灰混凝土三种。市郊则用麦加当碎石路面。下水道工程,系采用合流制,因市内尚无处理污水之设备,故渠水直接流入珠江。幸自来水厂远在珠江上游增步,对市民饮水卫生尚无妨碍。增步自来水厂于民国十八年收归市营,并另设增步新厂及东山水厂,以补充市民增需之水量。广州电厂初由英商设于长堤,后由广东省官商合资购回,民国十九年市府收买,再加扩充。此外市内重要建筑,有海珠、洲头嘴、河南等三处堤工,及海珠开闭式铁桥与未完成之西南大桥两项,对本市市容及交通各有重要价值。

水　利

我国水利,自古重视,因之有其独到之工程,为欧西所不及(水利名词,为西文所无)。近三十年来,虽受科学影响不少,然我水利问题之解决,仍非依赖新式技术而即可有成者。如何根据学理,解释昔人之成就,而扩展于今日之环境,使真能享受水之利益,是我水利工程师今日之所努力。

(A)**华北**　民国六年永定河成灾,顺直水利委员会成立,开始治理华北水利,延用美国工程师,从事测量及设计工作,成绩卓著。民国十七年改组为华北水利委员会,继续未完工作。(1)水文观测:至民国廿六年设有雨量站130处、汛期站28处、水文站9处、水标站29处、汛期水文站10处及测候所

3 处,以天津为最大。(2)防洪工程:民国六、十三、十八、廿八诸年均有水灾,以廿八年最烈。历年完成者为天津南堤,北运河挽归故道工程,土门闸、马厂新减河工程,新开河闸及引水工程,永定河之诸口工程,龙凤河之节制闸等。(3)整理航运:①辽河,民国九年在上游完成双台子河之二道桥至辽河之夹信子裁弯取直工作,并建闸一座。②海河,民国十二年完成海河裁弯取直工程五处,缩短河道13.62 公里。永定挟沙影响海河,故有海河放淤工程,导永定浑水入北宁路迤东之低地,经沉淀后泄入金钟河。其主要工程为新引河、进水闸、节水闸、船闸、分界堤、泄水闸及陪堤等,于民国廿四年完成。③运河,仅有疏通计划之拟订。(4)灌溉工程:①完成滹沱河灌溉工程之北岸部分,可灌地约十四万亩。②完成桑干河第一淤灌工程之堰闸工程,该区受灌地约一百余万亩。③洋河淤灌工程,经测量,钻探完毕。④完成金钟河、新开河间洼地之排水及灌溉工程。⑤崔兴沽灌溉试验场于民国廿四年完成,研究农作物用水时间及水量关系及改良碱地试验等。

(B)黄河 中国水患以黄河为最烈。民国廿二年大水后,始成立黄河水利委员会。(1)测量工作:完成下游之全部地形及水准测量,并沿河设立水文站及水位站各十余处。

（2）河防工程：豫、冀、鲁三省河务局曾主办修堤、保滩、护岸、筑坝等工程，民国廿五年黄河水利委员会接收后，完成孟滓和铁谢护岸工程、花京堤军事工程；整理赵庄民埝工程、沁河口护岸工程、黑岗口和桃溜护岸工程、兰封和丁圪挡护岸工程；修筑小新堤工程，贯台、孟岗、高村等处串沟工程，李升屯、广屯改良河漕工程；整理豫省双洎河、贾鲁河工程等。（3）堵口工程：三十年来，堵合决口达三十余处，近年来完成冯楼、贯台、董庄等处。抗战时花园口决口，黄河改道，为灾至巨；最近始得堵合，为近年最艰巨之工程。（4）灌溉工程：完成经惠渠、渭惠渠、梅惠渠及黑惠渠，其受灌地面约达二百万亩。（5）虹吸工程：河南之柳园口、黑岗口及山东下游多处设有虹吸管，以使河面高于地面之处利用虹吸管吸水外出，以水灌溉，以沙淤田，而消弥一部之暴涨。（6）植林：历年于堤岸种植达 1200 万株。

（C）淮河　历年来淮河为灾甚烈，民初以来，即有导淮呼声，然乏整治工作；及至导淮委员会成立后，始拟定江海分流计划，一面整理运河入江，一面新辟水道由张福河经废黄河至套子口入海，并以洪泽湖为拦洪水库。（1）淮河下游及附属水系：①完成长约 31 公里之张福河工程；②完成邵伯、淮阴、刘涧钢筋混凝土船闸三座，各长 100 米，宽 10 米，并在高邮建一长 30 米之小船闸;③完成里运河东西堤改埽为石;④改建惠济闸;⑤疏浚里下河区通海各港;⑥入海水道工程,由张福河经废黄河至套子河口入海,全长 167 公里,已完成初步工程河宽 35 米、堤距 250 米,挖土达六千余万公方;⑦其他,完成杨庄之活动坝及洪泽湖大堤、微山湖西堤、六塘河堤等培修工作。(2)淮河中上游及支流工程:①培修沿岸堤防长约 945 公里,疏浚北淝河约 16 公里;②兴建安徽安丰塘灌溉工程,筑闸修堤,并疏通淠源河,受灌地面约二十余万亩;③疏导滩河工程。

(D)**扬子江**　民国十一年,扬子江水道整理委员会成立,从事测量、规划航运工作。民国廿四年改组为扬子江水利委员会。(1)完成干流及支流之地形、水道及水准测量,并设有水文站二百余处,作为水文观测及研究场所。(2)完成吴淞江虞姬墩截弯取直工程,长 2060 米。(3)完成太湖通江之白茆河节制闸。(4)华阳河之泄水闸及拦河坝,除铁门外,已大部完成。(5)疏通黄浦江。(6)金水闸工程已完成禹观山之土坝,横断金水,拒江水倒流,并于土坝上游开挖引河直达矶山;又于矶山筑一泄水闸,以泄水入江。(7)江堤修防:民国廿年大水后,大举修堤,扬子江沙市以下均有宽整干堤,计扬子江 1832 公里,赣江沿岸 575 公里,汉江沿岸 340 公里。

(8)后方水道:抗战期内,整理扬子江系之河道有:导淮委员会主办之乌江、綦江,扬子江水利委员会之岷江、酉水,黄河水利委员会之清水江,江汉工程局之嘉陵江、清江,金沙江工程处之金沙江,四川省水利局之涪江,湖南省水利局之沅江等水道之整理工作。

(E)珠江　民初有广东治河处之成立,民国十八年改为治河委员会,民国廿五年成立珠江水利委员会。(1)防潦工程:完成北江之芦苞活闸,西江之宋隆活闸,要明十三团防潦工程,新兴江下游上莲塘防潦工程及东江之韩溪防潦工程等。(2)农田水利:经测量设计完成者有东江之惠州潼湖、西江之丰乐园及景福园,但施工完成者仅丰乐园之一部分。广西已完成之灌溉工程,有柳州凤山河、柳城沙铺河、荔浦浦芦河、恭城势江、田阳那坡等处。(3)河道整理:改进珠江航道完成大部,南北两岸筑堤各一千余公里,其余如西江之陈村航道之疏浚工程、左江浔龙段航道、绣江及左江之疏浚工程以及桂江之整治,均已完成大部。(4)水文气象:两广水标站计四十余处、气文站二十余处、测候所十余处。(5)黄浦及海口两港均经测量及设计。

(F)试验　(1)水文试验:中央水工试验所于民国廿四年成立,战前曾做导淮入海水道扬庄活动坝、导淮入江水道三河活动坝,整理扬子江马当段水道和华阳河滚水坝、泄水坝等之模型试验及扬子江、镇江间水道计划试验。战时中央水工试验所与中大、清华、中工及川水利局等合作,于嘉陵江岸之盘溪、石门,云南之昆明,陕西之武功及灌县等地,设立水工试验所。(2)土工试验:民国廿九年中央水工试验所于盘溪设立土工试验所,专事研究土壤性能及力学,主要为黄土之试验。

矿　冶

矿冶工程,历史甚久。至资源委员会成立始有整个之通盘计划,一面勘测,一面采炼,迄今各重要矿产,均已分地进行。择述如下。

(A)煤　我国各大煤矿分布于东北、华北各地,均临近铁路,利用水运者甚少。年产400万吨以上之开滦煤矿,位于北宁县;年产100万吨以上者,有中兴及中福二公司;年产50万吨以上者,有井陉、保晋、六河沟、鲁大四处;年产10万吨以上不足50万吨者,有门头沟、华东淮南、萍乡、长兴等17处;至东北之抚顺煤矿,年产达800万吨以上,以往系由日人经营。陕西煤藏,仅次于山西,但因交通不便,迄无大煤矿开采。

（B）**钢铁**　我国旧法炼铁，北方用"土法坩埚"，川黔一带用"土法高炉"，其所出生铁，含碳 2% ~ 3%，矽① 0.2% ~ 2.0%，硫 0.03% ~ 0.23%，磷 0.2% ~ 0.7%，锰 0.1% ~ 1.0%。至新法冶炼钢铁，本溪湖制铁厂有 150 及 20 吨化铁炉各二座。每年生铁产量，在民国廿二年即达十万余吨。鞍山制铁厂旧有 528 立公尺化铁炉二座，后又添建 509 吨化铁炉，民国廿二年统计，全年生铁产量三十余万吨。以上二厂，原为中日合资经营，现已收回。汉冶萍公司在大冶采铁，在汉阳炼钢，有化铁炉七座，炼钢炉四座，后又在大冶袁家湖设化铁炉二座，于民国十一年至十四年间因负债均先后停工。大冶矿量约 2600 万吨，至民国廿四年三月止，已出矿砂 1200 万吨。此外六河沟煤矿公司铁厂、龙烟公司铁厂及保晋公司炼铁厂则产量仅 700 吨至两万余吨。战前在计划中之钢铁厂，尚有中央钢铁厂、西北炼钢厂及广东炼钢厂，均因战事停顿。战时内地之钢铁厂，以迁建委员会及中国兴业公司钢铁部规模较大，均能自制设备，炼钢轧钢，贡献甚巨。

（C）**石油**　我国石油最初发现于陕西之延长及甘肃酒泉之延寿县等地。陕西油田，曾一度开采。甘肃玉门于战时采

---

① 矽：硅的旧称。

炼,生产日增,裨益国防运输甚巨。近年地质家及矿业家在新甘青三省实地勘察,发现石油储藏量甚富。

(D)铜、铅、锌 铜矿储量,已知者仅有 60 万吨,以云南会泽、四川彭县、贵州威宁、湖北阳新为重要产区,目前大部用土法冶炼。铅、锌两项,目前以湖南常宁、云南会泽与西康会理为生产中心,冶炼设备不佳,出品未达兵工需要之标准。

(E)锑、锡、汞、钨 锑矿蕴藏之富,甲于全球。以湖南新化锡矿山之锑最先发现,其后该省之益阳、邵阳、沅陵及安化等县以及粤、桂、黔、滇等省,相继发现开采。尤以战时经矿业研究所及锑业管理处合作研究,开采成绩大为进步。锡矿以云南个旧最富,其次如桂、湘、粤、赣各省,均有出产,产量亦占世界重要地位,惜冶炼技术幼稚,不能与外货竞争。汞矿以贵州最丰,次为四川、湖南,储量尚无估计。钨矿最早发现于河北之迁安、抚宁,其后广东、江西、湖南续有发现,而以江西之大庾、崇义为最多,产量占世界首位,惜尚未设厂自炼。

(F)铝、镁 铝矿资源有水矾土、明矾土两类。第一类产在山东之博山、辽宁之辽阳及复县、河北之临榆、云南之昆明及昆阳、贵州之贵阳及修文;第二类产在浙江平阳、福建福鼎及安徽庐江等处,储量 9000 万吨。第一类铝矿冶炼,曾由矿冶研究所试制成功,第二类铝矿之提炼则尚待研究。镁矿首推辽宁大石桥之菱镁矿,据日人调查,储量约 11 亿吨,能炼纯镁一亿吨以上。

机　械

三十年来中国之机械工程由初创而至仿造,由仿造而至创造,虽因缺乏重工业之设备,而致无法大量扩展,然由政府之协助鼓励,机械工程师之努力,尤于战时物资、人工、经济有限之环境下,得以制成非战前所能制造之机械,实属难能可贵。

（A）仿造成功之机械　至民国廿五年止有:(1)原动机器:2～40 马力之卧式柴油机,4～50 马力之立式柴油机,6～100 马力提士引擎,5～17 马力之火油机、煤气发生机及 2.5～200 马力之立式及卧式煤气机,5～160 马力之立式、卧式单缸及双缸蒸汽机,200 马力以下之火管锅炉及自动煤机,1～20 千瓦直流发电机,20～200 千瓦交流发电机及小型压器机。(2)工作机器:机工用之车床、刨床、钻床、冲压机,木工用之锯木、刨木等机;金属品用之轧机、拉钢丝机等。(3)纺织机器:棉纺织机、缫丝及丝织机、毛织机、针织机及印染机。(4)食品工业之面粉机、碾米机。(5)2″～14″之抽水机及凿井机。(6)三吨起重机。(7)其他如印刷机、灭火机、鼓风机及交通器材零件等。

（B）制造成功而经济实用之机械（多在抗战期中完成）

（1）动力机械：中央机器厂之 2000 千瓦汽轮机，中央电工厂之 1500 千瓦汽轮发电机，恒兴机器厂之 120 及 180 马力船用蒸汽机，上海机器厂之小型水轮机。（2）交通机械：中国汽车公司之桐油汽车，交通部中央配造厂之传动齿轮，新中公司之煤汽车。（3）作业机械：中央机器厂及恒兴、顺昌、公益、经纬、广西各厂之纺织机。（4）精齿工具机械：如中央、顺昌、上海、柳江、新民等厂之出品。（5）试验仪器：中央工业试验所机械工厂之油类、水泥、石料、木料、纤维、纺织、陶瓷、金属等精细仪器。（6）其他如制盐机及交通零件等。

（C）发明专利　新型发明或改进之机械与工具，历年来经实业部或经济部核准专利者计一百余件，兹就其性质分类如次：(1)锅炉——如套图式旋篦蒸汽锅炉及竖立回火管蒸汽锅炉；(2)动力机——如转缸式飞机发动机，仲明动力机，武氏自吸式二行程煤气机（副空气活门及弯地轴室）及煤气机，差压引火方法等；(3)纺织机——经改良者如棉纺大牵伸机各附件，新型小纺织机有快式、川亚、三一、新农、利用、七七、西北诸式；(4)制盐机——压盐砖机、电力吸卤机、灶用制盐真孔机;(5)交通工具——大中式煤气炉、可权式自动高速煤气炉、胜利煤气炉、柴油化气器、煤油化气机、节油器、汽车下坡安全节油器、煤气调节器、火焰空气自动调节器以及木炭汽车等;(6)抽水机具——增速水力机、回转唧筒、吸力水车;(7)鼓风机具——旋转活塞压风机;(8)压力机具——超无穷式压力机;(9)印刷及打字机具——中文打字机、手摇连印机、中文活字排版尺、铅字架等;(10)其他机具——希孟氏历钟、日月星期时辰钟及永动日历及其他改造之作业应用工具等。

(D)机械工程标准 民国卅一年全国度量衡局经呈准经济部组织机械工业标准起草委员会,在渝召集各专家及厂商代表成立。曾经决议分机械基本标准、机械原件、工具及工作机、动力、车辆、船舶等六组标准,分别起草。

(E)机械工程名词 经中国机械工程师学会编成后,于民国卅年由教育部审查计17956则,送交国立编译馆整理。

电　机

(A)电灯电力 我国电灯事业,发创最早,进展较迟,据民国十六年统计,国人经营电灯电力事业之总容量,仅达十二万余千瓦,尚不及上海一隅外资经营电厂之容量。至战前,全国主要电厂总容量为 37 万千瓦。战事发生后,沿海沿江之重要电厂,大部沦陷。当时内地各省原有发电容量总数不过 17740 千瓦,其后曾增至 50 万千瓦左右。我国电气之原动力,以汽轮机为最多,蒸汽机次之,柴油机、煤气机又次之。至水力发电,则渺小不足道。我初期电气建设,皆由外商包办,目前建设委员会成立后,即在杭州电厂自建 15000 千瓦闸口发电所,其后又在首都电厂设 20000 千瓦发电机二座,闸北电厂设 30000 千瓦发电机二座,广州电厂设 30000 千瓦发电机二座。至配电输电方面,路线设备改善、供电范围之扩展、输电配电电压之提高均有显著之进步。再如电压及周率亦渐趋一致,周率均用在 50 赫兹,用户电压均趋向 220 ~ 380 伏特。中型发电机电压及配电压,一致用 6600 伏特,至输电电压,则渐归纳为 30000 及 60000 伏特两种。

(B)**电信** (1)**有线电报:**办理最早者为大沽炮台至天津一线。民初交通部有电报局六百余所,电线长度约五万公里。至民国十六年约增加一倍。其后逐次扩充增设。于民国二十五年底,全国有架空线 95300 公里、地下线 200 公里、水底线 3800 公里,又中日合营海底电线 2250 公里。战事发生,沿海设备损失奇重。内地建设以交通部西南西北通信、军事委员会前后方通信设备和防空情报网三大计划为张本。所用机器,民初大部为莫氏机,后渐改用韦氏机及一部分克利特机。(2)市内电话:民国十六年统计,全国交通部所办者仅 20 处,省营及民营者数十处;民国二十五年统计,交通部全国所设电话有 73000 余号,内自动式者已达三万数千号。战时内地电话,以限于器材困缺,其设有电话 1000 号以上者,仅重庆、成都、昆明、长安等处而已。(3)长途电话:系在清末传入我国,至民国十四年才见发展。民国二十二年交通部成立九省长途电话工程处,曾添筑长途线 53700 公里。抗战发生,内地另行建设,最多时新旧路线达 66700 公里。通话设备,于繁忙处,设有单线或三线载波机及增音站或帮电机。唯购备数量不多。(4)无线电报:最初专供军用,系用"火花式",其后经办者除交通部外尚有其他各部,事权不一,而无具体计划。国府奠都南京后,交通部在上海等地设短波电台。建设委员会在刘行筹设国际大电台一处,订购 2000 千瓦短波收发报机两副,又 2000 千瓦短波台四处,当时美、德、菲、法均能通报。民国十八年,无线电事业全归交通部办理,又增设马尼刺①、巴达维、旧金山、伦敦、东京、罗马、伯力等电台,同时国

---

① 今译马尼拉。

内电台亦已增至170处。战事发生,先在汉口、广州二处代上海维持国际通报。其后汉穗失陷,又加昆明电台代之。

(5)无线电话:于民国二十一年向马可尼公司购置设备,民国二十五年关内有沪汉穗三话台,国外则先与东京通话,然后再扩充至其他各地。战时大部迁入内地,以补助长途电话炸坏之线路,并装保密设备,以利军讯。(6)广播电台:以上海新新公司电台创立最早,其后交通部在各处设立广播电台,内以哈尔滨1000瓦者较大。民国十九年南京中央广播电台购设75千瓦电台,遂为我国电台之首脑,其后,民营广播电台如雨后春笋,唯电力均不超1000千瓦。

（C）**电机制造**　中国电机制造,创始于民国五年,其后逐渐开展,至抗战前夕,制造工厂计约二百余家。其中四分之三以上均集中于上海。至民国廿八年中央电工器材厂成立于西南各地,始为中国电工制造界放一异彩。我国现行所能自制之电器电料,计有电力机器、灯泡及真空管、无线电、电报、电话、电表、电线、电磁、电木及五金电器杂类等。

造　船

我国国营船厂,以江南造船所、马尾造船所、大沽造船所、青岛造船所及东北造船所五处规模较大。江南造船所有545 尺至 600 尺船坞三座,并有 17 吨起重设备,造船能力最高每年可达三万吨,先后完成船舰七百五十余艘,计二十三万余吨。欧战时曾为美国航运部造成万吨之运输轮四艘,为我国所造最大船舶。战前招商、大古、怡和、民生、聚福各轮船公司之优秀浅水轮,多为该所出品。马尾造船所具有 420 尺长石砌船坞,光绪末年完成万年青等军用舰艇三十余艘、商轮一艘。造船材料初用木质,后乃全用钢铁,轮机制造亦有长足进步。以后我国海军不振,机具朽坏,船坞淤塞,工作由废弛而停顿。自宣统元年以后,仅于民国六年完成海鸿浅水轮一艘而已。大沽造船所,以修理船只为主要业务,庚子之役为俄人占领破坏,后经修理,添设枪炮工厂;于民国六年造成海鹤、海燕浅水炮舰二艘。其后则专造机关枪及其他军用器械。青岛海军工厂系接收德人所置,唯原有浮船坞一座,于上次欧战时,为日人劫去,乃于民国二十四年自建长500 尺之船坞,并添置机械修理各式船坞。东北造船所系民国八年收购俄国哈尔滨船厂组成,专修松花江内浅水轮船,并曾自造轮船多艘。国营船厂,除上述五厂以外,尚有广南造船所、黄浦船坞造船厂、厦门造船所及国营招商局机器厂等,各有工厂数处,或配有船坞船台一二座,规模均小。民营船厂,以上海恒昌祥机器造船厂历史最久,设有船坞二、船台一,可造长70米左右之轮船,战前每年平均造成二三艘。此外,扬子机器厂、合兴机器厂、大中华造船厂、平安造船厂及南洋机器造船厂,亦为民营造船厂中较有成绩者。至中外合办及外商经营之船厂,则以求新机器厂、上海耶松造船厂、瑞熔造船厂及香港黄浦船坞规模较大。

　　抗战期内造船工程,大半集中于重庆一地,其余如江西之泰和、湖南之衡阳、广西之柳州、福建之南平等地,亦有造船厂设立。民国二十七年武汉会战前,曾造钢筋混凝土船四艘,做江防阻塞之用,是为抗战中最早完成之船只。其时轮船之制造,以材料运输不易及造船设备工具之缺乏,不克大量制造。其在百吨以上轮船,有民文、民式二艘及乐山等十艘。战时因液体燃料来源困难,乃有采用煤气机之船只出现,在四川省即有嘉陵轮渡七号及农福等江轮二十余艘。此类船舶,船身小而吃水浅,燃料甚省,唯轮机易于损坏。我国帆船数量素居世界首位,各地所造者形式不同,构造时有独到之处。战时内河运输增繁,而制造轮船之器材技工异常困乏,乃有增造木船计议。民国二十八年,交通当局采取贷款政策,造成各级改良木船三百余艘。民国二十九年,在柳州设立西江建船处,并于衡阳、吉安各地分设工厂,制造桂湘赣各省船舶。民国三十年川省粮运紧迫,成立川江造船处,赶造木船。民国三十三年西江、川西两造船处合并,改称交通部造船处,续造木船,计五六年间,各处先后完成木船千余艘,约二万余吨。

航 空

(A)飞机制造 (1)民初政局不定,飞机制造工程,仅有海军部设于福建马尾之飞机工程处,利用国产木料、夏布及闽漆前后曾制教练机十余架,其他如两广、东三省、云南、江浙虽亦有机厂之成立,然制成者为数不多。(2)民国二十一年,中央在杭州设立制造厂,历年利用美国各厂制造权,由美厂配齐各种制造进度之原料及外购材料,造道格拉斯侦察机、弗利脱教练机、诺司罗卜轰炸机、伏尔替轰炸机及蔻蒂司霍克Ⅲ式驱逐机大小一百余架,开创吾国大批制造飞机之纪录。(3)民国二十五年,政府与意大利厂团合作在南京设立制造厂,规模甚为宏大,惜为时一年即遭中日战事影响而停顿,仅出双发动机萨伏亚18轰炸机六架;抗战期间由我员工接收,在内地曾出驱逐机及教练机。

(B)发动机之制造 早年经汉阳兵工厂仿造爱沁宜30

马力机及北洋工业学校仿制华尔透 60 马力机,成绩未臻满意。航委会于民国二十八年购定美国某厂之制造权,已筹设制造厂。

(C)**保险伞之制造**　民国二十二年,航空署采用国产丝绸仿制美国欧文式成功后,航委会成立保险伞制造研究所,逐年改良,增加产额,已足供空军需要,尤以成本甚低,日后有外销之可能。

(D)**飞机之修理**　抗战期间,航委会各修理厂于敌空军威胁下,修妥飞机一千余架,其中尤以拼修四发动机之 T-B 式大飞机更属不易。

(E)**研究及试验**　民国二十四年后,中央、清华、交通、武汉等各大学先后成立航空工程学系。民国二十五年,航委会曾于南昌设立航空机械学校,招收大学毕业之航、机、电各系学生,成立高级机械班。

战前,清华大学设有五尺风洞一座。民国二十八年,航委会于后方成立航空研究所,建立五尺风洞一座,可代各制造厂做修改设计之试验。此外,该所关于飞机轮胎透布蒙布、三层木板、胶粉等均经研究仿造成功,改良出品,战时曾供空军一部分之需要。

纺　织

（A）**棉织业**　三十年来吾国之棉织工业几全为本国厂商与日本厂商之竞争史。如就纱线锭数而论，自民国五年至二十五年间，华商自 570000 锭增至 2920000 锭，日商自 780000 锭增至 2485000 锭，其他外商在民国二十五年仅有 230000 锭。抗战时内迁者，仅有九厂，连同原有四厂之锭数共合万锭，只及战前总数二十分之一。兹就棉织业改进之处，分述如次。（1）工程技术。由依赖外人而归于国人自理，如保安之装机、平车、揩车、磨车、定位、吊线、水平等方法，运输之分段、接头、落纱、生头及加油、扫除等法，均能切实革新。其他如和花则随支数、用途、季节，配以适应长度、粗细、强力、捻度、色泽之原棉，收效尤多。（2）工厂管理。由工头制和包工制而趋于起用专门纺织毕业生，并应用科学管理。（3）机器。由购买外机而趋于自造，模仿或改进，如战时之中央机器厂、广西纺织机械厂及新友、预丰、公益、顺昌、工矿、西北诸厂均有大小型之纺机制造。（4）工人技术。经训练而提高效率，如自民国五年至民国二十五年间，平均每万锭纺机需工人自 600 名减至 170 名，每百台织机需工人自 236 名减至 165 名。

（5）工厂建筑。多采用钢铁、水泥之齿式厂房,平均纺机每万锭约 280 方、织机每台约 10 方房屋。(6)研究。各学校有专系成立,并有专科学校设立,民国十九年有中国纺织学会之成立。

（B）**毛织业** 毛呢麻织品战前多由国外输入,国内仅有毛呢八厂、麻业四厂。战时毛麻品输入不多,而需要殷切,故较发达;毛业内迁者有中国毛织厂、军政部呢厂,新增者 25 厂;麻业新增者九厂,由鄂迁川者一厂（湖北麻局）,大都为手纺工业。

（C）**丝织业** 丝织业向以江浙为主要产地,战前杭州有纬成公司,嘉兴、无锡等地亦有丝厂。出品虽受人造丝及日本丝之倾轧,然经营有方,不但国内畅销,且能出口外售。战时四川曾建有丝厂,成绩亦佳。

化　工

（A）**化学品及其配合之工业** （1）制药工业。以德人在沪设厂制药为嚆矢,其后国人自办药房附设之药厂,亦能逐渐仿制西药,并有以中药制成药水者,如贝母精、当归精、麻黄精之类,亦有提炼中药出口者,如甘草膏和五倍子所炼之鞣酸、鞲酸等。（2）化妆品工业。其初注意旧式化妆品之现代化,其后仿制西式者亦逐渐成功,尤以国货牙粉、牙膏、雪花膏、花露水、蚊香等挽回利权不少。（3）基本化学工业。①酸类工业——汉阳兵工厂曾月出浓硫酸80至120吨、浓硝酸667吨,供弹药之用;两广硫酸厂用黄铁矿原料依照Moritz[①]氏加重铅室法,制造66度硫酸,每日可产八吨。此外如永利化学工业公司、天原电化厂及广东营苛性钠厂、上海开成造酸厂、天津利用硫酸厂、西安集成三酸厂、成都资业化学工厂等,均产有硝酸、硫酸、盐酸等。②碱类工业——以碳钙为主,绥远河套有大碱湖20处,为我口碱主要产地。用曝晒,每年可产一万余吨。此外辽宁、甘肃境内亦有天然碱之制造。用芒硝制碱以四川为最早,如彭山、嘉定、重庆等地均用罗勃郎法制碱。食盐制碱,以久大精盐公司在长芦所设碱厂为始,其后永利化学工业公司以盐制碱之计划,于民国十一年试行成功,为我国用苏尔维法之诞生,且以硫酸铵代替氨液,亦为世界碱厂所罕见。该厂机械设备,强半成于本厂,所用盐卤,盐分低而苦卤芒硝成分甚高,其原料不及饱和之矿盐盐卤,只以经验与技术排除障碍,所出纯碱含碳酸钠19%,

---

① 莫里茨。

与欧美用矿盐者竟无差别。永利纯碱年产二万余吨,民国二十二年且可输出国外 12 万担。③电化工业——电解法,天原电化厂最初成功用食盐溶液制成漂白粉;其次广东营苛性钠厂及太原之西北电化厂亦能制漂白粉及盐酸。电池亦属电解工业,以中央电工器材厂之出品较多。炼气工业中有中国炼气公司制出 99.8% 纯净之液体氧气,供焊接与割切钢铁之用。氮气工业,平时供给人造肥料,战时供给硝酸,以永利化学工业公司之浦口卸甲甸厂为最大,采用 Haber[①] 的方法,取空中氮气与水中氢气为原料,经过高压与触媒剂作用,合成氨质;另有大规模媒触法硫酸制造设备,将氨制成硫酸铵,以供肥料需要。于民国廿四年出货,每年硫酸铵产量五万吨,占进口数量三分之一,并出硝酸及各种硝酸物与氨及各种氨之制品。此外,上海天利氮气制品厂,有无水氨、淡硝酸及浓硝酸等出品。④煤膏工业——煤气属于公用事业,以上海英商煤气公司规模为最大,其次青岛。煤焦为各主要煤矿之附产品,多采用土法而加以改良,至低温蒸馏之提炼液体燃料。山西曾采用德国方法试办,抚顺用英国方法提炼页岩油。抗战期间,汽油缺乏,川黔两省,有多厂从事裂化植物油以制造

---

① 哈柏。

代柴油、代煤油、代汽油及机器润滑油,贡献甚巨。⑤染料工业——除天然染料外,国内只有硫化元青之制造,营口、青岛及济南等处设厂较早,上海、重庆继之。⑥醇类工业——以酒精酿造与木材干馏为主。酒精工业,在民国十年前后,北有济南溥益糖厂之采用甜菜糖浆为原料,中有汉口康成造酒厂之采用高粱为原料,南有福建实业公司之采用甘薯为原料;民国二十年以后,上海有中国酒精厂、广东有糖厂为较有成绩者。抗战后各省均有小规模之酒厂设立。(4)其他工业原料,均因工业上之必需而设法供应者,如景德镇制瓷所需之釉料,系收买云南朱明黑花制炼者;又如油漆及印花之需要,而有南海之永吉银朱公司制造黄丹铅粉等,为最早之工业原料公司。此外新式油漆所需之各种颜料,化妆品及胶类工业所需之碳酸钙、碳酸镁,一般工业所需之滑石粉、石膏、瓷土等,制药工业所需之薄荷、香料,铅笔及电池工业所需之石墨粉、二氧化锰等,火柴工业所需之磷、硫化磷、氯酸钾等,历年来均渐有本国厂家供应。

(B)油类及其制造之工业 (1)榨油工业:最重要者为东北之大豆油工业,其次如青岛之花生油、上海之棉籽油、川湘鄂浙等省之桐油。(2)炼油工业:以汉口之澄油工业为最盛,澄化原油,使趋于标准化,以便出口。(3)油漆工业:上海、天津、北平、汉口、重庆等地均有新式油漆厂,制造各式油漆、涂料及铅粉。(4)油墨工业:关系文化,自各大印刷厂仿制黑色及彩色油墨成功后,各地小厂日益增多。(5)肥皂工业:天津之中国造胰公司,为国人自办之最早成功者。其后各地皂厂林立,抗战时,全国已有两百余家。(6)蜡烛工业:国人工厂均小规模者,尚不能与英商白礼氏公司竞争。(7)油酸工业:指甘油与硬脂酸之制造,在抗战后,后方各大皂厂,颇有从事提炼者。

(C)纸革及胶类工业 (1)造纸以上海伦章成立最早,而龙章成绩最足。战时重庆有中央造纸厂。(2)制革,以天津机器制绒硝皮厂为最早,其后上海、武昌、成都、伊犁、甘肃、北平、汉口、长沙、青岛、济南、广州、太原等地,制革厂林立,惜以鞣料仰给国外,进步甚少。(3)橡胶,广州设厂最早,上海继之,由南洋输入原料,制成胶鞋、车胎等。(4)胶木,上海胜德厂于民国十七年制造人造牙筷,其后各厂遂能自制电用开关、配件、瓶盖、笔杆等。(5)化学纤维,分赛璐珞、人造丝、玻璃纸等厂,多集中于上海。

(D)引火及爆炸工业 (1)火柴工厂,遍设国内,沿海各省所制者均为红磷安全火柴,内地则多用白磷制成非安全火柴。(2)炸药,以汉阳兵工厂制造无烟火药为最早,高级火药近年亦多进步。

（E）陶瓷及窑制工业 （1）陶瓷，除景德镇瓷业世界知名外，唐山启新公司制有电瓷。（2）玻璃，博山玻璃公司最早，耀徐公司次之；至光学玻璃，则中央研究院工学研究所所制者堪称成功。（3）珐琅，以搪瓷为最重要，上海设厂最多。（4）砖瓦，开滦矿曾制火砖及路砖，宜兴制有瓷面砖，上海益中公司制有瓷砖。（5）水泥，以唐山之放新洋灰公司开办最早，有新旧二厂，旧厂用干法，新厂用湿法，年出150万桶。其次为广州、河南、广东士敏土厂，用干法年出20万桶；后添设西村士敏土厂，用湿法，年产50万桶。长江下游有上海水泥公司，年产60万桶；龙潭有中国水泥公司，年产90万桶；重庆、辰溪、桂林、昆明，均有较小之水泥厂。此外，大连、吉林、青岛有日人所设者，澳门有英人所设者。

以上皆系从中国工程师学会三十周年纪念刊《三十年来之中国工程》中择其事迹显露者，片段缀编，述而不论，以见我工程师之努力。于此有当声叙者如下。

（1）三十年来，工程事业，虽尚未广布国内，然欲就其类别，分年分地，撮其概要，已属繁不胜书。今纪念刊中各文，竟能提纲挈领，寓繁于简，使读者对此广博田地，得一鸟瞰印象,执笔各专家之成就,洵足称道。本文题宽事泛,正苦无从下手,得此纪念刊为源泉,遂得恣所取舍,此不得不向执笔各专家表示感谢者。

(2)纪念刊各文,长短不一,详略互异,轻重去取;标准亦不尽同,因之各文中之菁华,其分量亦难一致。本文所记载之各工程,虽力求其等量齐观,仍难免倚轻倚重之处,此责应由本文自负。

(3)《三十年来之中国工程》纪念刊中,不无缺略,有重要事迹缺如者、资料漏列者或数字不明者,均尚待补充更正。本文以纪念刊为蓝本,同犯一病,未暇充实校正,愧对读者。

(4)本文属稿之初,邢芙初君即襄助甚力,嗣陆国梁君协助完成,附此并谢。

我国工程之演进,以本文中可得概念如下。

(1)新式工程之来,由于军事需要,而其发展,又时与外债相依。因之外国工程师,乘机而入,犹传教士之于新式教育,所到之处,皆留其踪迹,其间有幸而可取者,如铁路之标准轨距,系英国工程师创用,大有裨于铁路建设。然大都因商业关系,工程师之国籍不同,所用其本国器材之种类亦异,致所成工程,各有作风,无标准可言,影响于事业之发展,尤以交通工程为甚。其后我工程师,欲求全国工程标准之统一，便深感外国工程师之误事。

（2）土木工程均有地方性且多系永久性，往往数量庞大，必须就地取材。其初外国工程师之主事者，既不能悉用外国材料，更不能悉用外国人工，因之本国材料得以改良，本国人才得以训练，迄今纯粹新式之土木工程，我工程师已渐能悉用本国材料、本国人工完成之，其间所缺者，仅特殊之机电工具及高度冶炼之材料而已。

（3）机电工程及化学工业之成品，系流动性质，到处可以销售，其中含有商业竞争关系。凡本国制品之成本较高者，其工程皆不易发达。因之一般工业，往往输入外洋材料，而以装配成品为能事，至多亦不过仿制其需用手工最多之配件而已。至于特制机器大量生产，或用精密仪器而可制造者，则迄今尚无显著之成绩。此非我工程师之不努力，而实受政治经济环境之压迫，屡进屡退，而不能有一贯向上之进步也。

（4）我国工程师最大之贡献在能应时代之要求，自力更生，达成任务。如在抗战期间，一切物力财力俱形缺乏，而能建造铁路，开采石油，自制兵工器材，完成各种日用必需品，其间虽因商业竞争之影响甚小，故能不计成本，然其技术造就与科学研究之功，固不可没；易言之，我工程师已成一良好机器，但有适当原料可用，不患无优美出品矣。

（5）今之谈工程者,往往侈述欧美巨构,认为建设新中国,非将新式工程整个移植不可,与误认科学之为纯粹西方物产者,其错误正复相同。不知我国本有科学成就,亦有工程贡献,只以不成系统学术,吉光片羽,或隐或现,且无普通的表现,一事既成,未能另入佳境,逐渐扩大范围,显其效用,以致欧美争先,遂形落后。以工程言,如房屋建筑、水利技术,在时代上均不亚于欧美,即观过去三十年之成就,亦非全盘抄袭者。况工程为应用科学,其应用必须切合当地当时之需要,非可将他处应用得宜者,强为我有。今草本文既竟,固深喜此三十年来之工程,实为我三十年来之中国工程也。

原载 1949 年《科学》

三十年来之中国工程

挡土墙土压力的两个经典理论中的基本问题

提　要

　　本文从力学观点对库隆理论提出下列问题:(1)在解算力学问题时,每个力有三个因素都该同时考虑,但库隆对土楔滑动面上土反力的施力点竟置之不理,因而才能对挡土墙上土压力的倾斜角作一硬性假定,使它等于墙和土间的摩阻角,然而施力点是不能不管的,因而土压力的倾斜角是不能离开平衡条件而被随意指定的。(2)如果考虑了土反力的施力点,则土楔只能在滑动面上,或在墙面上,有滑动的趋势,而不能同时在两个面上都有滑动的趋势,因而库隆的基本概念"滑动土楔"就站不住了。(3)问题关键在滑动面的形状,如要使土楔在滑动面和墙面上同时有滑动趋势,则滑动面必须是曲形面,然而库隆采用了平直形的滑动面。(4)库隆的土楔滑动面是从墙上最大的土压力求出的(指主动压力),这里所谓"最大"是指适应各个滑动面的各个土压力而言,但对适应墙在侧倾时土压力应有的变化来说,这个最大土压力却正是墙上极限压力的最小值。一般工程书籍,以为这土压力既名为最大,就拿它来用做设计挡土墙的荷载。荷载如何能用最小的极限值呢?

本文对朗金理论中的下列问题做了一些解释:(1)朗金理论在挡土墙的位移问题上所受的限制,是和库隆理论一样的。窦萨基教授曾就此问题认为朗金理论是幻想,似乎是无根据的。(2)有些工程书中认为朗金理论是专为垂直的墙面而用的,但这是不正确的。朗金理论和库隆理论一样,是可以适用于仰伏的墙面的。(3)这些工程书中又认为朗金理论不适用于有摩阻力的墙面,但这同样是不正确的。朗金理论不但完全可以适用于有摩阻力的墙面,而且还比库隆理论更为适用,因为没有库隆理论中的矛盾。

本文还讨论了库隆理论和朗金理论的统一问题。本文在讨论库隆理论时,提出了一个消灭矛盾的建议,在讨论朗金理论时,介绍了一个扩大这理论范围的方法,作为发展这两种理论的一个新方向。

引　言

挡土墙上土压力的理论最早是由库隆开始研究的,迄今已有将近两百年的历史。在这长时期中,无数的专家学者对这问题做了巨大努力;发表论文之多,汗牛充栋,几乎令人堕入五里雾中。作者在三十多年前,由于教书关系,对此也感到兴趣,但对其中若干问题,始终有些怀疑,但又得不到解决,时常为之纳闷。直到1942年,因为在"慕尔圆"问题上偶有创获,连带得到一个解决库隆理论中的矛盾的方法,就把它寄给窦萨基教授,请他指正,他回信说:"这些理论问题在最近几年中(指那时)都已解决了,你的意见正和这些结论相同,只可惜你因抗战关系,僻处内地,失却联系,以致浪费了精力。我劝你还是多多注意实验的好,至于理论是已无甚可做了。"我被浇了一头冷水,于是停止了研究,不料去年在突击了俄文学习以后,看到苏联土力学书中提到土压力时,说苏联近二十五年来对其中理论问题有极大发展,而且现在还在各方面研究之中,我才知道在窦先生那封信之后,苏联就有很多新的学说,如索科洛夫斯基(Соколвский)的"散体的极限平衡论"、哥鲁希格维奇(Голущкевич)的"散体极限平衡图解法"等等,对土压力的基本问题已经解决了很多,而且还在方兴未艾地继续发展。这些启示复引起我在这问题上残余的兴趣,于是一方面整理旧资料,一方面研读俄文书,总算把思想澄清了一下,做出了些过去及现在的研究的总结,现在先把对于库隆理论及郎金理论的几点意见,发表出来,恳求读者指正。

挡土墙上土压力实是个疑难问题。土对挡土墙是荷载,然而它不像其他结构物的荷载具有本身自主的量值,而是随着挡土墙的材料、结构和建筑而有所变更的。例如,木墙上的土压力不同于石墙,重力式墙的土压力不同于伸臂式墙,尽管其他条件一样,这是由于土压力的大小与墙的弹性变形及墙面①粗滑有关。就是在今天有了很新的弹性理论的条件之下,要解决这个问题还是十分繁难的,何况在二百年前的库隆时代。因此,库隆竟然能提出一个解决方案,实是力学史上一件辉煌大事。其后(相隔差不多一百年),朗金有鉴于库隆理论中的缺点,又提出一个在同一基础上但前进一步的新理论,这本来是应当可以相得益彰的,但不知何故,学者们中反而分裂出派别,彼此责难,弄得那些想学这门科学的人,

---

① 本文所谓墙面指墙身向土的一面。——作者注

目迷五色,竟不知从何下手。工程师们为了要急于应用,当然对其中的是非,无暇过问,只好看到公式就用,错了也无可奈何。例如,不论是库隆公式还是朗金公式,所得的土压力都是极限压力,对一般挡土墙来说,就是墙上最小的压力,然而工程师们就拿这最小的压力当做墙上的设计荷载而不自知。像这样,由于理论中的原则性的纠纷而影响到工程设计质量,是何等不幸的事。因此,库隆和朗金两理论的价值是应当肯定下来的,然而其中存在的问题,所能应用的范围以及这两种理论的比较,是都应当使之明朗化的。只有在理论上扫清了障碍以后,工程师们才能对它有信心,才不致盲目前进。本文所以要提出问题,就是想在这明朗化的工作上有所帮助。

近年来采用库隆理论的趋势,大大超过了朗金理论,因为依照最新精确理论的计算和试验的结果,在主动压力情况下,库隆理论较朗金理论要准得多。这是当然的,因为在朗金理论里,墙与土间的摩阻力是不曾计及的。然而库隆理论就因包括了这摩阻力以致和它基本假定发生矛盾,我们应否只看一个理论应用的结果,而不管它原则性上有无问题呢?假如犯了原则性的错误却贻害不大,这问题是否算解决了呢?其实,一个理论应用结果的准确与否是一个问题,而理论究竟对不对，是另一个问题。从科学研究的立场来讲，原则性的是非，是应当高于一切的，这才叫做真理。所以，尽管库隆理论在主动压力时可以采用，然而其中如有原则性的问题，还是应当提出的。这不但使工程师们能摸到这理论的底，特别对在校学习的同学们，帮助他们增强判断是非的能力，也是很有必要的。

我所始终感觉惶惶不安的，不在我的意见是否错误（如果错误，发觉后不但对我，就是对步我覆辙的，也都是好的，这是非常值得欢迎的），而是在何以这些问题两百年来未被发觉，或虽被发现而竟将信将疑地让它过去。如果这些问题是非常深奥的，无人肯去钻这牛角尖，而我竟去钻了，因而有了些收获，那还可说。然而今天这些问题，都是非常浅显的，在我这篇文里，通篇找不到一个微积分符号，所用的力学原则也异常简单，为何这些显而易见的问题，竟然会成了问题呢？这是我所最不了解的一件事。也正由此故，我以前从无勇气将它搬出来，今天敢于这样做，是经过了思想改造的结果。

关于本文，有几件需要预先声明的事。

（1）本文目的在指出问题，因此所要讨论的对象，求其愈简单愈好，只要是不妨碍问题的本质，能省就省。例如本文通篇所提的挡土墙,墙面是成一平形面的;墙后填土的地面也是平形面,而且上面无荷载;提到墙的侧倾时,是以墙脚为枢点的;土是无黏性的;土粒的压缩是不计的;土中内摩阻角 φ 是一个常值;等等。

(2)库隆理论在主动压力时较准,在被动压力时,误差之大达到不能容许的程度;因此,本文只讨论主动压力问题,这里弄清楚,被动压力就更不成问题了。

(3)本文中讨论两个理论时,一律用图解法,因为这样做,比较可多得些物理概念,比起满纸的数学符号来,更易透彻了解些。

(4)本文可引的文献太多,列举出的只是几本代表作或有些特点的,其余大体相同,不胜枚举。

一、库隆理论中的问题

库隆理论是法国工程师库隆于 1773 年提出,1776 年发表的。在这以前,从 18 世纪初叶起,就有些人做过关于土压力的试验,但在理论上研究挡土墙土压力而得到结果的,库隆是第一人。他本来是研究土粒间的摩阻力和内黏力的,挡土墙上土压力不过是他研究成果的一部分。在他写稿时,三角函数的符号尚未发明,他所用的还只是代数分数的形式。他首先考虑了一个简单的挡土墙问题。即是墙面是垂直的,墙后填土的地面是水平的。他设想:假如墙后的填土中能出现一个破裂面,通过墙脚,夹在墙和破裂面之间的土块,就形成了一个三角形的土楔。如将这土楔当做力学上的孤立体,作用于这体上的几个力,有的已知,有的未知。但未知的因素不超过三个,则可用平衡公式求出其中未知的任何一个力,包括土楔在墙上的土压力。然而这破裂面如何才能产生呢?他就进一步假想这个墙有向内或向外侧倾的可能,在侧倾的程度越来越大,大到土中的摩阻力和内黏力能被土中剪力克服时,也就是倾到无可再倾,如果再倾土即崩溃时,产生这个最大剪力的面,便是破裂面,这个破裂面上土反力的倾斜角(土反力和它作用面上法线所交的角)就等于土中内摩阻角 φ。在破裂面形成时,上述土楔就有在这面上滑动的可能,因而破裂面又名为滑动面。如果这墙是向外侧倾时,土楔就因重量关系,可以沿着一个滑动面而向下滑动;但如墙是因被推而向内侧倾时,土楔就因受挤而又可沿着另一个滑动面做向上滑动。这样,土楔在墙上的压力,就有两个极限值:一是土楔正要向下滑动时所产生的主动压力,一是土楔因被迫而正要向上滑动时所产生的被动压力。这两个土压力的大小是和土楔的大小有关的,也就是和滑动面的形状和位置有关的。他认为这滑动面应当具有弯曲的形状,但在他的理论中,他仍然采用了平直的滑动面,滑动面的位置,也就是滑动面和墙面所夹的角,是决定土压力大小的一个因素。他用数学上最大最小的理论求出:在主动压力时,滑动面的位置决定于最大的压力;在被动压力时,滑动面的位置决定于最小的压力。在这里,他同时考虑到土粒间内黏力的影响,由于它是削减压力的,他便不计算它了。最后,他更研究到墙和土粒间的摩阻力,认为是个极重要的因素。这样,经过以上种种考虑,他最后得到迄今仍然广泛通行的库隆公式。在他发表的论文中,他还提到具有曲形滑动面的土楔压力,并且提出一个极为复杂的曲线公式。

从库隆这样研究的经过看来,他对挡土墙上压力的理论已经打下基础,并且提出了下列原则性的问题。

(1)由于墙的侧倾,填土中可分裂出一个约略三角形的土楔,除贴墙及地面两面为已知外,其他一面,即填土中的破裂面,是一个曲形的面,但可假设为平形面。

(2)土楔如有沿着破裂面滑动的趋势时,墙上压力,随着滑动方向而有变化;沿着一个面向下滑动时,产生主动压力;沿着另一个面向上滑动时,产生被动压力。

（3）土楔滑动面与墙面所夹的角度，可从墙上土压力的极限数值来推算，即在主动压力时，决定于最大值，在被动压力时，决定于最小值。

（4）墙面与土粒间的摩阻力是决定土压力的重要因素。

这几条原则性的问题都非常重要，特别是其中贯串着一个极限理论的概念，具有极大的启示作用，成为今天各种极限设计的胚胎思想。因此，库隆理论直到将近二百年后的今天仍然具有权威，成为挡土墙土压力的经典理论。仇多维奇土力学书中，将这理论和苏联最近发展出来的精确理论做比较，如精确理论所得结果为100，则库隆理论所得为98。书中又提到从最近发表的各种试验结果中，也可看到库隆理论的价值。然而书中特别提出库隆理论的用途，应仅限于主动压力，如用于被动压力，则与精确理论及试验结果相差甚远，达到不能容许的程度。如内摩阻角 ϕ 等于 16°时，误差等于 17%，ϕ 等于30°时，误差达到 2 位，ϕ 等于 40°时，误差达到 7 位。

正因库隆理论有很多优点，它才被广泛采用，并且从它的基础上发展出大量的新的理论。库隆公式本来是很繁复的，而且它的演算也不一定要限于原来的方式，于是就有各式各样的建议，来简化这公式的数学解式和应用这公式的图解作法。仇多维奇书中提到对于挡土墙土压力的研究工作,有三百多种。其中绝大多数是以库隆理论为出发点的。这类学者时常被称为库隆学派,以别于后来的朗金学派。在库隆学派中比较知名的有法国的庞斯莱、瑞士的库尔门、德国的赖泼亨和恩盖受等。

然而,在库隆理论中,有几点在力学上是讲不通的,简直对力学基本原则有了矛盾。现在先把对库隆理论最通行的说法,简述一下,然后再提其中的问题。

在图 1 中,$\overline{AB}$ 为墙面,$\overline{BC_4}$ 为地面。库隆先假定 $\overline{AC_1}$ 为

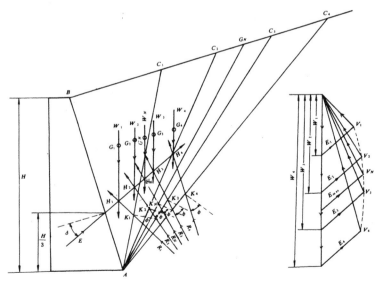

图 1

滑动面,上面的土反力 R_1 的倾斜角为 ϕ(因为是滑动面,故 R_1 的倾斜角一定是 ϕ)。墙上土压力 E 的倾斜角等于墙和土间的摩阻角 δ(因为土楔要在墙面上滑动,故 E 的倾斜角一定是 δ),它的施力点在离 A 点的 $\overline{AB}$ 三分之一处(因为 $\overline{AB}$ 上垂直土柱的重力是和土柱高度成正比的)。因此,土压力 E 的作用线是固定的。土楔 $\overline{ABC_1}$ 的重量是 H_1,通过重心 G_1、E 和 W_1 相交于 H_1。$\overline{AC_1}$ 上的反力 R_1 必须通过 H_1 点,因而 R_1 在 $\overline{AC_1}$ 上的施力点为 K_1。土楔上三个力的方向都已知道,W_1 的量值也知道,因而在力三角形中可求出 E_1 的量值。现在库隆再假定 $\overline{AC_2}$ 是滑动面,上面土反力 R_2 的倾斜角仍然是 ϕ(如不是 ϕ,$\overline{AC_2}$ 即非滑动面)。土楔 $\overline{ABC_2}$ 的重量为 W_2,通过重心 G_2。因为 E 的作用线是不变的,W_2 就和 E 相交在 H_2。通过 H_2 画出 R_2,截 $\overline{AC_2}$ 于 K_2 点(R_2 的方向是知道的,它和 $\overline{AC_2}$ 上法线相交成 ϕ 角)。K_2 是 R_2 在 $\overline{AC_2}$ 上的施力点。在力三角形中,从 W_2 值可求出 E_2 值。同样,再假设 $\overline{AC_3}$、$\overline{AC_4}$ 为滑动面,土反力 R_3、R_4 的倾斜角都等于 ϕ,R_3 在 $\overline{AC_3}$ 上的施力点为 K_3,R_4 在 $\overline{AC_4}$ 上的施力点为 K_4,在力三角形中,从 W_3、W_4 的值求出 E_3、E_4 的值。现在可以看出由于 $\overline{AC_1}$、$\overline{AC_2}$ 等的位置不同,土压力 E 的量值也不同,并且是先加大($E_2 > E_1$)

后减小($E_4 < E_3$)的。因而在E_2和E_3之间就有一个E的最大值$E_{\max}$。产生这个最大土压力的滑动面$\overline{AC_N}$决定土楔$\overline{ABC_N}$的重量。在$\overline{AC_N}$上,R_N的施力点为K_N。根据库隆理论,这个$E_{\max}$就是所求的土压力,以上是图解法。但这个最大土压力还可用微积分的最大最小分析法来求出,不过手续是太繁了。为了简化这手续,庞斯莱、库尔门、赖泼亨、恩盖受等才提出他们的巧妙的图解法。

现在来提库隆理论中的问题。

(一)滑动面上土反力R的施力点问题 在上面叙述库隆理论时,未提到土反力R的施力点应在何处。不只这里如此,凡是一般通行的土力学书中,在叙述库隆理论时,都不把这施力点说清楚。如果这个因素并不重要,那是没有问题的,然而并非如此,在图1中可以看出,库隆在假设许多滑动面$\overline{AC_1}$、$\overline{AC_2}$、$\overline{AC_3}$、$\overline{AC_4}$等时,面上土反力R_1、R_2、R_3、R_4等的施力点是K_1、K_2、K_3、K_4等。这些施力点是滑动面上分布土反力的总土反力的作用点。因而它们的位置是由土反力的分布规律来决定的。知道分布规律,就知道总力的施力点;反过来说,如果总的土反力的施力点有了限制,那么,土反力的分布规律也有了限制。现在,在$\overline{AC_1}$的假设的滑动面上,总土反力R_1的施力点是K_1,因而$\overline{AC_1}$上土反力的分布规律就

受了 $\dfrac{AK_1}{AC_1} = P_1$ 的比例的限制。同样,在 $\overline{AC_2}$ 上,这分布规律受

了 $\dfrac{AK_2}{AC_2} = P_2$ 的限制,在 $\overline{AC_3}$ 上,受了 $\dfrac{AK_3}{AC_3} = P_3$ 的限制,在 $\overline{AC_4}$

上,受了 $\dfrac{AK_4}{AC_4} = P_4$ 的限制。在图中可以量出,P_1、P_2、P_3、P_4 是

彼此不相同的;就是说,在这些假想的滑动面 $\overline{AC_1}$、$\overline{AC_2}$、$\overline{AC_3}$、
$\overline{AC_4}$ 上,土反力的分布规律是彼此不相同的。这是否可能呢?
土反力之所以产生,是由于土楔的重量。而这重量在土楔内
的任何一个面上,都是和这面上的土柱高度成正比例的。因
此,重力在土楔内的分布规律是由上而下逐渐加大的一个直

线规律(图2)。由于墙面 $\overline{AB}$(图1)上的土
压力是和重力成正比例的,土压力的分布
也是依着直线规律,因而总土压力 E 的施
力点就必须在 $\overline{AB}$ 下首三分之一点。在图1
中,这个 E 的施力点是不随假设滑动面
$\overline{AC_1}$、$\overline{AC_2}$、$\overline{AC_3}$ 等变更的。现在,库隆把墙
上土压力的倾角定死为 δ,作为一个边界条

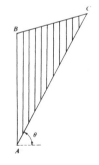

图2

件,那么,在那些假设的滑动面上,这个边界条件便使滑动面
成为曲形面,并使面上土反力的分布,脱离了直线规律。然
而,这些滑动面 $\overline{AC_1}$、$\overline{AC_2}$、$\overline{AC_3}$ 等都被库隆假设为平直形的

面,而在平形滑动面上,任何一点的大小主应力的方向是从上到下都不变的(从图 17 中可见,不论慕尔圆在滑动面上的任何一点 $\overline{KHR}$ 角是不变的;如果 $\overline{WR}$,即滑动面的方向不变,$\overline{WK}$,即小主应力面的方向也不变),小主应力对大主应力的比例,也是从上到下都不变的。这样,平形滑动面上土反力的分布,和墙上土压力一样,便和土重的分布,受同一规律的限制,亦即直线规律的限制。因此,滑动面上总的土反力的施力点,必须在平形滑动面的下首三分之一点,现在,从图 1 中量出的 P_1、P_2、P_3、P_4 的量值既然都不相同,更非三分之一,库隆理论中当然是有矛盾的了。这个矛盾还可用一个更浅显的说明指出来。土楔如能在墙面和滑动面上同时滑动,假设 $\overline{AC_1}$(图 1)是平形墙面,上面边界条件是土压力的倾斜角为 ϕ,$\overline{AB}$ 为平形滑动面,土反力的倾斜角为 δ,如果 $\overline{AB}$ 上土压力 E 的施力点是在三分之一点。为何 $\overline{AC_1}$ 上土反力 R 的施力点就不在三分之一点?

有许多学者对这矛盾做了解说,有的说,根据精确理论,滑动面上土反力的分布并不依直线规律。然而这并非问题的焦点,库隆理论本来就不是精确的,问题在于滑动面是个平形面。既是平形面,总土反力 R 的施力点就必须在三分之一点。在精确理论里,滑动面是曲形的(图 7),土反力的分布当然不同于平形面。又有人说,根据试验结果,总土反力 R 的施力点并不在三分之一点,这也是由于滑动面平形曲形的差异的缘故,假想的平形面在试验里是不会出现的。

(二)**滑动面的位置问题** 土楔的滑动面是库隆理论中的一个主要对象,而如何求出这滑动面的位置,更是库隆理论中的一个重要关键,如图 1 所示,库隆先把土压力 E 的方向固定起来,然后假定在土中可能出现某一方向的滑动面,每个滑动面通过墙脚,然后他从滑动面位置和土压力大小的关系中,求出最大土压力所决定的滑动面(指主动压力)。同时,这个滑动面也就是他所需要的、能求出墙上土压力的滑动面。上面说过,库隆在随意假设滑动面时,他毫未注意到滑动面上土反力的施力点。如果考虑到的话,同时承认土反力在任何一平形面上的分布都遵从一个固定的规律,那么,他假设那么多滑动面是不可能的。如果土压力的方向是固定的,通过墙脚只可能有一个平形滑动面,而这个滑动面也并非从最大土压力来决定的。如图 3,$\overline{AC_1}$、$\overline{AC_2}$、$\overline{AC_3}$ 为通过墙脚的任何三个平形面,在这些面上,土反力的分布有一定的规律。这规律和土重及墙上土压力的分布规律是一样的,因而在这些面上总的土反力的施力点就是在面上下首的三分之一点,就是 K_1、K_2 和 K_3。墙上土压力 E 和在图 1 中一

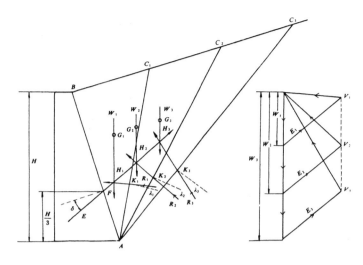

图 3

样,通过墙身的下首三分之一点,依固定的倾斜角 δ 的作用线,切 $\overline{ABC_1}$ 的重力线 W_1 于 H_1,切 $\overline{ABC_2}$ 的 W_2 于 H_2,切 $\overline{ABC_3}$ 的 W_3 于 H_3。$\overline{AC_1}$ 面上土反力 R_1 的作用线一定通过 H_1 和 K_1,因而定出 R_1 的倾斜角 λ_1。同样,$\overline{AC_2}$ 上 R_2 的倾斜角由 $\overline{H_2K_2}$ 定为 λ_2,$\overline{AC_3}$ 上 R_3 的倾斜角由 $\overline{H_3K_3}$ 定为 λ_3。现在,从已知的 W_1、W_2、W_3 的量值以及土压力的固定方向和求出来的土反力的方向,在力三角形中,就可求出土压力的量值。很奇怪,所求出的 E_1、E_2、E_3 的量值都是相等的,库隆所希望的最大土压力,这里竟然看不到! 我们只好把这几个土反力的倾斜角 λ,实地量一量,其中最大的一个,便指出可能的滑动面。

假如 λ_2 是最大的,那么,$\overline{AC_2}$ 便可能是滑动面;如果 λ_2 大得和土中内摩阻角 ϕ 相等,$\overline{AC_2}$ 就真的是滑动面,其他 $\overline{AC_1}$、$\overline{AC_3}$ 等面上的倾斜角 λ 都小于 ϕ,就都不可能是滑动面。我们还要注意到,假如 λ_2 是非常之大,大得超过 ϕ,那么,滑动面在何处呢?这时,土压力 E 的倾斜角就再不能维持固定的 δ 了,它必须缩小,小到不使 λ_2 超过 ϕ 的程度。因此,滑动面还是 $\overline{AC_2}$。

然而,假如墙上土压力 E 的方向,不是像库隆那样把它定死为 δ 的话,库隆理论中逐一假设可能滑动面的办法还是可以用的。如图4,假如墙上土压力 E 的方向不是固定的 δ,

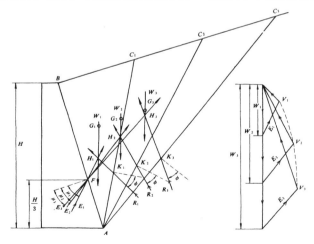

图4

而是从力学原则来决定的,那么,我们就可假想 $\overline{AC_1}$、$\overline{AC_2}$、$\overline{AC_3}$ 等都是可能的滑动面了。在这些面上的土反力 R_1、R_2、R_3 的倾斜角就都等于 ϕ。这些土反力的施力点,和在图 5 中一样,在 K_1、K_2、K_3 的三分之一点处,它们的作用线和土楔重力线 W_1、W_2、W_3 相交于 H_1、H_2、H_3。通过土压力作用点 F(墙长三分之一点)画出 E_1 的作用线 $\overline{FH_1}$,E_2 的作用线 $\overline{FH_2}$,E_3 的作用线 $\overline{FH_3}$,因而求出 E_1 的倾斜角为 μ_1,E_2 的倾斜角为 μ_2,E_3 的倾斜角为 μ_3。在力三角形中,从已知的 W_1、W_2、W_3 值和已知的土反力和土压力的方向,求出 E_1、E_2、E_3 的量值。不像图 3 所示,这些土压力的量值是不相同的,其中最大的一个假定是 E_2。这个 E_2 便定出真的、可能的滑动面 $\overline{AC_2}$;其他假设的滑动面 $\overline{AC_1}$、$\overline{AC_3}$ 等都不是真的。证明如下:在图 5 中,假如 $\overline{AC}$ 并非真的滑动面而在作图时假设为滑动面,则上面土反力 R_1 的倾斜角就被假定为 ϕ,由此得出土压力 E_1 的量值为 $\overline{ON}$,它的倾斜角为 μ_1。但 $\overline{AC}$ 既非真的滑动面,上面土反力 R_2 的倾斜角根据平衡条件就只

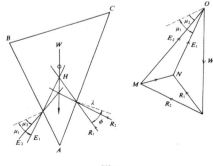

图 5

能是 λ 而不能是 ϕ（ϕ 是属于真的滑动面的），$\lambda < \phi$。从 R_2 得出土压力 E_2 的量值为 $\overline{OM}$，它的倾斜角为 μ_2。因为 $\lambda < \phi$，$\overline{OM} > \overline{ON}$，就是说，因为 $\overline{AC}$ 不是真的滑动面，假的 R_1 所求出的 E_1 比真的 E_2 小；E_1 是可能而且必需要增加的。如果 $\overline{AC}$ 是真的滑动面，R_1 和 R_2 相合，E_1 和 E_2 相合，所得的 E_1 就无可再加了，因而是最大的。在图 5 中也可看出最大土压力的倾斜角是最小的。具有最小倾斜角的土压力定出真的滑动面。

从图 3 可以看出，如果土压力的方向是固定的，在 $\overline{AC_1}$、$\overline{AC_2}$、$\overline{AC_3}$ 等面中，总有一个面，上面土反力的倾斜角是最大的，而且也只有一个面是如此，其他任何面上土反力的倾斜角都比这个面上的小。从本文的下半部里可以见到，就墙脚 A 点来说，这和朗金理论中最大倾斜面的学说是相同的。

库隆理论在图 1 中有土反力施力点的矛盾。在图 3、图 4 中，这个矛盾是消除了，但又发生滑动面的可能性的问题。如果土压力的倾斜角是固定的，库隆便不能那样任意地假设滑动面，而且最大土压力的条件也不存在。如果要任意假设滑动面，土压力的倾斜角就不能固定。但在库隆理论里，既要逐一假设可能的滑动面，同时又要假设固定的土压力的倾斜角，这倾斜角是否应当固定呢？

（三）土压力的倾斜角问题　　库隆理论中墙上土压力的倾斜角总是被假定为 δ，即墙与土间的摩阻角。这是一个很重要的条件。如果墙和土间的摩阻力不能克服，土楔在滑动面上滑动时，为何也能同时在墙上滑动呢？如要在墙上滑动，土楔在墙上压力所产生的剪力就要能克服墙上的摩阻力，因而土压力在墙上的倾斜角就必须要等于 δ。这时土楔便可能和墙分裂而滑动。然而，在土楔能和墙分裂时，它在土中的滑动面能否形成呢？从图 3 看来这是大有问题的，因为如果土压力的倾斜角为 δ，土反力的倾斜角是 λ，只有在特别情况时，λ 才等于 ϕ，在一般情况时 λ 不等于 ϕ。这就是说，如果要土楔和墙分裂，土楔的滑动面反倒没有了。如果一定要有滑动面，如图 4 所示，那么，土压力的倾斜角就不等于 δ，而土楔又不能和墙分裂了，有了土中的滑动面，就没有墙上的分裂面，有了墙上的分裂面，又失去了土中的滑动面；像这样"扶起东来西又倒"，库隆的滑动土楔如何能形成，更谈不到什么滑动；然而，库隆的理论却名为"滑动土楔论"！这个问题更如何解决呢？

从土楔的平衡关系，发现了土反力施力点的问题，才把它解决，又引起真假滑动面的问题；这问题的关键在于土压力倾斜角的固定，再把这固定问题解决了，更引起土楔能否滑动的根本问题。像这样一连串的问题显然说明了库隆理论中有矛盾;它不在这里出现,便在那里出现,无论如何,竟是掩饰不住的。这个矛盾就是由于库隆在他理论中做了两个相互矛盾的假定:他假定滑动面是平直而非弯曲的。同时又假定墙上土压力的倾斜角是固定的,但这两个假定是彼此不相容的,必须放弃一个,才能符合力学原则的要求。土压力的倾斜角是可以固定的,然而必须放弃平形滑动面的假定。

(四)滑动面的形状问题 土楔滑动面的形状库隆知道是应当弯曲的,但在他的理论中,他采用了平直面。这就引起了上面所说的 δ 和 ϕ 的纠纷。在图 6 中,$\overline{ABC}$ 为一理想的土楔,即墙上土压力 E 的倾斜角为 δ,滑动面 $\overline{AC}$ 为平直的,上面土

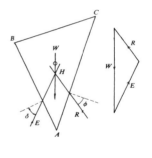

图6

反力 R 的倾斜角为 ϕ。而且,从 $\overline{AC}$ 滑动面所求出的土压力 E 是最大的土压力。像这样的土楔是可遇不可求的。在一般情况下,如果 E 的倾斜角是 δ,R 的倾斜角就非 ϕ。如要消除这个矛盾,$\overline{AC}$ 滑动面必须是个曲形面而非平直面,如图 7 所示,将 $\overline{AC}$ 分为 s_1、s_2、s_3 等段,每段上的土反力等于 r_1、r_2、r_3 等

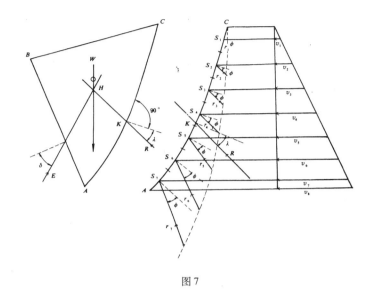

图7

等,这些土反力 r 的量值是由每段上重力 v_1、v_2、v_3 等决定的,

那么,这些土反力的合力 R 的量值和方向就可用图解法求

得。R 和曲形面相交于 K 点,它的作用线和 K 点切线上的法

线相交成 λ 角,$\lambda < \phi$。在土楔 $\overline{ABC}$ 中,W 是重力,E 是土压

力,倾斜角为 δ。W 和 E 相交于 H 点。上述的曲形面上土反

力 R 必须也通过 H 点。如果 $\overline{AC}$ 是曲形面,这个三力交于一

点的条件,就是决定曲形的一个条件,在精确理论里,是用微

分方程求得的。这个曲形面,在主动压力时,是和平形面非

常接近的。既然如此,在库隆理论里,就拿平形面当做这曲

形面好了，又何必斤斤计较上述的那些问题呢？然而事实并非如此，只要考虑到下列问题，就可明了这些讨论并非吹毛求疵。库隆在寻求滑动面时，是从许多可能的面中挑出来的，这些可能的面，一是平直形的，二是都通过墙脚的，因而未知因素只有一个，即平直面的方向。库隆利用了土压力最大最小值的这个条件，就把那未知数求出来。现在，如果滑动面是曲形面，而要拿平形面去代替，那么，这些曲形面必须具备两个条件，一是曲形与平形相差无几，二是所有这些通过墙脚的曲形面，都属同一类型，因而在变动滑动面的位置时，未知因素还只能是这滑动面的方向，而不包括其他变动的因素，但这些曲形面是不属于同一类型的。在图 8 中，如果 $\overline{AC_N}$ 是真的曲形滑动面，通过地面上其他任何一个点，如 C_1 或 C_2 是可以求出属于同类曲形滑动面的，如 $\overline{C_1T_1}$ 或 $\overline{C_2T_2}$ 这些面上土反力 r 的倾斜角 ϕ，和墙上土压力倾斜角 δ，是没有矛盾的，然而如果叫曲形面 $\overline{C_1T_1}$ 变成另一个曲形面 $\overline{AC_1}$，$\overline{C_2T_2}$ 变成 $\overline{AC_2}$，如库隆所假定的一样，那么，$\overline{AC_1}$、$\overline{AC_2}$ 的曲形是不能和真的滑动面 $\overline{AC_N}$ 的曲形同属一个类型的，因此，库隆在固定的土压力倾斜角 δ 的条件下，而要逐一假设可能

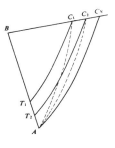

图 8

的滑动面,这滑动面也不是平形面所能代替的。

(五)求滑动面的方法问题 库隆理论中的一个基本概念是土楔的滑动。因而在求墙上土压力时,在不同的时候库隆假设了不同的面通过墙脚,暂时认为它们都是可能的滑动面,然后从另一个条件来确定真的滑动面。但那另一个条件是不应当在力学上和这个做法有矛盾的。库隆所用的另一个条件就是真的滑动面决定于最大的土压力(主动压力)。然而土压力的量值和倾斜角的这两个因素,都是可以变动的(施力点是不变的)。在求真的滑动面时,应当让土压力的两个因素都随着平衡条件而变更,然后用其中一个因素的大小来决定滑动面。从图5可以看出真的滑动面决定于土压力的最大的量值,或最小的倾斜角。然而库隆却把土压力的倾斜角定死了,不管什么滑动面通过墙脚,这个倾斜角都是 δ,也就是说,库隆的土楔不管土中滑动面有什么方向,它都是能在墙上滑动的,只不过土楔在墙上的压力的量值有大小的不同而已。最大的量值定出我们所要求的滑动面。这样,不仅在力学上有矛盾,物理概念上也有了问题,因为只要土楔能滑动,墙上的土压力就到了极限,就是我们所要求的土压力。现在土楔既能在墙上滑动(土压力倾斜角固定为 δ),又能在土中很多的面上先后滑动(各面上土反力倾斜角都假定为

φ),那么,每一个面定出的土压力都是极限值了,这极限值的意义何在呢? 土压力量值的大小在此地是没有极限意义的,极限意义决定于土楔能否滑动,在土楔正要滑动时的土压力才是极限压力。在土楔向一个方向滑动时,土压力的极限值只可能有一个,而不能有两个,更谈不到什么最大了。因此,库隆在为了求滑动面而采用的另一个条件中,把土压力的倾斜角预先固定为 δ,就把他的极限压力的概念也弄糊涂了。为了澄清这个概念,在假设滑动面为平直面的条件下,土压力的倾斜角是万不能预先定死的。库隆把它定死为最大的 δ,但从图 5 中,这倾斜角在真的滑动面时反倒是最小的! 真的滑动面只能以最大量值的土压力来决定,在变更土压力的量值时,不应定死土压力的方向。

如果库隆一定要定死土压力的方向,也就是一定要土楔能在墙上滑动,那么,他便不能预先假设土中先后有那么多可能的滑动面。他便只能逐一假设一个面通过墙脚,面和墙的夹角为 x,面上土反力的倾斜角为 λ,然后在土压力倾斜角为 δ 的条件下,求适应于最大 λ 的 x 值$\left(\text{用}\dfrac{\mathrm{d}\lambda}{\mathrm{d}x}=0\text{ 来求 }x\right)$,再从 x 值求出 λ_{max} 和土压力的量值。这时 λ_{max} 值是不一定等于 φ 的,因而有这个 λ_{max} 倾斜角的面,也不一定是滑动面。如果库隆一定要滑动面,土压力的倾斜角就不能定死为 δ。

上面一再提到,在库隆理论中真的滑动面是从最大的土压力求得的。但这所求出的滑动面,是为了什么呢?为了要求墙上的极限土压力。这个极限土压力是假定墙能向外侧倾,倾到无可再倾,再倾土即崩溃时才产生的。这样产生的土压力,从量值言,当然是墙上最小的(指主动压力)。这个最小的土压力和求滑动面时需要的最大土压力有什么关系呢?库隆说它们就是一个东西。求滑动面就是为了要求这极限压力。然而,为什么这个土压力是最大而同时又是最小的呢?

(六)土压力的最大最小问题 原来库隆所谓最大土压力是因为他假设了许多可能的滑动面通过墙脚,从每一个滑动面求出一个相应的土压力,在这许多土压力中,选出最大的一个,叫做最大土压力 E_{max}。这个最大土压力有什么用途呢?在库隆原意是要用它来决定滑动面的。就是在他假设的那许多可能的滑动面当中,这样决定出来的滑动面不但是可能的而且就是真的。有了滑动面就可依他的概念,从土中分裂出一个土楔来,用静力平衡条件来求墙上的土压力。不过这步手续在求滑动面时就已经做过了。因而决定滑动面的土压力就是所需要的墙上极限土压力。在土中有滑动面时,亦即墙已向外侧倾到无可再倾时,土楔在墙上的压力当然到了极限,但这极限,对墙的侧倾言,是个最小的极限而非最大的极限(指主动压力),墙的侧倾不到产生滑动面的程度时,它上面的土压力总是比极限值为大的。因此,在求滑动面时所得的最大土压力实是墙在侧倾到极限时所生的最小土压力。真的滑动面是墙侧倾到最大程度时才产生的。把所谓最大最小和谁比的对象弄清楚了,这个好像矛盾的问题是并不成问题的,所成问题的是在另一方面。

库隆在求出他的所谓最大土压力时,他假定了平直的滑动面,他把土压力的倾斜角定死为 δ。从图 5 中可见,这时既无所谓滑动面,也无所谓最大土压力。要想得最大土压力和真的滑动面,只有如图 4 所示,放弃土压力的固定的倾斜角。那时在许多假想可能的滑动面中,最大土压力便能定出真的滑动面,才有它的实在的意义。然而在库隆理论里,土压力的倾斜角是一定要定死为 δ 的。因而最大土压力成为无意义的名词(这时土压力都是相等的)。

不但如此,更成问题的是库隆所用的最大土压力这个名词在挡土墙设计中引起了大纷扰。在一般设计中,大家对于结构物的荷载都是习惯于要求其最大的。库隆在求滑动面时,用了最大土压力几个字,他的公式也说是为了计算最大的土压力,于是大家不假思索,就把这最大土压力当做挡土墙的荷载,以为既是最大,设计出来的墙就是最安全了。甚至有的书中竟把库隆理论当做"最大压力论",而在英美通行的书中,一般都把这"最大"压力当做挡土墙的设计荷载。但这所谓最大土压力实是墙上最小的极限土压力,不在墙已侧倾到无可再倾时是不会发生的,这样最小的土压力如何能用做墙上的安全荷载呢?这不是很严重的问题吗?如果说,反正墙是要向外侧倾的,让它倾到极限,它上面的荷载不就是这个"最大"压力吗?那么,这对极限的意义就不明了了。在这里,所谓极限就是临危的意思。我们如何能用一个临危的荷载呢?我们在极限设计里,能不用安全系数吗?

从上面提出的六个问题中可见库隆在理论上是有力学上的矛盾的,因而在学习这理论时总不免引起思想上的混乱。首先,他把最大土压力和最小土压力混为一谈,明明是墙上最小的土压力,但他在求滑动面的方法中,因为用了最大土压力为手段,就易使人将这手段误认为目的,以为这个土压力也就是墙上可能产生的最大土压力。其次,他把真的滑动面和假定滑动面混为一谈,在假设土楔为力学孤立体,受一定平衡条件支配时,只有在土压力倾斜角不做硬性规定时,这土楔才有真的滑动面,否则如这倾斜角是固定的,那么,这土楔便只能有假的滑动面,也就是只能有最大倾斜面。第三,以上这个真假问题是由于库隆把曲形滑动面和平直的滑动面混为一谈而引起,只有采用曲形滑动面,才能在固定的土压力倾斜角条件下产生真的滑动面。就因为库隆理论中有这许多混乱,在叙述这理论时就不免顾此失彼,捉襟见肘了。比如在讨论土反力的倾斜角时就不管它的施力点;在指定土压力倾斜角为 δ 时,就不管土中有无滑动面;管了土中滑动面又管不了墙与土的分裂等等。甚至有的书中,强词夺理,要为这些问题做辩护,但结果是愈说愈糊涂。然而这些问题是应当予以澄清的,否则库隆理论就不成其为经典的理论,现在提出一个澄清混乱的意见,并介绍一个作图新法。

（七）对库隆理论的一个建议 现在再把库隆理论中的基本概念重行叙述一下:假如挡土墙有向外或向内侧倾的可能时,墙上土压力即因之变更,包括量值及倾斜角;在侧倾到一定程度,再倾便使墙和土分裂而且同时土中出现滑动面,因而分裂出一个土楔压在墙上时,这时墙上土压力便到了极限,极限值可从土楔的静力平衡条件来求得。墙向外倾时的极限值为主动压力,向内倾时的极限值为被动压力。根据这个基本概念计算土压力时,作者建议先做两个假定:(1)假定土中滑动面为平直面;(2)在这平直滑动面形成时土和墙还未分裂。假定这时求得的土压力为"临近极限值"，就是将到而未到的极限值。然后，将滑动面加以弯曲，使土能和墙分裂，同时土中仍有滑动面，再将土压力从临近极限值调整到极限值。这极限值便是所欲求的主动或被动压力，在主动压力时，滑动面的形状虽然弯曲但和平直形状相差无多，因而可用一个平直面来代替，而求出的临近极限值也和极限值相近似，正因如此，所以库隆理论在计算主动压力时所得的结果才能和精确理论及从试验所得的结果相接近。但在被动压力时，滑动面的形状弯曲过甚，就非一个平直面所能代替，因而库隆公式的误差，达到不能容许的程度，同样，在挡土墙有向填土俯伏的坡度时，就是在主动压力时，滑动面的弯曲也非一个平直面所能代替，因而库隆公式也失效了。

根据上述的两个假定，现在介绍一个图解新法来求垂直或仰伏挡土墙上的主动土压力。在图 9 中，$\overline{AB}$ 为仰伏墙面，$\overline{BC}$ 为地面。假定 $\overline{AC}$ 为平直的滑动面，与墙面相交成 χ 角。由这滑动面形成的土楔 $\overline{ABC}$ 便在土楔重力 W、墙上土压力 E 和滑动面上土反力 R 的三个力量支配下而得到平衡。土反力 R 的倾斜角为 ϕ，因为 $\overline{AC}$ 是假设的滑动面；土压力 E 的倾斜角为 μ，小于 δ，因此这时土楔不与墙分裂。R 和 E 的施力点都在作用面的下首三分之一点处。W、E 和 R 三个力相交

于 H 点。用下列作图法求 R 的量值和 E 的量值及倾斜角 μ，在图 10 中，作 $\overline{FG}$ 与地面平行，$\overline{FA}$ 与墙面平行，A 为 $\overline{FA}$ 上的任意点。作垂直线 $\overline{FS}$，在 $\overline{FG}$ 和 $\overline{FS}$ 上，用圆规以 F 为中心点，画出等距离的线段 $\overline{F1} = \overline{F1'}$，$\overline{F2} = \overline{F2'}$，$\overline{F3} = \overline{F3'}$ 等。从 A 点画垂直线，交 $\overline{FG}$ 于 K 点。在 $\overline{FS}$ 上截 L 点，使 $\overline{FL} = \overline{FK}$，并通过 L 点作 $\overline{MN}$ 线与地面 $\overline{FG}$ 平行。通过 A 点作 $\overline{OD}$ 线和假设的滑动面 $\overline{AC}$ 平行，截 $\overline{FG}$ 于 D 点，在点 6、7 之间。通过 S 点，在 $\overline{FS}$ 上 $6'$、$7'$ 之间，作 $\overline{OT}$ 线，使 $\overline{TOD}$ 角为 $90° - \phi$，截 $\overline{MN}$ 线于 T 点。于是，土反力 R 的量值为 $\overline{ST}$，土压力 E 的量值为 $\overline{TF}$，其倾斜角为 $\mu(\overline{PF}$ 为 $\overline{FA}$ 的垂直线)。在求 R 和 E 的量值时，乘图中线段长度以因数 $\dfrac{9}{2} \cdot l \cdot \omega \cdot s$，其中 l 为从 A 点至 FG 的垂直线的长度，ω 为填土的单位重，s 为作图的比例尺，由 $\overline{FA}$ 等于墙身长度(图 9 中 $\overline{AB}$)三分之一而得。

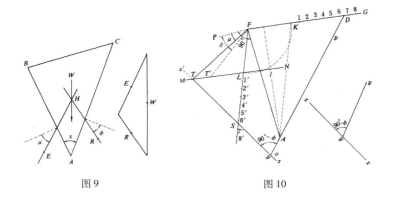

图9　　　　　　　　　图10

作图新法的证明如下：假定墙的长度为一单位，土楔 $\overline{ABC}$

（图 9）的重力为 $\overline{ABC}$ 面积乘 ω（土的单位重），即 $\omega \cdot 9 \cdot$

（$\overline{FAD}$ 面积）$= \dfrac{9}{2} \cdot l \cdot \omega \cdot \overline{FD} \cdot s$（因为 $\overline{AB} = 3\,\overline{FA}$）。因此，$\overline{FS}$

$= \overline{FD} = H$，为力三角形 $\overline{FST}$ 中的重力。$\overline{AD}$ 为滑动面，$\overline{OT}$ 既

与之相交成 $90° - \phi$ 角，则 $\overline{ST}$ 为 R 的方向。在力三角形中，

土压力 E 和土反力 R 的相交点必须位于 $\overline{MN}$ 线上（见下述），

因此，$\overline{ST}$ 为土反力 R 的量值，$\overline{TF}$ 为土压力的量值，$\overline{TFT}$ 角 μ

为土压力的倾斜角。E 和 R 必须相交于 $\overline{MN}$ 线上的理由，见

图 11。在土楔 $\overline{ABC_1}$ 内，通

过 A 点作垂直线，截 $\overline{BC_1}$ 于

D 点。假如 $\overline{AD}$ 是墙面，那

么，$\overline{AD}$ 上的土压力 E，不论

$\overline{AC_1}$ 的位置如何，都是和地

面 $\overline{BC_1}$ 平行的。（因为 $\overline{AD}$

是和 $\overline{DC_1}$ 面下的重力平行

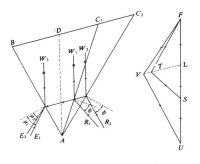

图 11

的，故作用于 $\overline{AD}$ 面上的力，就和 $\overline{DC_1}$ 平行，这就是朗金的共

轭应力的理论。这时，和 $\overline{AD}$ 平行的重力通过重心，和 $\overline{DC_1}$ 平

行的力通过 $\overline{AD}$ 下首三分之一点，因而两力相交于 $\overline{AC_1}$ 的下

首三分之一点，亦即 $\overline{AC_1}$ 面上反力的施力点。这反力的方向

既不由施力点和其他两力相交点来决定，它就可完全从 $\overline{AC_1}$ 是可能滑动面的条件来决定了）。在力三角形里，$\overline{LS}$ 是 $\overline{ADC_1}$ 的重力，和 $\overline{BC_1}$ 平行的 $\overline{LT}$ 就是 $\overline{AD}$ 面上的压力，而 $\overline{ST}$ 是 $\overline{AC_1}$ 面上的反力，与 $\overline{AC_1}$ 法线相交成 ϕ 角。同样，对于土楔 $\overline{ADC_2}$，在力三角形里，重力是 $\overline{LU}$、$\overline{AD}$ 上的压力，是和 $\overline{BC_2}$ 平行的，$\overline{LV}$、$\overline{AC_2}$ 上的反力是 $\overline{UV}$。现在再把 $\overline{AD}$ 面上的压力和土楔 $\overline{ADB}$ 的重力相合，而求得 $\overline{AB}$ 上的压力，这时 $\overline{AD}$ 上的力在下首三分之一点，$\overline{ADB}$ 的重力通过重心，两力相交于 $\overline{AB}$ 的下首三分之一点，亦即 $\overline{AB}$ 上土压力的施力点。在力三角形里，$\overline{FL}$ 为土楔 $\overline{ADB}$ 的重力，和 $\overline{LT}$ 相合，得 $\overline{ABC_1}$ 在 $\overline{AB}$ 上的土压力 $\overline{TF}$，和 $\overline{LV}$ 相合，得 $\overline{ABC}$ 在 $\overline{AB}$ 上的土压力 $\overline{VF}$。因此在图 10 中，不论滑动面 $\overline{AD}$ 的位置如何，土压力和土反力总是相交于 $\overline{MN}$ 线上。利用这个规律就可省去寻找土楔重心和土反力施力点的手续，在作图上是一极大的帮助。

现在，在图 10 中，如 $\overline{AD}$ 是假设的滑动面，$\overline{FST}$ 就是力三角形，因而得出土压力 $\overline{TF}$。同样，再假设其他滑动面，用同一作法，求出相应的土压力，从求得的许多土压力中，取其量值最大的，那就是决定真的滑动面的土压力，这许多土压力如用上述方法，一一作图，实是很费事的，但在这新法里，有个极简便的方法，无需真的作图就可将这最大量值的土压力求出来。用一张极薄的映图纸，上面画两线 x—x 和 y—y，相交成 $90° - \phi$ 角，如图 10 所示。把这薄纸盖在图上，使 y—y 线通过 A 点，截 $\overline{FG}$ 线于 D 点，在 6、7 之间，同时使 x—x 线通过 $\overline{FS}$ 上 6′、7′之间的 S 点，那么，x—x 线就截 $\overline{MN}$ 线于 T 点，定出 $\overline{FT}$，即土压力的量值。这时在 $\overline{MN}$ 线上为 T 点作一标记。然后再移动映图纸，使 y—y 线通过 A 点在 $\overline{FG}$ 上所截的另一线段，和 x—x 线在 $\overline{FS}$ 上所截的另一线段相等，这时 x—x 线便在 $\overline{MN}$ 上截出 T' 点。在 T' 点上作第二标记。同样，在 $\overline{MN}$ 上，作出 T''、T'''等点的标记。每一个 T 点都和 y—y 线在同时定出的滑动面相适应。从这许多 T 点的标记中，取其距离 $\overline{FS}$ 线最远的一个，那便是所需要的一个点，用来决定真的滑动面和所产生的土压力。假定图 10 中 T 就是这个点。那么，$\overline{AD}$ 就是所求的滑动面，$\overline{TF}$ 是所求的最大量值的土压力，它的倾斜角是 μ，$\mu < \delta$。

这样求出的最大量值的土压力，根据上面的假定，就是所谓临近极限值，因为它虽是在土中有滑动面时才产生，但那时它的倾斜角是 μ，而非 δ，因而土楔还未与墙分裂，这时土压力就非极限值，这个临近极限值是大于极限值的，因为 $\mu < \delta$，而 T 点必须在 $\overline{MN}$ 上。为了求极限值，现在再假设土压力的倾斜角为 δ，但土中不出现滑动面，面上土反力的倾斜角为

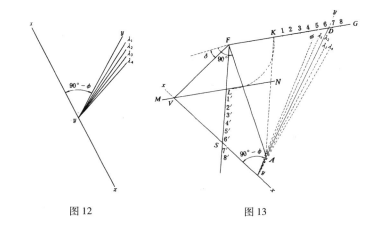

图 12   图 13

λ，小于 ϕ。在另一张薄的映图纸上，作图 12，其中 y—y 线与

x—x 线的夹角为 $90° - ϕ$、$90° - λ_1$、$90° - λ_2$ 等。拿这纸盖在

图 13 上，使 x—x 线通过 V 点（$\overline{VF}$ 为有倾斜角 δ 的土压力），

然后求某一 y—y 线的位置，使 x—x 线在 $\overline{FS}$ 上所截的线段等

于这 y—y 线在 $\overline{FG}$ 上所截的线段。这时的 y—y 线定出一个

λ 值。然后移动映图纸，再求另一 y—y 线的 λ。从最大的 λ

值 y—y 线便定出这时土楔的最大倾斜面 $\overline{AD}$，面上土反力的

倾斜角等于这 y—y 线上所标的 $λ_2$，$λ_2 < ϕ$。在力三角形中，

看出这时的土楔重力为 $\overline{FS}$，土反力 R 为 $\overline{SV}$，土压力为 $\overline{VF}$。

因为土压力的倾斜角为 δ，但土反力的倾斜角为 $λ_2$ 而非 ϕ，这

时土楔便只能与墙分裂，而无土中滑动面。因此，这时求得

的土压力 $\overline{VF}$ 也非极限值,而是另一个临近极限值,这个临近极限值是不变的(V点必须在$\overline{MN}$上),而且小于极限值,因为 δ 是最大的 μ 角。

现在,根据滑动面为平形面的假定,求出了墙上土压力的两个临近极限值:一是图10中的 $\overline{TF}$,大于极限值,那时土中有滑动面($\lambda = \phi$),但土与墙不分裂($\mu < \delta$);一是图13中的 $\overline{VF}$,小于极限值,那时土中没有滑动面($\lambda < \phi$),但土与墙分裂($\mu = \delta$)。最后所需求的极限土压力,也就是主动压力,可从这两个临近值,用下述近似法得之。

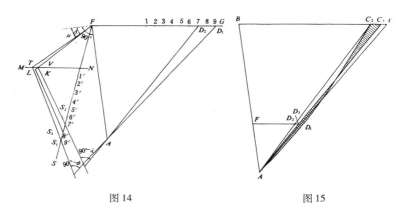

图14   图15

在墙上土压力到达极限值时,土楔必须要能在滑动面和墙面同时滑动,亦即要土压力的倾斜角为 δ,而土反力的倾斜角为 ϕ。这在假设滑动面为平直面时是不可能的。因此在求土压力的极限值时,必须恢复滑动面的弯曲形状。这个曲形面的公式是可用微分方程求出的。但在主动压力时,这曲形面与平直面相差无多,因可用一近似法来代替精确法。在图14中,$\overline{TF}$ 为上述的第一临近极限值,那时土中滑动面为 $\overline{AD_1}$,$\overline{VF}$ 为第二临近极限值,那时土中的最大倾斜面为 $\overline{AD_2}$。因为极限值位于这两个临近值之间,而土压力是随着土楔重力变化的,假定曲形滑动面位于 $\overline{AD_1}$ 和 $\overline{AD_2}$ 中间,而且这曲形滑动面土楔的重力和平直滑动面土楔 $\overline{ABC_3}$(图15)相等。因此,在图14中的力三角形中,这 $\overline{ABC_3}$ 的重力便是 $\overline{FS_3}$。在曲形滑动面时,上面总的土反力的方向是决定于曲面上各分段的土反力的,如在图7中所示。再假定这总的土反力的方向为图14中两个 y—y 线的中间,从 S_3 点作这样一根线截 $\overline{VF}$ 的延长线于 K 点。那么,$\overline{FS_3K}$ 就是现在所需要的最后的力三角形;其中 $\overline{FS_3}$ 为曲形土楔的重力,$\overline{S_3K}$ 为曲形面上总的土反力,$\overline{KF}$ 为墙上极限土压力。在这力三角形中,有两个假定,一是 S_3 点,二是 $\overline{S_3K}$ 的方向。但这是都不违反力学原则的。

用上述作图法求库隆的极限土压力 $\overline{KF}$,是并不费事的,可用实验来证明。拿这个新法来和上面提过的庞斯莱法、库尔门法、赖泼亨法和恩盖受法相比较,有下列不同之点:第一,新法考虑到每个力的施力点,这在旧法中是没有的;第二,在新法中,土压力的倾斜角是依力学原则求出的,不像在旧法中一律定死为δ;第三,新法中提出一个曲形滑动面的近似解法,这在旧法是不可能的。在图 14 中,依那四个旧法所能求得的土压力是$\overline{LF}$。虽然和$\overline{KF}$也相差不多,但意义大不相同。L点和K点都不在$\overline{MN}$线上,好像都未管土反力施力点问题,但K点是从T点和V点求出,而这两点是管了施力点的,因此K点脱离$\overline{MN}$线只能解释为这时滑动面已经脱离了平形面而进入曲形面了。

二、朗金理论中的问题

朗金理论是英国教授朗金于 1857 年发表的。他是在研究平面应力时,从一个土堆内部应力的变化而得到挡土墙上土压力的公式的。他可能是受了库隆的极限概念的启示而把它引伸到土堆内部,因而得出了他的"最大倾斜面"的理论。这是一个新的研究方向,立即得到风起云涌的响应,有了很多的追随者。一百年来,这理论的发展很快,也有了经典理论之称,而且在学者中,也出现了朗金学派。

库隆的极限概念是以墙后的整个一块土楔为对象的。因而他考虑到这整个土楔的滑动。然而在这土楔将动未动

之际,这土楔的内部应力该有如
何变化呢？在一个土堆中的任何
一个极微小的三角体上,它各面
上的应力总是相互平衡的。如图
16,小三角体 $\overline{abc}$ 是贴近挡土墙
的一个小土块,它的体积非常之
小,每一面的应力都可假设是平

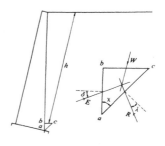

图 16

均分布的,因而每一面总应力的施力点就在这一面的中心
点。将这小三角体的断面放大来看,假如 $\overline{ab}$ 与墙面平行,$\overline{bc}$
与地面平行,在 $\overline{bc}$ 面上是上面土柱的重力 $W = \overline{bc}\omega \cdot h$,其中
ω 为土的单位重。在 $\overline{ab}$ 面上是墙上土压力 $E = \overline{ab} \cdot \sigma_E$,其中
σ_E 是 $\overline{ab}$ 上的应力。那么在第三面 $\overline{ac}$ 上的土反力 $R = \overline{ac} \cdot$
σ_R,其中 σ_R 是 $\overline{ac}$ 上的应力,就必须与 W 和 E 平衡。如果 $\overline{ab}$
和 $\overline{ac}$ 两个面所夹成的 χ 角有所变更时,E 和 R 的量值和倾斜
角,也因 χ 的变更而变更。这时拿 $\overline{abc}$ 当做一个孤立体来看,
上面就有四个未知数,应力 σ_E 和 σ_R 的量值及方向,因之静
力平衡的三个公式是不足以解决这个问题的。然而如果能
有第四个公式,将夹角 χ 和这四个未知数联系起来,并且由于
联系的要求而先确定了一个未知数,那么,这小三角体上的
应力就都能被寻出了,这第四个公式就可应用库隆的极限理

论。假如将填土中这些无数的小三角体累积起来达到库隆的土楔的程度,那么,W 就变成土楔本身的重力,E 成为整个墙上的土压力,R 成为总的土反力。在土楔里,这第四个公式库隆是从墙能侧倾以致产生滑动面的这个极限情况求得的;同样,在这小三角体上,χ 角的大小也就可从 σ_R 的倾斜角 λ 之不能超过土中的内摩阻角 ϕ 来决定。这就提供了解算这小三角体的第四个未知数的条件。就是说,在土中一个极小的三角体上,在它从土中分裂出来的一个面上,土的应力的倾斜角不可能超过 ϕ;如果超过,土即崩溃,ϕ 是这面上应力倾斜角的最大限度。假如这小三角体再缩小而成为一个点,那么,通过这一点的任何一个面上,应力的倾斜角就都不会超过 ϕ,这就是朗金的基本概念。但他不是从上面这样说法而引证出来的,他是从平面应力的理论,加上他的极限概念而发展出来的。然而他在演算时,应用了最大主应力、最小主应力和倾斜角等于 ϕ 的应力而求这三个应力的平衡。这三个应力的作用面就构成一个极微小的三角体,因此,上面引证朗金理论的方法并非将它库隆化,只是不用主应力的作用面而改用与地面和墙面平行的作用面而已。朗金将具有最大倾斜角的应力作用面作为对象而指出:通过土中一个点,只可能有两个平面,上面应力的倾斜角可能大到等于 ϕ。

因此,他的理论被称为"最大倾斜面论"。

朗金理论采用了最大倾斜面为主要内容,比起库隆的滑动面,在应用上是较为方便的。在滑动面上,应力的倾斜角必须等于ϕ,然而土中不一定能产生滑动面(假定墙和土先分裂),但应力的倾斜角却总有最大的,那时滑动土楔虽不能形成,而在采用土块为力学的孤立体时,仍可用朗金的最大倾斜面为边界。这样,在物理概念上,就明确得多了。

朗金理论从力学观点来看,是十分正确的。然而就因它对挡土墙的要求还远不能满足,于是引起很多责难。比如,窦萨基就写过一篇大文章,说朗金理论完全是幻想。就是在一般的教科书中,对于这理论的叙述也时有歪曲,给读者以不良印象。作者不是要为朗金做辩护,但既是力学问题,总应弄清楚。反对朗金理论的较大理由有三个:第一,它未能适应墙的位移的影响;第二,它只能应用于垂直的墙面;第三,它不能计及墙面上的摩阻力。

(一)墙的位移问题 任何墙都是有弹性的,当然在挡土时必须会有弹性的形变。由于墙基建筑的关系,墙身更可能整体地滑动。这些都必须要影响到墙上的土压力。然而在极限概念上建立起的朗金理论,和库隆理论一样,是不管这些实际情况的。实际情况是应当管的,如能那样求出土压力,那便是所谓静止压力,是实际的荷载。这正是土力学发展的目标。然而这不但对朗金,就是在今天来说,也是过分的要求。依照库隆或朗金的极限概念,他们的公式所能算出的土压力只是在假设墙能有一定的侧倾而不超过一个限度时,才能有效。这限度在库隆就是土中滑动面的产生,在朗金就是土中通过任何一点,出现了最大倾斜面。这样求出的压力就是极限压力,它当然是完全不同于静止压力的。因此它也不受墙身实际情况的影响。在这墙的位移问题上,朗金所遭遇到的束缚是应当完全与库隆相同的,不论位移问题如何影响到朗金的小三角体的平衡,它同样地也影响到库隆的大土楔的平衡。朗金的平面应力平衡论,对挡土墙来说,是应当局限于库隆的大土楔范围以内的。在这范围以外的土中,墙的侧倾的影响既然消失,库隆和朗金的极限概念就都完全不适用了。窦萨基说朗金理论是幻想,就是在这一点上未弄清楚。

（二）墙的倾度问题　挡土墙多半是垂直的,然而也有向内俯伏或向外仰伏的,这个倾度的大小,当然影响到土压力,指摘朗金理论的人常说,这理论只能用于垂直的墙面,这是由于朗金在说明他的理论时,很不幸地用了他的"共轭应力"的学说,就是通过一点有两个平面 A 和 B,如果在 A 的平面上,有了与 B 平面平行的应力,那么在 B 平面上的应力就一定与 A 平面平行。在挡土墙的问题里,土的重力是垂直的,因此在一个垂直的墙面上,土压力就必须与土的地面平行。然而依照朗金理论,这共轭应力的说法是完全不必须的,这理论是完全可以适用于有向外倾度的墙面的。这个理论的关键在最大倾斜面,而完全不在共轭应力,现用图解法来说明。

因为朗金理论的对象是单位应力而非总压力,慕尔圆的图解法最为适用。如图 17,在墙面上取一极微小的三角体 $\overline{abc}$ 来研究各面上的应力的平衡,$\overline{ab}$ 与墙面平行,$\overline{bc}$ 与地面平行,$\overline{ac}$ 为最大倾斜面。假定 $\overline{bc}$ 上应力为 $\sigma_W = \omega \cdot y$,$\omega$ 为土的单位重,$\overline{ab}$ 面上应力为 σ_E,即单位土压力,$\overline{ac}$ 面上应力为

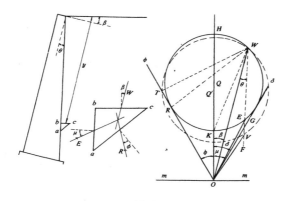

图17

σ_R,亦即单位土反力。三个面上的合力为 W、E 和 R,各通过面之中心点。$W = \sigma_F \cdot \overline{bc}, E = \sigma_E \cdot \overline{ab}, R = \sigma_R \cdot \overline{ac}$。此三力必须相交于一点。作慕尔圆,先画 $\overline{mm}$ 线平行于地面,在 $\overline{mm}$ 的任一点 O,作垂直于 $\overline{mm}$ 的 $\overline{OQ}$ 线,作 $\overline{OH} = \sigma_H \cdot \overline{OR}$ 线与 $\overline{OQ}$ 相交成 ϕ 角,$\overline{OG}$ 线与 $\overline{OQ}$ 相交成 δ 角。(ϕ 和 δ 的意义同前)。画一圆通过 W 点与 $\overline{OR}$ 线相切,同时其中心点位于 $\overline{OQ}$ 上,此即慕尔圆,与 $\overline{OR}$ 线相切于 R,与 $\overline{OG}$ 线相交于 G,与 $\overline{OQ}$ 线相交于 H 点及 K 点。$\overline{WH}$ 与最大主应力面平行,$\overline{WK}$ 与最小主应力面平行。通过 W 点作 $\overline{WF}$ 与墙面平行,切慕尔圆于 E 点。从此圆上可得:最大倾斜面与 $\overline{WR}$ 平行,墙上单位土压力 σ_E 为 $\overline{OE}$,其倾斜角 μ 为 $\overline{QOE}$ 角,单位土反力 $\sigma_R = \overline{OR}$,其倾斜角 ϕ 为 $\overline{QOR}$,在此图上,墙面并非垂直而是以 θ 角外倾的,然用朗金的最大倾斜面法,完全可以求得墙上的土压力。同时也可看出,在形成最大倾斜面 $\overline{WR}$ 时,土压力 σ_E 的量值是最大的,与库隆所得的一样(如从 W 作任何线,与 $\overline{OR}$ 相交于 T 点,通过 W 点与 T 点作慕尔圆,其中心为 Q',截 $\overline{WF}$ 于 V 点,则土压力 $\overline{OV}$ 的量值必小于 $\overline{OE}$)。假如墙面是垂直的,$\overline{WF}$ 就和 $\overline{WO}$ 贴合,而 E 点落于 $\overline{OW}$ 上。此时土压力 $\overline{OE}$ 的倾斜角就和 $\overline{OW}$ 的倾斜角相同,因而土压力就与地面平行。这是证明共轭应力的一个极简易的方法。

慕尔圆上有一"极点",用途极广。如 $\overline{OW}$ 是 $\overline{bc}$ 面上的实际应力,按其量值及方向画出,则 W 点为极点。如从 W 作一线与此小三角体的任何一面平行,切慕尔圆于 G 点,则 $\overline{OG}$ 为此面上的单位应力,其倾斜角等于 $\overline{QOG}$ 角。反之,如预知小三角体某一面的应力必须有倾斜角等于 $\overline{QOG}$,则按此角作 $\overline{OG}$ 线,切圆于 G,得 $\overline{WG}$ 线,此小三角体的某一面必与 $\overline{WG}$ 平行。此即上述作图法的根据。

(三)墙面的摩阻力问题　朗金理论中未提及墙与土间的摩阻力,因之一般认为对于有摩阻力的墙,朗金理论就不能适用。如窦萨基说如果墙有摩阻力,朗金理论就失效了。这是完全不对的。假如墙没有摩阻力,岂非土压力必须与墙面垂直而不可能有任何倾斜角?然而朗金的土压力如在垂直的墙上,它就是与地面平行而可有倾斜角的。不但如此,在计算土压力时还可利用他的平面应力的极限概念来更好地考虑墙面上的摩阻力问题,因而发展出一个新的方法;因为他的理论是根据最大倾斜面的,而这最大倾斜面不一定就是库隆的滑动面。如在图 18 中,经过图 17 的作法,得出单位土压力 $\overline{OE_\mu}$,其倾斜角为 μ。假如 $\mu < \delta$,墙上土压力就不能使小三角体 $\overline{abc}$ 滑动,但如 $\mu > \delta$,那么,当土压力的倾斜角到达 δ 时,$\overline{abc}$ 就与墙分裂,而不可能到达 μ,因之 $\overline{ac}$ 面上的应力倾

斜角也不可能到达 ϕ。用慕尔圆的作法如下：作 $\overline{OE}$ 线，使 $\overline{QOE}$ 角等于 δ，从点 W 作 $\overline{WE}$ 线与墙面 $\overline{ab}$ 平行。通过 $\overline{OE}$ 和 $\overline{WE}$ 两线的交点 E，作一圆通过 W 点，同时使圆的中心点 Q' 落于 $\overline{OQ}$ 上，另从点 O 画一线切此圆于 R_λ 点，则 $\overline{OE}$ 为墙上单位的土压力，其倾斜角为 δ，$\overline{WR_\lambda}$ 为最大倾斜面，上面的单位应力为 $\overline{OR_\lambda}$，其倾斜角为 λ，因为 $\delta < \mu$，故 $\lambda < \phi$，而 $\overline{WR_\lambda}$ 即非滑动面。这时墙上的主动压力，每单位面积不能再小于 $\overline{OE}$。

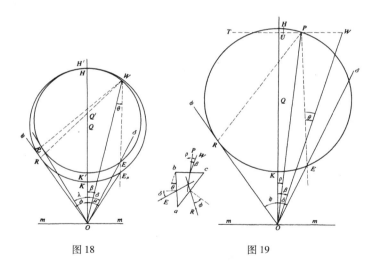

图 18　　　　　　　　　　图 19

由此可见，依照朗金理论，不但墙与土间的摩阻力完全可以计算到土压力内，而且它还没有如库隆理论中的矛盾。这是一件很有趣的事，库隆想要墙的摩阻力，反而使他的滑楔理论中引起矛盾;朗金未提墙的摩阻力,然而他的最大倾斜面却倒能把它的影响估计进去了。

现更建议一个方法,使在朗金理论中,得出库隆理论所希望的结果。库隆理论的特点,应用到朗金理论中,便是要小三角体 $\overline{abc}$ 的 $\overline{ac}$ 面上应力的倾斜角等于 ϕ,同时 $\overline{ab}$ 面上应力的倾斜角等于 δ,其中 ϕ 和 δ 都是指定值。从图 18 可以看到,这两个要求是有矛盾的,ϕ 和 δ 是不能同时存在的。然而如果在 $\overline{bc}$ 面上加一剪力 S,这问题便解决了。这便是将 μ 改变为 δ 的影响由所引出的一个剪力来抵消,好像在钢结构中,由于结点的刚性作用引出次应力一样,在图 19 中作 $\overline{mm}$、$\overline{OQ}$、$\overline{OR}$、$\overline{OE}$ 等线,与图 18 同。作 $\overline{OW} = \omega \cdot y$,$\omega$ 为 $\overline{bc}$ 面上土柱的单位应力,从 W 画 $\overline{WT}$ 线,与 $\overline{bc}$ 平行。现在作一慕尔圆,其条件如下:圆的中心点 Q 在 $\overline{OQ}$ 线上,切 $\overline{OR}$ 线于点 R,交 $\overline{WT}$ 于点 P,交 $\overline{OE}$ 于点 E,其时 $\overline{PE}$ 与墙面 $\overline{ab}$ 平行,于是单位土压力为 $\overline{OE}$,其倾斜角为 δ,单位土反力为 $\overline{OR}$,其倾斜角为 ϕ。在小三角体 $\overline{bc}$ 面上的单位剪力为 $\overline{PU}$,反向单位应力为 $\overline{UO}$,总的单位应力为 $\overline{OP}$,倾斜角为 ρ。这两作法的关键在加入平衡剪力 $S = \overline{WP}$。这个剪力 $\overline{WP}$ 和重力 $\overline{OW}$ 有一定关系,可从精确理论运用边界条件而得。然而在图 19 中,所考虑的只是墙面上的一个点。因而这个关系是从 $\overline{OU}$ 不变的假定求出,其目的只在说明平衡剪力对解决 δ 和 ϕ 中间的矛盾的作用。至于 $\overline{OP}$ 的正确求法,作者当另文介绍。图 19 中的剪力 S 是使滑动面形成弯曲的一个原因,同时也使土楔内的应力复杂化了,因而在土楔内形成了一个"非简单极限平衡"的区域。这个平衡剪力的建议就是作者在 1942 年向窦萨基教授请教的。后来登载于 1948 年出版的前中国土壤工程学会的会报第一期。

三、库隆理论和朗金理论的统一问题

从以上的叙述中,可见库隆和朗金的理论虽属两大派别,各有阵地,几乎争吵了一百年之久,然而究其实际,它们是大同小异的,它们相同之点如下。

(1)都是以土中最大剪力的极限概念为出发点的。这最大剪力在库隆便产生了土楔的滑动面,在朗金便产生了应力平衡时的最大倾斜面。面上应力的倾斜角,在库隆必须等于土的摩阻角 ϕ,而在朗金,这倾斜角可能是 ϕ,也可能小于 ϕ。但这极限概念是完全相同的。而且如何实现这个极限,在两种理论中,也是相同的,都是假设墙有侧倾的可能,因而所得的土压力都是极限压力,即主动土压力和被动土压力。

（2）在物理性质上，墙与土的假定，两种理论都是相同的。如墙的弹性和土粒的可压缩性都是极微小而可以不计的（通常称墙为刚性的、土粒是不可压缩的等假设是不正确的），土粒是干燥的，填土是宽广无限的等等。

两种理论不同之点如下。

（1）库隆理论中的对象是一块大的土楔，所得的土压力是总的压力，朗金理论中的对象是通过一点各平面上的单位应力，所得的土压力是单位面积的压力。然而朗金的平面应力可以假设为作用于一极微小的三角体上，这些小三角体在墙面与曲形滑动面之间累积起来，加以边界条件，就是库隆的大土楔。就力学观点来说，大土楔和小三角体是不足为区分两个理论的条件的。

（2）库隆的土楔是说明需要能滑动的，然而朗金的小三角体是只要在极限平衡的状态就行，因此他只考虑应力的极限值，而不需要任何滑动的假定。在力学观点上，朗金也是前进了一步的。

（3）库隆土楔的滑动面被假定为一个平形而非曲形的面，但朗金的最大倾斜面便不需要任何假定，因为它是通过一个点的面，它当然是平形的。

（4）库隆特别考虑到墙与土间的摩阻力，这正是他的远见。然而这个摩阻力加上他假设的平形滑动面,就把他所希望的土楔的滑动打消了。朗金理论中根本未提到墙土间的摩阻力,这是他理论不完全的地方,然而不能说他的理论对于有摩阻力的墙便失效。

(5)由于墙土间摩阻力的问题,表面上使得库隆理论与朗金理论所得的公式不相同,然而所差不多,假如库隆公式中能将不可能出现的倾斜角改为可能出现的倾斜角(指用平直的滑动面),它便与朗金理论完全相同了。可见两公式的差别不是由于两种理论对立的矛盾,而是由于一个理论本身中的矛盾。

从以上共同之点看来,库隆理论和朗金理论基本上是可以统一的,其所以未能统一的原因,只是在墙土间的摩阻力这一个问题上,而这一问题之所以发生是由于库隆理论中相互矛盾的假定,如将这矛盾消除,库隆理论便和朗金理论统一了。

本文在讨论库隆理论时,提出了一个消灭矛盾的建议(图14),在讨论朗金理论时,介绍了一个扩大这理论范围的方法(图19);将这两个意见合并在一起,便可得出一个统一这两种理论的新理论,这将是土压力理论发展的一个方向。本文目的在提出问题,至于所提建议容有错误,希望读者指正。

在二十多年前,现已去世的孙宝墀先生曾在《工程》杂志上发表过一篇《土压力两种理论的一致》,引起当时工程界极热烈的讨论,惜未得有结果。然而他们的意见还是值得重视的,志此以当纪念。

参考文献

[1] Coulomb, Charles Augustin, *Essai sur une Application des Règles de Maximis et Minimis à Quelques Problèmes de Statique Relatifs à l'Architecture*, Mem Div. Sav. , *Academie des Sciences*, Paris, Tom. 7 ,1776.

[2] Цытович, Н, А. Механика Грунтов, 1951.

[3] Орнатский Н. В. , Механика Грунтов, 1950.

[4] Terzaghi, K. , *Theoretical Soil Mechanics*, 1944.

[5] Baker, I. O. , *A Treatise on Masonry Construction*.

[6] Terzaghi. K. , and Peck, R. B. , *Soil Mechanics in Engineering Practice*, 1948.

[7] Rankine, W. J. M. , *On the Stability of Loose Earth*, *Transactions Royal Society*, London, vol. 147 ,1857.

[8] Terzaghi, k. , *A Fundamental Fallacy in Earth Pressure Com-*

putations. Proceedings of International Conference on Soil Mechanics and Foundation Engineering , vol. I , 1936.

[9]中国工程学会《工程》杂志七卷三号 , 1932.

[10]中国工程学会《工程》杂志八卷四号 , 1933.

原载 1954 年 9 月北京中国土木工程学会

《土木工程学报》第 1 卷第 3 期

对于《挡土墙土压力的两个经典理论中的基本问题》讨论文的答复

　　我非常感谢周闻一和吴炳焜两位同志对我那篇关于挡土墙土压力一文的讨论,因为从他们所提出的问题来看,我那原文是写得不够清楚的,现在有机会来答复这些问题,就可使我那原文的意义更加明显了。同时,在研究他们的意见时,我对原文做了进一步的检查,发现他们的提示对我有很大帮助,因而加强了原来所持的信念,感觉到原文中提出的几个基本问题更有扩大讨论的必要,希望周、吴两位同志继续指教,并盼本刊读者广泛地参加讨论。

　　周闻一同志的讨论文主要是针对我原文中"对库隆理论的一个建议"而发的,吴炳焜同志的讨论文则牵涉较广,但着重在库隆理论中有无矛盾的问题,由于两文的内容不同,现在采用分别答复的办法,以清眉目。

一、对周闻一同志讨论文的答复

周同志在他讨论文中费了很多工夫,用数学分析法来证明他的论点,并作了许多图表,使我们对库隆理论获得更深入的了解,他这一工作是很有价值的。根据他的研究,他认为我在原文中所建议的对于库隆理论的作图法是不可能的,然而我经慎重考虑之后,认为他所以做出这样论断,主要是由于我原文写得不够清楚,并且在说明中还有些小的错误的缘故;至于原文建议的作图法本身,我认为是完全可以成立的,现为叙述方便起见,按周同志讨论文的先后次序,逐段给以号码,然后按号码来答复。

(1)周同志说:"如果 $\mu_{\min}$ 大于 δ,说明土楔只有沿墙面滑动的可能,而不能与土分裂,如果 $\mu_{\min}$ 小于 δ,说明土楔只沿土滑动,而与墙不分裂。"这是由于假定土中滑动面是平形面的缘故,库隆做了这样假定而又要求 $\mu = \delta, \lambda = \phi$,所以他的理论中便有矛盾了。

(2)周同志说:"原文建议的可能性在于 $\mu_{\min} < \delta$ 和 $\lambda_{\max} < \phi$。两个条件只要有一个不符合,原文建议便失去理论的

根据,可是我们可以证明这两个条件确实是互相矛盾的,不可能在同一个挡土墙上存在的,亦即原文建议的可能性是成问题的。"我承认,$\mu_{min} < \delta$ 和 $\lambda_{max} < \phi$ 的两个条件是不能同样存在的,但这与原文建议并无关系,两个条件的同样存在并非原文建议的理论根据。原文建议的理论根据是:(i)在滑动面为平形面的假定下,求土中的滑动面,那时墙上土压力的倾斜角为 μ_{min};(ii)求土中的最大倾斜面,那时墙上土压力的倾斜角为 δ,土中最大倾斜面上土反力的倾斜角为 λ_{max};(iii)然后从这样求出的土中滑动面及最大倾斜面的两个面中间,定出一个代替曲形滑动面的平行面来求墙上的最大土压力(指主动压力)。如果照这样做时,$\mu_{min} > \delta$ 或 $\lambda_{max} > \phi$,对于实际情形当然是不可能的,但在这两个情况下所得到的土压力并不是真正极限值,而是临近极限值,既是临近而非最后结果,它们不与实际符合,也就没有关系了。求临近值只是解算方法中的一个过程,如果从这过程所能达到的最后目的,亦即真正极限值,是符合实际的,那么,这个解算方法是可以成立的。这两个临近值是真正极限值的两个上下限,如果真正值是符合实际的而上下限是不符合的,只要这不符合的情况是由于材料性质而非违背力学的原则,它们作为一个限的作用是当然存在的。比如索科洛夫斯基教授对于散体极限平衡所提的分析法中,在求挡土墙土压力时,"在某 δ 值下用各 f_0 值求出一群曲线,由这些曲线中选出某一条曲线,该曲线和 $\overline{OA}$ 边界条件 $\psi = -\mu$ 线的交点所定出的 θ 值等于 α,那么,它就是在该 δ 值时的 ψ 和 f 曲线。"这样求出的 ψ 和 f 的曲线是符合实际情况的,但这是从正确的 f_0 值得来,至于其他 f_0 值所定出的 ψ 和 f 曲线就不一定都能符合实际情况,可能与散体的物理性质有矛盾,然而那些曲线还是有它上下限的作用的,由于有了上下限,才能求出正确的 ψ 和 f 曲线来。这不是和我原文建议中的方法一样吗? 又如在石拱桥的设计中,从拱圈的最大和最小压力线求正确压力线时,这最大最小两条线就可能是不符合实际情况的(如使拱圈内发生拉力),但这并不取消其作为上下限的作用。

应该说明,当我提出我那建议时,我是和周同志有同一看法的,就是说,那两个临近极限值都应当符合实际的情况。因此,我在原文中曾一再提到 μ 应当小于 δ,λ 应当小于 ϕ,而未曾想到这样来束缚极限值的上下限是完全不必要的。原文中的那些错误的说明应当在此更正。

周同志用他的图来证明,如果 $\lambda_{max} > \phi$,那么,$\mu_{min} > \delta$,但这是不能肯定的,因为在 λ 增大为 ϕ 时,$\overline{AC}$ 面必然要换一个位置,因而 W 的作用线也就变更了。

(3)周同志在这一大段文章中用数学分析法证明了 $\mu_{\min}$ 和 δ 以及 $\lambda_{\max}$ 和 ϕ，在各种 β 值时的相互关系，并且指出 $\mu_{\min}$ $< \delta$ 和 $\lambda_{\max} > \phi$ 的两个条件是不可能并存的。他这个工作对于研究库隆理论是很有帮助的，虽然他并没有能够取消我原文建议的可能性。

(4)周同志在他计算出的表格中看出，"当 $\beta < \beta_0$ 和 $\beta > \beta_m$ 时，$\lfloor k_A \rfloor > k_A$，而 $(k_A) < k_A$；当 $\beta_0 < \beta < \beta_m$ 时，$\lfloor k_A \rfloor < k_A$，而 $(k_A) > k_A$。可见 $\lfloor k_A \rfloor$ 和 (k_A) 确实决定了 k_A 的一个范围。"这里的 $\lfloor k_A \rfloor$ 和 (k_A) 就是我原文建议中的两个临近极限值，k_A 是真正极限值。可见用两个上下限来求真正极限值，在数学分析法中所得到的结果和用我那建议的图解法，是一致的。

(5)周同志用数学分析法指出库隆法的矛盾以及它在 β 的某种条件下，是根本不能适用的。并且库隆把墙上土压力的倾斜角定死为 δ，在某种 β 值时也是不对的。这些结果都非常有价值，应当用做使用库隆法时的参考。

(6)周同志在这里表示的意见是完全正确的，我原文的说明应当照此更正。

最后，我愿趁此机会对我原文的建议做些补充说明和更正：(i)建议文中在说明第一和第二临近极限值时，所提到 $\mu < \delta$ 和 $\lambda < \phi$ 的条件都应当取消。(ii)第 269 页最后一段应更正

如下："现在,根据滑动面为平行面的假定,求出了在土与土滑动和土与墙滑动时土中出现的两个最大倾斜面,真正的曲形滑动面就位于这两个最大倾斜面的中间,从这中间面上求出的土压力,就是极限土压力。这个极限土压力是以那两个最大倾斜面所决定的两个临近极限值为上下限的。"(iii)原文中所说第一和第二临近极限值对于真正极限值的大小比较的关系应当取消。(iv)第271页,图14下第三行"为图14中两个y—y线的中间",y—y线是x—x线之误。(v)在图14中,$\overline{S_1T}$和$\overline{S_2V}$两根线是不交叉的,因而$\overline{KF} < \overline{LF}$,但如这两根线由于作图结果而是交叉的,那么$\overline{KF} > \overline{LF}$。

以上这些修正有的是由于周同志讨论文的启示而做出的,应向周同志致谢。

二、对吴炳焜教授讨论文的答复

我十分欢迎吴教授的这篇讨论文,因他的不少论点是和有些同我口头讨论过的同志们的见解相类似的;在这里答复了吴教授,同时也就是以书面答复了那几位同志。和对周闻一同志的答复一样,现在也把吴教授的讨论文,分段编成号码,按号码依次答复,以便对照。

（1）吴教授说:"既然承认土压力可由极限状态计算,那么以现代土力学眼光看来就根本不存在所谓两个不同的学派了。"我完全同意这种看法,所以在我原文中曾一再提到库隆理论和朗金理论的统一问题,并且说道:"这些朗金的小三角体在墙面与曲形滑动面之间累积起来,加以边界条件,就是库隆的大土楔,就力学观点来说,大土楔和小三角体是不足为区分两个理论的条件的。"我又说:"可见两公式的差别不是由于两种理论对立的矛盾,而是由于一个理论本身中的矛盾。"然而在我文中仍然时常提到库隆学派和朗金学派的字样,这只是由于历史上遗留下来的一种名称而已。不过在一般土力学的书中,对于库隆和朗金的理论是显然当做两个不同学派来处理的,特别是1936年窦萨基氏发表了他的偏见,把朗金理论当做幻想以后,库隆理论就扶摇直上,"独霸文坛",好像朗金理论就根本不能用于挡土墙了(这在力学上说,是开倒车)。可见直到今天,这两个学派的观念还是深入人心的,不但如此,如果所提倡的一个"学派"是正确的,那也罢了,然而偏偏这个风行一时的库隆理论是有问题的,而那被抑制的朗金理论却反而是正确的(虽然是不完全的),这就更不能使我们熟视无睹了。

我特别赞同吴教授的"而推广了的朗金方法,即现在称为极限平衡理论的,也正是这样做的"这句话。首先,他用了"朗金方法"字样而不说"朗金理论",就很值得我们注意。严格讲来,朗金所用的理论本来是和库隆的一致的,就是都是从极限概念出发的。所谓库隆公式和朗金公式,如果把库隆的矛盾消除了,也是完全相同的,他们两人中间的区别实在是在方法而不在理论。然而,这个极限概念是库隆首先提出的,从这个角度来看,库隆方法称为理论应当是名正言顺的,另一方面,朗金的极限概念虽然是承继了库隆的,但他把这概念运用到通过一点的一个面上,因而适合于精细的分析,比起库隆运用于大块土楔的一个面上,从力学上来讲,是前进了一大步。也正是这个原因,所以朗金是近代极限平衡分析法的奠基人,吴教授把现在称为极限平衡理论的分析法当做朗金方法的推广,也就是这个缘故。照这样说来,朗金方法对土力学是有很大贡献的,我们对这有贡献的方法,加上一个"理论"的称号,是否过誉呢? 我觉得还是公允的。因此,我认为强把库隆理论、朗金理论一律都改称为库隆方法、朗金方法,似乎是不必需的,当然,有时不用理论这个名称而用方法两字也是可以的。

吴教授把库隆理论比做普通材料力学中所用的较简单方法,把朗金理论比做弹性及塑性力学中所用的较高级的分析法,我认为这样比拟是合适的。不过,普通材料力学中所用的方法,凡是多年来经一般采用的,都是没有什么大毛病的,就是说,虽然做了许多假定,但这些假定是接近事实而彼此不相矛盾的。但库隆理论则不然,他的土楔不过只有三个边,而他在两个边上就做了面对面的矛盾的假定,尽管这个矛盾在主动压力时影响不大,然而一个理论有了毛病,在用它时就要当心,就要知道它的应用范围(如在被动压力时不能用),才能免于错误,对力学来讲,我认为这是非常必要的。

(2)吴教授说:"很难说它(现代的极限平衡理论)是库隆法或朗金法。"但在上面(第一段)他说极限平衡理论是朗金法的推广,好像有些矛盾。不错,无论库隆法、朗金法或是极限平衡理论,都是从同样的极限概念出发的,然而讲到"方法",现代极限平衡理论的分析法显然是朗金法的推广,正如吴教授上面所说的,而不是库隆法的推广。因此,不能说由于库隆考虑到墙面上的摩擦,而这墙面摩擦是极限平衡理论分析法的一个边界条件,就说极限平衡理论分析法是库隆法的推广。只能说,极限平衡理论分析法中采用了库隆提出的一个重要边界条件。

吴教授说:"反之,朗金把墙面认为仅系半无限土体中一切面,所以他可由应力分析得出单位土压力,但因此就没法考虑到实际的边界（即墙面）情况了。"然而他在后面第四段中又说："因此，它（极限平衡理论）又等于将朗金法扩大而可考虑到墙面边界情况。"这里又好像有些矛盾。我认为他第四段中的这句话是对的，我在我原文的图 19 中已有说明了。

（3）吴教授说："因此，现在一般了解的所谓精确理论也就并不精确。这种加了假定的极限平衡理论不过用统一观点将库隆法和朗金法加以推广而已。"我同意这种看法。我在我原文中把根据极限平衡理论所用的微分方程分析法称为精确理论，确是很不妥当的，应当在此更正：这个所谓精确理论实是指一个比起库隆、朗金等旧方法更为精密的一个新方法，至于理论，比起库隆、朗金来，确如吴教授在后面第四段中所说："所谓精确理论并没在基本理论上将土压力计算法向前推进一步。"为了叙述方便，这个根据极限平衡理论和边界条件的微分方程分析法，我提议称为"极限分析法"，作为近代用种种精细分析方法的总名，以别于库隆、朗金的旧法。

（4）吴教授说我在原文中"屡次说到"在朗金法内使墙面有摩擦，就是精确的方法。但我并未如此说，我的企图只是想"得出一个统一这两种（库隆与朗金）理论的新理论"，朗金理论本身既然有"应力在用极坐标时仅和径距 r 成正比例变化"的假定,它当然是不精确的,加入墙的摩擦力是无补于这个缺陷的。但我在讨论库隆理论时确曾屡次说到,依照"精确理论",土楔的滑动面应当是曲形而非平直形。这句话本来是对照"极限分析法"而说的,然而似乎也无甚语病,因为理论如果是精确的,这土楔的滑动面当然是曲形的。

吴教授在这段讨论文中,提出了一个极其重要的问题,一个堪称为讨论焦点的关键问题,这就是土楔滑动面上土反力的施力点问题,也就是土反力在滑动面上的分布规律问题。这个问题包括两部分:一是在滑动面上任一点,土反力和土重的比例关系问题;二是在滑动面上,土重本身的分布问题。如果这两个问题弄清楚了,那么,土反力在滑动面上的分布规律当然也就连带解决了。

先谈土重的分布规律,应当说,这是件不成问题的事,不论滑动面是何形状,土的重力当然是和滑面上土柱高度成正比例的,但滑动面上的垂直压力则不然,吴教授说:"土壤自重成直线变化只有在半无限土体中才对;这里土楔既非半无限,而且由于墙面的摩擦系数和土的内摩擦系数并不一致,因此通过剪力转移作用,我们还可以说它一定不会成直线分布的了。"我想吴教授在这里所说的土重就是指垂直的土压力而言,在半无限土体中,这个垂直压力等于土重,因而成直线变化。但在库隆土楔内,由于"剪力转移作用",这个垂直压力就不等于土重,因而一定不会成直线分布,起初,我以为吴教授在这里所说的剪力转移作用是指我原文图 19 中的平衡剪力 $S = \overline{WP}$ 的作用,后来才知道他所指的这个作用是"土壤自重因受两侧垂直切面上剪应力变化的影响以致增减了垂直压力",换句话说,他所指的就是普通所谓"拱作用",如沙箱活门试验中所遇到的情况。但他所指的这种情况在现在讨论范围内的土楔中是不会发生的,因为土体中的拱作用之所以产生,是由于挡土墙能够平行移动的缘故,而且必须要在土楔的极限平衡已经破裂以后,但本文所讨论的挡土墙是限于"以墙脚为枢点"而侧倾的,在墙后的土体中是不会有拱作用的。因此,在这样土楔内讨论到土重因受剪力影响而引起垂直压力的增减时,这个剪力还是可能解释为我所谓的平衡剪力 S 的。说明如下:在我原文图 19 中,$\overline{abc}$ 是一个在土体滑动面上(亦即库隆土楔的一个边上)的小三角体,$\overline{ab}$ 与 $\overline{bc}$ 是和墙面与地面平行的两个面,$\overline{ac}$ 是滑动面,$\overline{ac}$ 上土反力 R 的倾斜角是固定的,等于 ϕ。$\overline{ab}$ 上土压力 E 的倾斜角是从墙面上摩擦角 δ 和 $\overline{abc}$ 离墙面远近来决定的,$\overline{bc}$ 上应力 P 的倾斜角是从 R 和 E 的倾斜角来决定的。由于 E 的倾斜角要从 $\overline{abc}$ 离墙面远近来决定(其确值可用极限分析法的微分方程来求得），而且也不和滑动面上土柱高度成直线变化，因此 P 的倾斜角也不能和土柱高度成正比。这样，P 和土重 W 也就不成直线比例的关系了。P 是土重 W 和平衡剪力 S 的合力，因此，$\overline{bc}$ 上垂直压力的增减是受 S 的影响的。如把小三角形 $\overline{abc}$ 缩小为一点，$\overline{bc}$ 上的垂直压力就成为滑动面上的垂直压力。

以上说明，在库隆土楔滑动面上的垂直压力，在土楔为半无限土体时（即不考虑墙的存在而只认墙面为土中的一个切面），它就是土的重力，应当与滑动面上土柱高度成直线变化；在土楔中有剪力 S 的存在时（即把墙上土压力的倾斜角定死为 δ），它就不等于土重，因而不与土柱高度成直线变化。

其次，谈土反力和土重或垂直压力的比例关系问题。仍用我原文图 19 的慕尔圆来说明，这个圆可以代表滑动面上任何一点的慕尔圆，只须变换应力的比例尺而已（这不是说，圆上应力的大小是和滑动面上土柱高度成直线变化的，而是说，在滑动面上的任何一点时，同一个圆所定出的各应力间的大小比例关系是固定的。如果这比例关系是某一函数，那么，慕尔圆在滑动面上任何其他一点时，如果圆的极点不变，这个函数也不变；对不同位置的慕尔圆可用不同的比例尺来量圆上的应力，但这比例尺的不同，不是直线变化的不同），

小三角形 abc 的滑动面 $\overline{ac}$ 上的土反力为慕尔圆上的 $\overline{OR}$, $\overline{bc}$ 面上的土应力为 $\overline{OP}$。P 为慕尔圆的极点,由于剪力 S 的关系,这个极点 P 在圆上的位置是随着圆在滑动面上不同的地点而变的,对不同地点的慕尔圆,$\overline{OP}$ 有不同的长度,但 $\overline{OR}$ 的长度是不变的,因此 $\overline{OR}$ 和 $\overline{OP}$ 的比例关系在滑动面上是随着圆的地点而变化的,但不是直线变化。这就说明,在有剪力 S 的影响时,滑动面上的土反力是不和垂直压力成直线变化的。也就是说,如果墙上土压力的倾斜角是固定为 δ 时,滑动面上土反力就不和土重成直线变化。应当指出,这时滑动面的方向是和 $\overline{PR}$ 平行的,如果圆在不同地点时,P 有不同位置,那么,$\overline{PR}$ 就是随着圆的地点而变更的。因此,这时的滑动面是曲形面,而非平形面,如我在原文中所说。但如滑动面是平形面,那么,由于 R 点是固定的,极点 P 就是不能移动的,也就是说,$\overline{OP}$ 是不变的。这种情况,由于剪力 S 的作用,在图 19 中是不可能的。这只有在图 18 中才有可能实现,因为在那里,$\overline{OW}$ 是不变的,因而极点 W 是固定的,$\overline{WR}$ 所定出的滑动面的方向也就是不变的,由于极点 W 是固定的,$\overline{OR}$ 和 $\overline{OW}$ 的比例也是固定的,因此,在这种情况下,滑动面上土反力是和土重成直线变化的(其实,这一点吴教授在他自己的论文中也是已经证明了的)。

从上所说,可见滑动面上土反力的分布规律是要看库隆土楔的两个边界条件来决定的:如依墙面上土压力的倾斜角为 δ 的边界条件来说,这个规律不是直线变化规律;如依滑动面为平形面的边界条件来说,这个规律是直线变化规律。再用极限平衡理论的术语来说,如果库隆土楔是在"非简单区域"时,这个规律不是直线变化规律;如果土楔是在"简单区域"时,这个规律是直线变化规律。吴教授和我的意见分歧之点就在这里。他说:"至于墙后土中任一切面(不论是直线或曲线)上的压力分布更为复杂;就算是重力挡土墙上的土压力已定为作用在三分之一点上吧,我以为也没有理由认为滑动面上的土反力也一定要作用在三分之一点上。"他是完全把土楔当做在"非简单区域"来考虑的,他指的是实际情况,当然是对的,但我们是来讨论库隆理论的,是来摸这经典理论的"底"的,我们必须把这理论中的矛盾揭发出来,才知道它不能符合实际情况的原因(在被动压力时当然最显著,就是在主动压力时也只是偶然地相差无多而已)。它的矛盾何在呢?就在库隆对土楔做了两个彼此冲突的边界条件,以致引起土楔所处的极限状态的根本问题:库隆土楔是处在简单区域还是非简单区域呢?这在他的理论中是不容易看出的。一般的了解是,他做了一个极其重要的边界条件,把墙上土压力的倾斜角固定为δ,同时为"简化"解算手续起见,他对滑动面做了一个轻描淡写的"假定",说它弯曲不大,就当做平形面好了;而不料这个假定是个极其重要的边界条件,这个边界条件和δ的边界条件的矛盾,就在这假定二字的掩护下而被隐藏起来了,为了揭发这个矛盾,必须指出:滑动面如被指定为平形面,土楔就是在简单区域,而与δ的边界条件起了冲突。用什么最明显的方法来说明土楔是在简单区域呢?我用了土反力的和重力相同的分布规律,由这样定出土反力的施力点就在作图法上把库隆的矛盾充分揭露出来了。

(5)吴教授指出:"现在土压力的一个最大缺憾,在于对它的分布情况还没法确定。"这是完全正确的,然而土压力还是要解算的,因此不得已而有种种假定,较精确的极限分析法作了"应力在用极坐标时仅和径距 r 成正比例变化"的假定,其结果是土体处于非简单区域,滑动面是个曲形面。朗金法作了"不管墙的存在"的假定,其结果是土体处于简单区域,滑动面是个平形面,这两个方法都是容易理解的。然而库隆法是如何呢? 他做了一个墙上土压力倾斜角为δ的假定,其结果是土楔处于非简单区域,滑动面是个曲形面(和极限分析法一样)。同时他又做了一个"土楔滑动面为平形面"的假定,其结果是土楔处于简单区域,墙的存在无法考虑(和朗金法一样）。这就不易理解而且引起思想上的混乱了。这是我所以要揭发库隆理论中的矛盾的原因。

吴教授说："把土压力作用点定在三分之一点已经应起疑问;就算土压力作用点定在三分之一点,也没有理由认为土反力的作用点也跟着一定要在三分之一点。"也是完全正确的,这是从实际情况出发的。然而谈到库隆理论这就又有问题了。依照他的墙面边界条件（土压力倾斜角为 δ）来说,墙上土压力的作用点所在是个完全假定,但依照他的滑动面的边界条件（滑动面为平形面）来说,这个土压力作用点应在三分之一点就是由于土楔在简单区域的必然结果（因为根据本文前提,墙的倾侧是以墙脚为枢点的,而并不是由于假定,因为在简单区域内的平形滑动面上,应力的分布当然是和土重成直线变化的。

吴教授说我"将土压力和土反力作用点定死在三分之一点后再来发掘经典理论中的矛盾",是不免有误解的。这两个力定在三分之一点并非我的主张而是库隆理论中的"滑动面为平形面"的边界条件的必然结果,在简单区域内的一个平形滑动面上（并非任何一个平形面,而是平形的滑动面）,应力分布是不可能不同土重成直线变化的。吴教授说我是"由土压力成直线分布出发来讨论"经典理论,但实际是,土压力之成为直线分布，在库隆理论中和在朗金理论中一样，都是由于土体在简单区域的结果，而并非我或库隆把它当做一个假定来出发的。库隆的假定，或边界条件，是滑动面为平形面，而并非土压力或土反力作用点在三分之一点，我在原文里说："问题在于滑动面是个平形面，既是平形面，R 的施力点就必须在三分之一点。"就是针对着土楔在简单区域的情况而言的。

（6）吴教授说："为简化计算手续起见，将曲线滑面改为直线滑面来求一约略值，在理论上讲，似乎没什么不可以的。"这就要看在理论上如何讲法，如果这个手续的简化只引起数值上准不准的问题，而不牵涉到理论的原则，那当然是可以的，整个材料力学、结构学等都是这样做的；然而库隆理论中的"简化"是如何呢？它实际上是一个极其重要的边界条件（滑动面的形状），而不仅仅是为了减少计算的工作（将曲形改平形来计算土楔面积）。因为由于这个简化，它把土楔的极限平衡状态从非简单区域改变成简单区域了。这样一个大转变在主动压力时是不显明的，然而在被动压力时就非常突出了，主动压力和被动压力的差异只在土粒间剪力方向的上下不同，犹如数学符号的正负不同，为何这个符号的正负区别，就能对这理论本身有如此巨大影响呢？

（7）吴教授说："我认为直线滑面的滑动土楔法，即库隆法，并没有什么大矛盾，由力学眼光看，还是可以说得通的。"我在原文中，从未怀疑过滑动土楔法的通不通的问题，也未反对过直线滑面的土楔法（我原文图14的建议，就是直线滑面的土楔法），但是库隆的直线滑面的土楔法用的是个什么土楔呢？他用了一个双重资格的土楔，从左边来看，它处在非简单区域，从右边来看，它处在简单区域，但在不同极限平衡状况的区域中，应力分布情况是完全不同的，这便成了一个什么力学方法呢？

（8）吴教授说："库隆法中假定许多滑面也不过为了土墙旋转时，来求真正滑面位置，以力学讲似仍讲得通。"但问题是，库隆在任意假定这些滑面时，他把这些滑面上的边界条件和墙面上的边界条件对立起来，互相矛盾，这就在力学上讲不通了。

吴教授说我原文图3的结果"是由于做了不必要的作用点必在三分之一点假定的原因"。土反力作用点必在三分之一点诚然是不必要的假定，因为它是力学所必然求出的结果，而不需任何假定的，其所以是必然，因为库隆先把土楔变成在简单区域了，因此，图3的结果不是由于作用点在三分之一点的假定，而是由于库隆把滑动面当做平形面的假定。

吴教授提到"最大"土压力的解释,认为"最大"两字"只有一个意义——极限状况",这是我完全同意的,但他在下文里提到"安全因数",并且用边坡稳定分析中假定滑面然后计算安全因数来比拟,这就不免有问题了。在边坡稳定分析中,这安全因数是个相对数字,是用来测定边坡的稳定性的。但库隆理论的目的是要能求出土压力的绝对数值,以便做挡土墙的设计的,在那里面,吴教授所说的"极限状态时真滑面的土压力对假定滑面时土压力的比值"是没有什么用处的。这样,库隆土压力的数值,对挡土墙设计荷载来说,究竟是最大还是最小,仍然是有讨论价值的。

(9)吴教授在这段文中表示了几层意思:(i)依现在的理论和实践经验,土压力在墙上的分布规律是不可能求出的;(ii)只好仍用一百多年来的老传统,把土压力的作用点假定在三分之一点;(iii)有了土压力的作用点,土反力的作用点也跟着定下来了,它不一定也在三分之一点上;(iv)由于滑面为直线既是假定的,"土反力作用点的意义根本就不大,它不在三分之一点是毫无关系的。"他在第八段文里也说,要决定土压力大小和滑面位置,"是完全可抛开无法确定的作用点不管的。"这些话就是他全篇讨论文的总的精神。他前面的 i 、ii 、iii 三段话是泛指一般解算土压力方法,包括极限分析法在内而言的,我完全同意。但他在针对着库隆理论而说的最后一段话,和我的意见就大相径庭了。他在这里是把库隆土楔当做在非简单区域来处理的,因而强调了土反力作用点不必在三分之一点,甚至认为这个作用点竟可抛开不管,这样,他是过于重视了库隆在墙上所定的边界条件(土压力倾斜角为δ)了。但他对库隆在滑动面上所定的另一个边界条件(滑动面为平形面)呢?他也和库隆一样,把它轻描淡写地说成是一个假定,是仅仅为了简化计算手续的一个假定,但实际上这个简化计算手续的平形滑动面,就把本来在非简单区域的土楔也简化为在简单区域的土楔了。通过这样的简化,不但土反力的作用点就必然在三分之一点,而且上面所说的 ⅰ、ⅱ、ⅲ 三段话也完全被推翻了。这样重要的一个"假定",岂能轻轻放过呢?以我看来,库隆对土楔的两个边上所做的两个边界条件是应该同样重视的,就是说,我们应该认为库隆土楔是在非简单区域的,同时它又是在简单区域的,所以我说库隆理论里有矛盾,引起我们思想上的混乱。

(10)吴教授在这段文中对于朗金理论做了很明白晓畅的说明,足补我原文的不足,我完全同意他的看法,不过他所提出的朗金法的严重缺点,我在原文中已经提出了一个补救的建议。

（11）我完全同意吴教授在这段文里的意见，如对土压力的分布"做了不十分可靠的假定，就不可能会有精确的解"。不过应当补充一句，土反力在滑动面上的分布规律也是同等重要而不应当抛开不管的。

原载 1955 年 2 月北京中国土木工程学会
《土木工程学报》第 2 卷第 4 期

武汉长江大桥设计和施工的先进性

　　中国的桥梁建筑在全世界桥梁建筑史上有过极其光荣的历史。在一千三百五十多年以前建成而一直使用到现在的河北赵州桥，就是一个最杰出的例子。这是座净孔长达37.02米的石拱桥。在这个桥的大拱上面，还立着四个小拱，不但减轻了桥重，而且还加速了过水。像这样科学的设计，在欧洲是迟至九百年以后才有的。我国是个多桥的国家，不但形式多而且分布很广。在各省的地方志书中，都记载有当地历代建筑的桥梁。它们数量大（如江苏苏州一府，据江南府县志记载，就有397座桥梁），质量也高（如福建泉州、漳州两地的许多大桥，包括著名的洛阳桥）。这些都说明我国广大的劳动人民在工艺上和技术上的非凡的创造性。但是桥梁技术的发展是决定于建筑材料和施工机具的。在我国科学和工业长期落后的情况下，桥梁事业也就不可能单独地发展。到了近代,受了欧风东渐的影响,才有了所谓近代桥梁的产生。这些近代桥梁就是用新式材料和新式机具造成的。我国劳动人民在有了新式材料和新式机具以后,造桥的智慧和才能有了进一步的发展。特别是在中华人民共和国成立以后,中国的桥梁技术进入了一个新的阶段,武汉长江大桥的建成,就是桥梁技术飞快进步的代表。

中国的近代桥梁是随着各国帝国主义对中国的侵略而俱来的。它首先出现在所谓外国的"租界"和外国"投资"的铁路上,其后才在我国自己修造的铁路、公路上推广起来。按时间的先后,这些桥梁中比较大的铁路桥有京山线的滦河桥、京汉线的黄河桥、津浦线的淮河桥和黄河桥等。公路桥有江西的赣江桥、湖南的能滩桥、河南的洛河桥、云南的澜沧江桥、四川的大渡河桥、贵州的乌江桥等。城市中的桥梁有上海的外白渡桥、兰州的黄河桥、天津的万国桥、南京的中山桥、广州的珠江桥等。铁路、公路、城市联合桥有杭州的钱塘江桥。这些桥梁都是在解放以前完成的,这些桥的修建都同各国帝国主义有着不同程度的关系。有的桥是完全由它们一手包办的。有的桥是根据我们自己的设计,由它们承包全部或一部分工程,但这些桥都是用了外国的材料、外国的机具,没有一座是完全依靠中国自己的人力、物力和财力而修建成功的。这些桥同我国旧有的桥相比,在科学技术上有了进步,但是由于外国桥梁"投资"的垄断或侵略影响,其技术标准非常混乱。不但在过去造成了养护维修的困难,而且直到今天还在技术改造的问题上给我们带来了重重障碍。因此,这些原有的近代桥梁,除去个别设计或施工还有它一定的价值外,总的说来,都是沿袭外国成果,并没有对桥梁技术做出如何重大的贡献。

武汉长江大桥和上述的许多座桥不同,它不但在建筑规模和技术复杂度上远远超过了任何一座中国近代的桥梁,而且在设计、施工和一切技术设施上都表现出了它在科学技术上的先进性。即使是规模较大的津浦铁路线上的黄河桥和杭州的钱塘江桥,也都无法同武汉长江大桥相比。

一座桥梁的先进性,主要表现在它的结构形式的适用、经济和美观以及它的施工方法的好、快、省和安全。从地形、地质、水文等自然条件来看,在武汉长江上建桥是比在黄河或钱塘江上建桥困难得多。同时武汉长江大桥的规模巨大,桥上要通过双线铁路、六排汽车道和四排人行道,桥下还要在高水位时通过十几米高的大轮船,比黄河桥和钱塘江桥的规模要大得多。因此,要在一切技术设施中采用科学技术上最新的成就,来发挥人力、物力和财力的最大效果。

当然,仅仅从桥的规模大小或施工难易的情况还不足以衡量它的优越性,还要看它对这些问题是怎样解决的,用了多少代价,是否足以作为将来修桥的榜样。这才能在科学技术上给它一个正确的评价,以进一步促进我国桥梁事业的发展。让我们从这一个角度上来看长江大桥吧。

首先,武汉长江大桥的勘测设计是经过了长时期的最充分的准备工作。拿地质钻探来说,自 1950 年起,工作了三年多,因而能对江底地质的全貌有周详的了解,选出最合适的桥址线。这是以前建筑任何桥梁的人所没有做到的。津浦铁路黄河桥就做得非常不够,钱塘江桥虽然做得多些,但钻孔总长度只及武汉长江大桥的五分之一。由于掌握了大量的地形、地质、水文、气象等重要资料,武汉长江大桥的设计和施工就有了高度科学性的理论根据。

修桥的最大困难在于建筑水下的桥墩基础,特别是像在武汉这样江面宽、风浪大、水深流急、雨多雾重的地方。必须充分了解一切有关的自然条件,才能针对这些条件,做出最合理的技术设计并提高施工机械化的程度,充分发挥劳动力的效果。武汉长江水深 40 米,最高最低水位相差 19 米,高水位时期,每年持续八个月之久。江底泥沙覆盖层深浅不一,泥沙下面的岩盘地质又相当复杂。在这许多困难条件下来造桥,用一般的施工方法就会失去效用,或太不经济,或过于危险。黄河桥和钱塘江桥的桥墩建筑,都采用了气压沉箱并在箱下打桩的办法。(气压沉箱是在水下挖土的一种设备。它像一个有盖无底的箱子覆在江底泥沙上,箱盖上建筑桥墩。沉箱盖上有个圆筒伸出水面,从这圆筒内打入压缩空气,把沉箱里的水排出,让工人们经过圆筒下到沉箱内挖土。挖出的土也经圆筒运出,土越挖越深,箱子就慢慢下沉,箱盖上的桥墩也越筑越高。)但沉箱施工法有很多缺点。首先,工人们在高气压下工作是非常劳累和有损健康的,往往会得病。而且箱内容许工作的空气压力也是有限度的。如果水深超过 37 米,工人们就无法下去,这个方法就失效了。因此,长江大桥如用这个方法,每年就只能施工三个多月,显然是行不通的。再加上沉箱法需要很多机具设备和大批专门技术的熟练工人,这样的工人在我国是不多的,这就会推迟开工日期。这些缺点在修黄河桥和钱塘江桥时都是很明显的,在武汉长江大桥就更难克服。因此,武汉长江大桥就放弃了这个旧方法而创造出一种"管柱钻孔法"。这方法是:把很多直径同 12 人吃饭用的圆桌面差不多大的空心圆形钢筋混凝土管柱,沉到江底岩盘上,再在管内用大型钻机钻进岩盘,打出一个同管柱内径相等的孔。把这个孔连同上面空心的管柱全部用混凝土填满，使每个管柱成为一根深深嵌入岩盘的混凝土圆柱。然后再用一个直径比管柱大十倍的圆形围堰，把这许多管柱群围起来，并在围堰上下两头用混凝土把各管柱间的空隙填满，使这些管柱又联系成为一个庞大的圆柱，这就成为桥墩下部牢固的基础了。这种方法，使所有水下工作都由人在水面上操纵，不受水深的限制，不损害工人的健康，因而可以常年施工。所需机械设备，除去大型钻孔机外，都比较简单，因而可以提前开工。这就解决了长江大桥施工的特殊困难，还可缩短工期。现在，武昌、汉阳间的江面上，已经有三个桥墩的基础工程正在紧张施工，全部桥墩都可提前完工，在工程造价方面也有大的节省。这是一个好、快、省和安全的施工方法。这个方法不但适用于在武汉建这样的大桥，如适当地改变管柱大小和对柱脚的处理，还可应用于建其他大小桥梁。这个管柱钻孔法的关键，在于如何穿过泥沙下沉管柱，如何在管内向岩盘上钻孔以及如何在管内防止泥沙的涌入，以便在水中灌注混凝土。这些只有采用最新的科学技术才能做到。而这在长江大桥已经试验成功。

一个桥梁的功用，体现于安装在桥墩上面的结构上。它的形式、材料和制作，都直接影响到桥梁的通车、过船的能力和安全。一般永久性的桥梁结构，都是用型钢或钢筋混凝土造成的。由于设计和制造不同,桥梁的经济价值,包括造价、维修和扩建等大有差别。津浦线黄河桥采用了两种不同的钢结构,除了九孔简支梁外,有三孔伸臂梁,中孔长达 164 米。伸臂梁的构造又特别复杂,实在没有必要。这样不但浪费了钢料,而且增加了维修的困难。钱塘江桥采用了同跨度的 16 孔简支梁的钢结构。但每孔跨度又嫌过小,因而桥墩过多,不但延长了工期,而且加大了成本。此外,上述两桥的钢梁结构都采用了截面复杂的杆件,也增加了制造和维修的费用。武汉长江大桥是采用了长跨度、等跨度的钢梁。每孔长度几乎等于钱塘江桥的两倍,因而桥墩较少,只及钱塘江桥的一半。这样便使钢梁和桥墩的造价平衡,因而达到最经济、最美观的目的。此外,长江大桥的钢梁还采用了三孔一联、三联九孔的办法,使一孔上的载重由其他两孔分担。每孔结构形式都一律用了"菱格桁架",构成桁架的杆件都一律用同形状的截面。钢梁下层铺铁路,上层铺公路,公路路面同桁架"桥面系"结合成整体。铁路、公路两旁都有人行道,钢梁两端斜杆上都设有扶梯,以便于登高检查或修理。所有以上这些设计,都是中国桥梁前所未有的,都是在服从适用、经济和美观的原则下创造出来的。

以上所说的桥墩构造和钢梁设计,是评价任何一个桥梁的主要条件。在这两个主题上，看到了武汉长江大桥的先进性，在其他一切技术设施方面的优越性也就不言而喻了。

原载 1955 年 10 月 4 日《人民日报》

武汉长江大桥的管柱结构基础

——介绍震动下沉管柱并在岩石上钻孔锚固的新方法

武汉长江大桥是中国最大河流上的第一座桥,现已将近完工,较原计划提前了二年。同时这也是中国乃至亚洲的第一大桥,为我国工程师所设计,用我国的钢料与机器及我国的经费所造成。此桥实际兴工于 1955 年 7 月,预计完成于 1957 年 9 月。

此桥乃一公路、铁路联合桥。下层为双轨铁路,上层为六车道的公路。正桥全长 1156 米,为三联连续菱形桁梁组成,每联为三孔,径 128 米。一岸引桥长为 303 米,另一岸为 211 米。全桥系统包括长江大桥,京汉、粤汉铁路联络线 12.9 公里及公路联络线 4.5 公里,联系为长江、汉水所分割的武汉三镇成为一大都市。

正桥桥墩有二种形式。一墩为钢筋混凝土管桩,另七墩为钢筋混凝土管柱。选用管柱基础是绝对正确的,几乎没有一种其他基础形式在技术上或经济上能如此有利的。从在工地或其他地方正在做的大规模试验来看,几可断言:长江大桥所创造的管柱基础及其施工方法,将能适应各种土壤、各样水深的各式桥基。而时间与造价都能有所节省,也能用于房屋基础、水工结构和矿山建筑物。

长江大桥位于长江两岸的山间,可缩短引桥长度。武汉附近河床此处最狭最深。

据九十年来的水文记载,最高与最低水位相差 18.77 米,桥位处最大水深 41 米,最大流量每秒 76000 立方米,流速每秒 0.4~3.0 米,水位变迁不大。高水位持续期较长,一般每年 7~8 个月,冬日河水不结冰。

河床断面一面较平,一面较陡,水平距离 300 米时下降20.22 米。河床表面为不稳定细沙,下为粗沙及卵石,河底常受冲刷,在中泓冲深可达 10 米。覆盖层下为石灰岩、泥灰岩与页岩。在河中覆盖层最厚,向两岸倾斜平衍。每年仅有五个月低水期,岩层在水面下最深达 40 米。覆盖层在河心处最厚为 27 米,一岸可全被冲刷,岸层外露。岩层特点是节理,层次复杂,接近直立(70°~80°)。七号墩地质构造与其他各墩迥异,乃碳质页岩杂有燧石,用另一种基础形式(管桩),与他墩(管柱)不同。石灰岩极限强度最大达 1700 公斤力/平方厘米,[①]泥灰岩最低为 200 公斤力/平方厘米。

大规模钻探工作在预拟桥位处进行,以便定桥位线及了解墩位下的岩层构造。每墩钻五孔,孔深自 20 至 40 米,总计在桥位比较线上共钻 140 孔,长达 4720 米。

初步设计时,拟采用气压沉箱做各墩基础,沉箱沉入岩层二米,至下沉深度在低水位下超过 40 米。由于高水位持续期较长,深水下沉箱工作既于工人健康有碍,工作时间又短,显然造价是很贵的。复次,岩面不平,一个墩底下的岩面相差可达五米之多,使沉箱沉入岩层的工作非常困难。经多次慎重考虑,参考了苏联专家西林(К. С. СИЛИН)同志的建议,经过工地实验后决定采用管柱结构基础代替气压沉箱。

管柱结构基础

在管柱结构基础方法中,桥墩筑在一群大型钢筋混凝土管柱上,管柱底部嵌入岩层,上部伸入墩底。管柱施工程序

---

① 公斤力/平方厘米:为压强单位。公斤力即千克力,1 公斤的力就是一公斤的东西本身所拥有重力的大小。

如下:(1)用钢筋混凝土管下沉水中经覆盖层而达岩面;(2)通过空管在岩面上进行钻孔,达适当深度;(3)将钢筋制成的骨架下降钻孔内;(4)一次灌注水下混凝土,自钻孔底达全部管身,将空管填成实柱;(5)柱顶伸入桥墩承台,各管柱完工后,赖墩底将桥墩的全部联成一个整体。绝大部分墩底承台是圆形,各柱适当地依此布置。

桥墩承台建筑于钢板桩围堰中,视覆盖层厚度的不同,有三种形式。浅覆盖层时,如岩面很深,承台乃一厚而空心的混凝土块,如岩面较高,则为实心厚块,均直接筑在页岩面上。深覆盖层时,承台乃一实心厚混凝土块,但不下达岩面。在后一种承台,管柱与四围土壤摩擦力均未计,及假设土壤全为水所冲,因此这项管柱不称为管桩。

圆形墩台直径 16.76 米,有 30～35 个管柱布置成三圈。每柱外径 155 厘米,厚 10 厘米,每节长 9 米,钻孔径 130 厘米,孔深 2～7 米。每个管柱由于主力所产生的荷载,受力634 吨。由于主力及附加力所产生的荷重,受力为 582～910吨。管柱的计算自由长度为 8.5～9.8 米。柱底岩层中,由于主力所引起的计算应力为 40～47 公斤力/平方厘米。钻孔中混凝土和岩层侧面黏着力,可视为岩石承载力的一部分。

墩身高 33 米余,底部尺寸宽 7.4 米,长 13.8 米。最高桥墩自岩面起的全部高度为 64 米。

施工方法

（1）定位撑架。定位撑架是用以定管柱的位置，并作为钢板桩的支撑的。同时也是上部工作平台的支柱，以结构钢制成格形圆笼，径 16.76 米，四周用钢圈加固，间距 6.5 米。整个钢架建造层层相联。平面上的分格，是做各管柱定位用的。下二层先造在 400 吨铁驳船上，两旁用导向船支撑，三条船用钢桁梁互联。导向船上安装起重塔架，有 70 吨滑轮组用以升降钢架。钢桁梁上装置 15~35 吨辅助滑车组，用以协助升降，并作为操作时的平衡重。钢架先浮至桥位，在上游距 200 米处设一锚船，系 400 吨铁驳，将钢架挂于起重塔架的滑车组上，铁驳抽出，钢架下至水中，俟架上托耳搁在导向船两侧为止。于是安装上一层，下沉后再安装一层。沉达设计标准后，相当于围堰内封底混凝土底部，乃下沉径 155 厘米的管柱 8~14 根在钢架预定位置内，穿过覆盖层，最后锚嵌于岩层。全管填以混凝土，用工字铁及吊杆将钢架挂在管柱上。导向船移开，再下沉其余管柱。同时沿钢架插打钢板桩。灌注水下混凝土封底，并将水抽出，以便灌注墩身和承台的混凝土。钢架上造木平台,安置下沉管柱及灌注混凝土的设备,并供工人操作场地,不论水位高下,均可全年日夜施工。建筑墩身及承台时,钢架杆件即可拆除,分别吊出。

(2)管柱下沉。管柱用钢筋混凝土制成,外径155厘米,厚10厘米,混凝土为200级。用19ϕ钢筋44根,间距10厘米,螺旋箍径9ϕ,间距15厘米。弯力矩为80吨力·米。管柱一般每节长9米,但也有3.6米和12米,用以配合接长度。管端有钢质法兰盘,电焊钢筋相接,与管柱轴相垂直,两管柱法兰盘用42个19ϕ螺栓连接。为联系较固,得加电焊。

管柱底部一节有1.2米桩靴,内径135厘米,系厚14毫米的钢板造成。桩靴类似刃脚,能承受钻机钻头的冲击。

管柱下沉靠震动打桩机及射水机的联合作用。带桩靴的第一节管柱先插入钢架格内,俟沉近顶部法兰盘时,用钢环箍住在钢架上,第二节加上与第一节相连,松开钢环二节同时下沉。如此节节下降至底节达河床为止。用震动打桩机并于管柱外面装四个水管及管柱内装一个水管,管柱下沉通过覆盖层,并无困难。下沉时管柱内土壤应挖出或吸去,射水管径75毫米,水压12个大气压,每管需水量约每小时100立方米。

震动打桩机与管柱顶的法兰盘牢固相连。由于震动打桩机偏心锤的震动作用,管柱受高压频率的震动力,减低管柱表面与四周土壤的摩擦力,加以射水管的水力,因而管柱即可赖自重及震动打桩机重量而下沉。

震动打桩机系自苏联设计中研究发展,在工地制造。原理是负荷轴高速旋转,方向相反。每轴有一偏心锤,转至水平方向时,两力相消;至垂直方向时,则合成上下震动力。制成的震动打桩机规格如下:震动力——17.5吨,42.5吨,90吨,120吨;偏心锤重量——2815公斤,2272公斤,2740公斤;偏心锤数——10,15,20;偏心——12.1厘米,12.3厘米;负荷轴数——4,6,8;负荷轴每分钟转数——408,450,900,1000。现正制造更大震动打桩机,震动力达420吨,管柱径达3米与5米。

10米以下管柱下沉,震动打桩机很有效,射水机并非必要。

下沉沙层达25米深时,每24小时可下沉2~6根。

达岩层前,管柱总长至少在水位下40米。

(3)管柱中钻孔。管柱沉达岩层后,从管内取出泥沙,即在岩层上钻孔,深2~7米,内径135厘米,与管柱内径相同。钻入时用一冲击式钻机,安装在定位撑架平台上,钻头在管柱内上下冲击。钻头用硬钢,制作十字形,宽130厘米。十字形端带一弧形刃齿。钻头拉高为 60 ~ 100 厘米,冲击次数每分钟 30 ~ 40 次,冲击力 35 吨,钻头重 4 吨。

钻深 1 ~ 1.2 米后,冲击暂停,用取岩筒清除钻渣。钻石灰岩时,为便于清除钻渣计,曾用黏土泥浆法,即向钻孔中投以预制的黏土块,如此可使钻渣浮于泥浆中,便于清除。但在泥灰岩中,则不采用此法。

因岩层倾斜较大,岩层表面时常不平,管柱底与岩面之间即有大空隙。为防止泥沙涌入管柱内,最好方法为在钻孔前灌水下混凝土约 2.5 ~ 3 立方。这样不仅有效地消除空隙,亦为钻孔前对岩层准备较平坦的面。灌注混凝土方法后述。

岩层中钻孔时,用特制的检验器来检验钻孔的形状与尺寸是否合乎要求。

钻 130 厘米孔的速度,视钻机型号及岩石性质而异。石灰岩中平均速度可达每分钟 5 毫米,钻 3 米深,约需 20 ~ 48 小时。全桥各墩共钻 224 孔,总长 800 米。

(4)管柱中灌注水下混凝土。通过管柱在岩层上钻孔后,即将钻渣用取岩筒取出,然后在钻孔内放进圆柱形钢筋笼,以 38φ 径钢筋 18 ~ 24 根,螺旋钢筋箍 12φ 径,间距 8 厘米制成。钢筋笼上部伸入管柱中。自孔底至柱内适当高度全部均灌注水下混凝土,此适当高度以管柱伸入桥墩承台封底部分为止。在管柱四周封底混凝土灌注后,其上部空心管柱部分即无用途。可将法兰盘联结拆开,将它拆除。

灌注钻孔及管柱水下混凝土时,用径 25 厘米导管,不断操作。供应导管的混凝土应有充分储量,使管下端埋入混凝土中,随灌注进展而渐渐提起。为保证钻孔中混凝土与岩面的良好结合,消除钻孔中泥沙和钻渣为非常重要的工作。因此,导管外安装有射水管,压力 10 ~ 15 气压,在射水 10 ~ 15 分钟后,所有泥沙钻渣即可冲起,悬于水中。在射水停止时,水下混凝土随即同时自导管中灌入。这样,悬于水中的钻渣就总是留于混凝土的表部。在水下混凝土继续灌注到达设计标高后,再除去杂有钻渣的表部混凝土。

用上法灌注管柱内水下混凝土,质量经试验证明是良好的。混凝土设计要求仅 170 公斤力/平方厘米,而试验结果常超过 300 公斤力/平方厘米。在特殊情况时达 860 公斤力/平方厘米。在所有情况下,混凝土与岩石的结合,经检验后都证明是良好的。

(5)围堰封底。在下沉管柱的同时,绕圆形的定位撑架插打钢板桩围堰。钢板桩系拉森式 3 号,长度 18 米和 21 米,焊接成 30 米。每围堰用 135 块桩,三块连成一组,中间嵌缝,一次插打,以减少起吊次数。为保证钢板桩均匀打下与位置正确,应把它先沿撑架插就并合拢后,再打到要求标高。有时由于沙层过厚,锤击时并加以射水。

管柱与围堰竣工后,管柱间沙层应用吸泥机吸出至设计标高为止。围堰封底混凝土,用径 25 厘米长 31 米的导管灌注。共有 15 个导管,每管灌半径 2.5 米的面积,匀布在该区全部。因封底层厚 6 米或 6 米以上,灌注分两次进行,使钢板桩得在每次灌后抽动一次。封底混凝土的边墙模壳是装在定位撑架底部,于浮运前就做好的。

封底混凝土凝结后,将围堰内的水抽干,即可建筑桥墩承台及墩身。所有钢板桩均用 75 吨起重船拔起,为次墩之用。

试验与检查

在实际施工以前,155 厘米管柱的下沉是经过大规模试验证明成功了的。管柱内的水下混凝土也经过检验,证明质量良好,与平常低估水下混凝土强度的说法完全不同。可能由于三种原因:(1)管壁约束影响;(2)水下混凝土承受高水头压力;(3)自导管顶下灌混凝土其下落甚深。据三号墩一管柱的载重试验,利用墩顶安装的钢桁梁,最大载重达 4500

吨,总应变 41 毫米,载重移去后剩余应变 8.33 毫米,而此管柱原设计载重仅 634 吨。

各种土壤中各种直径的混凝土管柱现正予以检验,用震动力 120 吨、负荷轴旋转数每分钟 500～1000 次的震动打桩机。

(1)泥土中:径 155 厘米管柱震动 177 分钟下沉 17.9 米,径 300 厘米管柱震动 207 分钟下沉 17.76 米,径 500 厘米管柱震动 180 分钟下沉 16.5 米。

(2)细沙中:径 155 厘米管柱震动 56 分钟下沉 35 米,径 300 厘米管柱震动 14 分钟下沉 23 米。

(3)沙夹石块(径 40 厘米卵石):径 300 厘米管柱震动 113 分钟下沉 16.31 米。

在以上试验泥土及沙夹石时,震动时均未用射水冲刷。

现在几乎可以做出结论:用震动打桩机下沉钢筋混凝土管柱,不论经过何种土壤,有时加以射水,深度可达 30 米或超过之。如下沉深度较大,可先下沉 30 米管柱,次在管柱内下沉直径较小的管柱 30 米。这样就开辟了用震动打桩机下沉管柱的广阔前途。

总结意见

长江大桥所用的管柱基础,有下列优点。

(1)完全免除危险工作威胁工人健康的情况,如气压沉箱中气室工作。

(2)由于所有工作均在水面上露天中进行,不受水位高低的影响,因此,即在洪水期中,施工仍可照常进行,较气压沉箱法所用时间减少很多。

(3)既不受岩面不平的影响,也不怕岩层倾斜过陡,如开口沉箱施工时所遭遇的困难。

(4)施工设备较气压沉箱法大为简化。

(5)较气压沉箱或开口沉箱法,更省更快。

总之,管柱方法显然是有它优点的,原因如下。

(1)由于管子的作用,有三项功效:①可视若沉井,在水下通过相当厚度的覆盖层;②可视若钻机的套管,在河床下岩层中钻孔;③可视若墩下柱子的模壳。

(2)由于柱子的作用,成为桥基的重要结构部分。

围堰内混凝土承台将所有管柱联合成为一整体结构。整个管柱结构基础,其中大沉井内有许多小沉井,但小沉井下沉时有如管桩,其四周可有摩擦力,承载力较开口沉箱为大。将大沉井分为若干小沉井,不仅使下沉顺利,并能减少很多由于岩面不平所造成的困难。最后以同样大小的围堰,可应桥墩载重变化而改变管柱的数目,将能获得较经济的基础。

管柱如有不加带闸门的两个横隔板,并装置压风机,即可改变成为气压沉箱。武汉长江大桥因不需用气压沉箱法,故未将管柱改装。

以长江大桥为例,估计管柱法造价约较气压沉箱法省25%~30%。

建国十年来的土木工程

　　中国的土木工程、建筑工程和水利工程都有悠久历史。世界闻名的万里长城、南北大运河、赵州桥、都江堰等等都是很好例证。这些工程,有的规模庞大,有的结构奇巧,不但施工组织和材料工具都不简单,即从设计能力来说,也确是惊人的。可以说,中国历史上有过不少土木、建筑和水利工程的设计和施工是具有科学性的。从这里发展出的优良传统就成为宝贵的民族遗产。这笔历代累积起来的民族遗产是我国劳动人民所以能做出卓越贡献的一个基础。可惜的是,正当近代科学在欧洲兴起以后,我国反处在闭关自守的封建没落时期。近百年来,更遭受帝国主义的长期侵略,自己的科学技术不但未能在原有传统的基础上发扬提高,反而形成半殖民地的落后面貌。这种状况一直延续到人民革命胜利,全国解放,才开始有了根本变化。只有为人民服务的科学才能日益繁荣,只有在社会主义制度下才能有繁荣的科学。我国的土木、建筑和水利等工程所以能在解放后得到飞跃的发展,就是由于有了中国共产党的领导。

解放前夕,我国的土木工程、建筑工程和水利工程是怎样的情况呢? 那时也都各有一些,比如铁路有两万多公里;公路有 13 万公里;大都市里,特别是外国租界里,有一些高楼大厦;大江大河上有些零散的水利工程和港口码头等等。然而,它们都有一些共同的特点。首先,它们不是为了替帝国主义做侵略工具的,就是为反动统治阶级做压迫剥削工具或为自身享受的。其次,它们施工所需的材料、工具乃至包商,凡有可能,都是外国来的,只有外国不能来的石头、沙子、泥土和最主要的劳动力,才是中国自己的。第三,它们的设计规范、材料规格乃至一切技术条件,都以外国的为蓝本,有多少国包办的工程,就有多少国的标准,五花八门,形成"国际展览会"。一句话,所有这些工程,除了是在中国土地上,很难看出是中国人自办的工程,纵然有例外,也是极少数,而那些也是统治阶级为了装饰门面,借此宣传的。在这样情况下,当然谈不到我国的科学技术水平,更谈不到科学研究事业,难怪有不少科学部门,根本就是空白点。正如在国民党反动统治下的其他建设一样,对土木、建筑、水利等工程都谈不到什么科学成就,比起我国古代的这类工程,完全用自己力量完成的,也不免都有愧色。真正有科学成就的一切工程是到解放后才开始的。

十年来工程建设中的科学技术

十年来,我国在土木、建筑、水利等工程上的建设成就是非常巨大的。不但规模宏伟,工程数量惊人,而且质量优良,建设速度之高,史无前例。所有这一切都是在旧中国的破烂基础上,迅速发展出来的。在科学技术上,解放前的没落和解放后的兴旺,更成为极鲜明的对比。这样根本的变化是由于有了共产党的领导,由于社会主义制度的优越性。随着形势的发展,党对工程建设、科学技术,在前进的社会主义工业化的物质基础上,及时定出方针政策,指出努力方向,发挥了广大群众的积极性、创造性,因而就能不断克服困难,取得越来越多的重大成就。1953 年开始执行第一个五年计划,定出了土木、建筑、水利等工程技术方面的基本任务。1956 年召开全国基本建设工作会议时,指出了建筑工业化是多快好省地完成建筑任务的基本措施。同年制订的十二年科学技术规划,更指出今后科学技术的发展方向,要求迅速掌握国际上的科学成果,开展全面深入的科学研究工作。1957年召开基本建设全国设计工作会议,提出必须进一步贯彻勤俭建国的方针,节约金属、木材和水泥,做到少花钱,多办事。1958年,党的建设社会主义总路线,土洋并举、两条腿走路的方针,解放思想、破除迷信的号召以及党在工程建设部门的各级组织中,进一步地贯彻了全面领导,更为工程技术、科学研究带来了空前的大发展。这就把科学技术,在和基本建设飞跃迈进的同时,全面提高到今天的水平。

现在就土木、建筑、水利等工程建设有关的各方面科学技术,在解放后十年来的发展和成就,做一简单介绍。这些方面的科学技术,从征服自然的斗争意义上讲,可分两大部分:一是属于工程的武装性质的,计有建筑材料与其制品、结构力学与结构物、土力学与土工、水力学与水工四门;一是属于工程的战术性质的,计有勘测、设计、施工、养护四类。这样的划分当然不是绝对的,每一门类都和其他门类,有或多或少的交叉,这里只以突出的性质为准。由于任一门类的科学技术都为各种工程所需要,为了免去重复,现从各种工程中,按照门类,分析出共同性的和特殊性的科学技术,分别说明其发展情况,然后再从它们的综合发展,指出它们在各种工程中所起的作用。这几个门类的科学技术有一个共同发展的方向,这就是,为了在工程建设中贯彻多快好省地建设社会主义的总路线,它们的成就都表现在下列各方面:节约材料和劳动力,提高速度,保证质量和降低造价。

一、建筑材料与其制品

最主要的建筑材料——钢材,是在解放后才能大量生产的。现在我们以能用自己生产的钢材来修建巨大工程而感到自豪。我国钢厂不但能生产各种结构钢,完全满足桥梁、厂房、高楼、闸门等需要,而且已有不少品种的特殊钢材,如无缝钢管、大钢板,合金钢轨、高强度钢丝等等,陆续供应工程上的特种用途。水泥和木材的产量,每年都有急剧增长,和钢材一起,在工程建设中,起了极大作用。然而,由于工程建设的发展太快,钢材、水泥和木材虽然大量生产,但仍跟不上需要,而且相差很远。这就要求在工程设计上尽量节约这几种材料,并且在材料制品上更多方面地生产新品种。

设计上的节约有两个方面,一是少用,其解决途径是为工程就地取材,并找出代用品;二是挖掘材料的潜力,使钢材、水泥、木材和其他供应不足的材料,都能发挥最大的作用。

就地取材,降低成本,是任何工程所当争取的共同目标。

最明显的例证是以土做材料建成堤、坝和土墙,水利中已建成高土坝,建筑中已有二层楼的土坯结构,公路上用经过热处理的土和结合料代替沙石。其次是砖块、砖拱与砖薄壳,已推广到楼板与屋盖,而大型砖砌块已在试制推广。第三是石料,不但用来建筑基础和海堤工程,而且在桥梁中,各种石桥的用途,也日益广泛。公路上亦用石块做路面材料。第四是竹料,不但用做施工的脚手架和绑扎结构,而且用做半永久性的竹屋架、梁式竹桥和竹桁架。此外,由于我国资源丰富,地方特产材料,可以应用的,数不胜数。如以盐块、贝壳、砂疆作筑路材料即是一例。应当指出,我国古代的工程建设中,对于建筑材料的生产和使用,具有很高的技术水平,特别是善于就地取材,积累的经验成为优良传统。如以石灰入土,成为灰土地基,已经广泛采用,而筑路时用石灰稳定土壤,亦有显著成效。

代用品的趋势是以钢筋混凝土代替钢材与木材,硅酸盐材料代替水泥,塑化材料和玻璃钢代替钢筋。除了特殊情况,一般都以钢筋混凝土结构代替钢结构。铁路上钢筋混凝土轨枕,正在逐渐代替木轨枕。公路上用水泥混凝土预制板做路面。建筑中已造成不用钢、水泥、木材和砖的大楼与礼堂。水泥浆胶结玻璃丝已造成薄壳。代替钢铁管的各种输水管已用预应力混凝土制成。此外,用胶合木材代替整块木材和利用木屑胶成木板已开始推广。很多城市都在利用工业废料来作为修筑公路的材料。

发挥材料潜力,主要是通过采用先进的设计方法和新型结构来实现的。如在钢筋混凝土结构中按极限状态设计方法比按许可应力设计方法,可节约钢材 42% ~ 55%。最显著的节约材料措施是预应力混凝土结构的普遍推广。此外,如薄壳、组合梁、结构中的预应力加固及调整内力等新技术,都为发掘材料潜力创造了条件。

与节约材料有关但主要是为实施建筑工业化的,是对材料制成品进行构件工厂化生产,这就为装配式钢筋混凝土结构,扩大了在建筑、铁路、公路、水运及水利中的使用范围。一般工厂建筑,基础以上的构件都能全部预制,现在更向高层骨架发展。这种预制的钢筋混凝土构件也在桥梁、水工建设和港口码头等工程中发展。预制砖砌块、钢筋混凝土砌块和硅酸盐砌块,都在逐步推广采用。各种预制混凝土构件的工厂,如厂房构件、铁路轨枕、管桩管柱等,已在各工业企业部门大规模地建立起来。

在材料新产品方面,波特兰水泥品种已有 15 种,最高标号 800。为了节约水泥并降低大块混凝土中的水化热,制成了各种掺和料和塑化剂,已能制成高强混凝土和属于尖端技术的自应力混凝土。制成的高级耐热混凝土耐热度到2000℃,利用天然活性原料或工业废渣为原料,不经锻烧的无熟料水泥,标号300~400,已经大量生产。高级陶瓷材料,建筑上已在采用。新型防水材料,如橡胶粉油毡、沥青塑料油毡、沥青膏等;新型保温材料,如蛭石、石棉保温板、木丝棉杆保温板等,均在制造推广。铁路上已在试用各种合金钢制成的钢轨,桥梁上试用高强度螺栓代替铆钉。0.55 米以下的钢筋混凝土管已在厂中用离心旋制法大量生产,用做基础管桩和城市输水管。预应力混凝土制品已有:3×12 米大型屋面板,各种形式的铁路轨枕,电气化铁路接触网支柱,码头护岸的方桩、板桩,1.4 米内径的压力水管等。

二、结构力学与结构物

结构是一切工程建设的骨架,要有适当的强度而且重量轻、变形小,才能保证工程的安全、适用、经济和美观。先进的力学理论和结构形式是设计的先决条件。

我国历史上有过不少构造卓越的建筑物,显示出劳动人民运用力学知识的惊人成果,如石拱桥利用墩墙的被动压力即是一例。新中国力学科学的突飞猛进是有它的传统的基础的。十年来,在结构力学中,研究较多而成果也较为丰富的是刚构静力分析。这是由于工程设计要求更简捷合理的分析方法。研究成果大体上可分为三类。

(1)属于解联立方程的方法:研究的成果表现在减少未知数值,因而减少了方程式和简化了解算联立方程式的工作。

(2)属于反复修正的渐近方法:对普通弯矩分配法,提出了几种加速收敛的方法,特别在传递系数较大时,如集体分配法、集体调整的选弛法、旋转力矩法、连框桁架的调整分配法等。

(3)属于传播不均衡因素的精确法和近似法:不用普通弯矩分配法的"杆件常数",而把"杆端修正抗弯劲度"和"角度传播系数"或"不均衡力矩传播系数"当做"刚构常数"来运用。这种传播法有三个基本方法:A. 角度传播法;B. 不均衡力矩传播法;C. 不均衡力矩和侧力传播法。对这些传播法所做的研究工作最多,获得了丰硕成果,已经达到相当成熟和完整的阶段。

结构动力学在旧中国原是一个空白点,解放后,由于工业厂房、水工结构、桥梁、机械基础等的设计要求越来越高,必须考虑振动影响,而且我国有不少地震烈度较高的区域,这就推动了这门科学的迅速发展。因此,最近几年,对于抗震结构、各种体系的自由振动和强迫振动、若干有关的一般性理论等等,都进行了不少研究,做出各种计算方法和抗震耐动的有效措施。

薄壳结构的理论是比较复杂的,近年来由于特殊建筑的需要,这门科学开始有了发展。现在对于圆柱形开口薄壳、双曲扁薄壳以及其他形式的薄壳等都做了研究,并取得一些成果。

做好一个结构物的合理设计,必须尽可能地肯定适当的荷载和充分的安全度,并且要有先进的设计准则。如按极限状态的计算方法,这就牵涉到载重、风雪荷载、振动冲击、材料匀质系数(包括钢材的铆接及焊接接合的均质系数)、超载系数、工作条件系数,如何应用概率论及数理统计学来研究分析结构的安全度,如何了解结构物在进入塑性阶段后或在裂缝出现后的变形和材料蠕变对于结构物的影响等问题。对所有这些,都已有了不同程度的研究工作,其中较有成果的已在设计中逐步推广应用。

在结构物方面,首先是由于有了钢铁工业,钢结构有了很大发展,从 1953 年到 1958 年,在冶金工厂中建造了 50 万吨钢结构,其中 70% 采用了焊接。有一个厂的车间,建筑面积近三万平方米,用钢一万吨。在七级地震区,设计并建造了高达 84 米的高层钢架。厂房钢结构中,一般采用框架式和桁架式两种体系,其中按极限状态设计的日益增多。在民用建筑中,一个大会堂的屋盖采用了跨度为 61 米的平行弦钢桁架,楼座采用了 16 米的伸臂式钢板梁。在桥梁中,武汉长江大桥采用了 128 米跨度的连续钢桁架,其杆件截面一律都是工字形。康藏公路金沙江桥,主孔 92 米,采用了无加劲桁架的斜缆式悬索桥。预应力钢结构已经开始采用,不少工业厂房建成了有钢索或拉杆的预应力钢屋架。有的钢结构利用自应力来改变内力分布,以消除应力高峰。有些铁路桥梁的工字钢梁,利用了钢索的预应力来加固。关于焊接,除厂房中已大量采用外,在铁路桥梁,试制成功了跨度为 44 米的桁架,其杆件是焊制的,节点则用高强度螺栓。对于冷铆的试验研究,已经开始。

钢筋混凝土结构,在工程结构中,仍为主要类型。很多重型车间,用这种结构代替钢结构,如一个厂的焊接车间,面积四万平方米,最大跨度 30 米,最大吊车 150 吨,即系用钢筋混凝土结构。由于耐热混凝土的成功,很多有高温度的建筑物,如高炉炉壳,也用了钢筋混凝土结构。有很大震动力的机器设备,也用了钢筋混凝土的基础,如一个发电站的透平机基础,就是一个高 13 米的框架式结构,埋深为五米。在桥梁方面,一般中小桥都用钢筋混凝土结构代替钢结构,如詹东线①铁路的丹河桥,用 88 米跨度的钢筋混凝土拱建成。

在水利方面,发展了各种形式的钢筋混凝土高坝。预制的钢筋混凝土结构,如 15 米薄腹梁,各种厂房屋架,民用建筑的屋面、楼板、墙壁,都在广泛采用。铁路工程的隧道,采用了预制拼装式的混凝土衬砌块。

预应力钢筋混凝土结构的迅速发展,已经推广到工程建设中的许多方面,如飞机库 60 米跨度的屋架、其下弦有 5 吨吊车梁、3×12 米大型屋面板、28 米跨度的铁路桥梁、39.5 米内径的储油罐、高达 140 米的电线塔杆等;装配式预应力混凝土结构,如 40 米横向分段的铁路桥梁、50 米块体拼装的公路桥梁已经制成。各种水工建筑中亦在采用。

薄壳空间结构是一种能充分发挥材料作用的高效能结构形式,早在 1950 年即开始应用,其后大跨度的长壳、短壳、双曲扁壳、球壳等都已经建造,比较通用的是球壳。1958 年全国纺织工业厂房盖起薄壳屋面结构,占全部钢筋混凝土结构厂房的 81% 左右。1959 年建造的北京铁路车站大厅,以双

----

① 太焦线的前身,起于京广铁路詹店站(今武陟站),到达南同蒲铁路东观站。

曲扁壳的钢筋混凝土做屋顶,最大的跨度 35×35 米,高 7 米。水泥浆胶结玻璃丝的薄壳,跨度达 18 米已经制成。

此外,近年来还发展了竹筋混凝土结构、钢丝网水泥结构、玻璃丝硅酸盐结构、预应力芯棒的屋面板、空心楼板、小梁以及装配式钢筋混凝土的各种特殊结构等。

砖、石、竹、木的结构,是我国数千年来的传统形式。十年来,这些种类的结构,在原有的传统基础上,有了空前大发展。在砖结构方面,对砖砌体的抗压强度,已有不少研究,并定出设计规范。现已采用极限状态的计算方法来做设计,并在形式上发展了双曲砖拱屋盖、砖拱楼板、钢筋砖楼板、砖薄壳楼板与屋盖大型砖砌块结构等。在石结构方面,除各种建筑与桥梁的基础和河海堤坝广泛采用外,铁路公路都修建了大量的石拱桥,铁路的最大跨度达 38 米,公路的最大跨度达 60 米。在竹结构方面,已建成了跨度 20 米的竹屋架、30 米的竹桁架。公路上正在试用三种形式的竹桥。对于竹结构的理论,如承载力、刚度、耐久性等,做了不少试验研究。在木结构方面,发展了不少新形式和新的结合方法,如胶合木结构、钢木组合木架、板梢梁屋架、网状筒拱等,其中钉合木框架的承重结构,跨度达到 41 米。公路上试用了石灰三合土篾管涵洞,成本只占钢筋混凝土涵管的十分之一。

三、土力学与土工

一切土木、建筑和水利的工程建设都离不开土,不但必须建造在土上,而且还要利用大量的土做成路基或做建筑材料。同时土又是最复杂的自然物,对它的实践虽然历史悠久,但对它的理论,却了解得非常不够,因而关于土工的科学技术是年老而又年轻的。解放前,土力学在我国几乎是空白点,但在解放后,由于大搞基本建设,它就迅速地发展起来了。

首先,对于土的勘探和试验工作,在全国范围内,已经普遍展开,没有一项重要工程不是先从土的勘探试验开始的。这样积累起来的资料,就帮着绘制成各地的工程地质分区图(如北京)和全国的工程地质综合分区图。在不少城市开始了对一些重大建筑物的沉陷和变形的长期观测工作,并建立了地下水的长期观测站。关于勘探和试验工作,所有钻探机具和试验仪器我国已全能制造,包括一些精确的和尖端技术的仪器设备。放射性同位素已在土工试验中开始应用。所有主要的各种技术标准和操作规程都有统一规定,以便相互比较。有些单位开始试用振动钻机,借振荡作用快速钻进。对于采取不受扰动的饱和或松散的沙样及淤泥沼炭等土样,创造了各种取土器。地球物理勘察方法已广泛利用,其中地震勘探及放射性勘探也已开始。为了确定地基力学性质指标,现场载荷试验方法已经推广,并用来测定土的形变模量以计算沉降。关于室内土样试验,主要发展方向是全面化、系统化与标准化,现在更趋向现场化、简易机械化和自动化。

对于土的特性的调查研究工作,已有很多成绩。我国土地辽阔,地质、水文、气候的条件都很复杂,因而土的种类繁多,各有特性特征,不易全盘了解。十年来通过广泛而深入的调查研究,对分布在各地区的区域性土,已积累了大量资料,并在一些地区,研究了地区土的物理与力学性质指标之间的关系。特别对西北地区黄土特性的研究,对它的矿物、化学成分、物理力学性质、变形性质等,有了进一步的认识。对于各地的软黏土、泥炭土、泥沼土、盐渍土、永冻土等都进行过调查研究工作,掌握了不少技术资料。

在土力学方面,对于各地特性土的压缩和渗透性质,做了不少试验研究工作。由于建筑上推广了对天然地基采用按极限状态的计算方法,关于土的变形和稳定性的研究,有了不少新的创获。对于各种建筑物的极限沉降值和不均匀沉降值,进行了观测和研究。值得特别提出的是,对于饱和黏土的固结问题,提出了包括流变因素在内的三维固结理论,阐明了黏土固结的二次时间效应是它的流变性质的后果,并从黏土的微观结构解释了黏土的流变现象。这样从流变观点来研究土的特性,是土力学当前的发展趋势。在电渗的研究中,直流电对土性影响的研究,有了一定成绩。在土的强度方面,几年来做了不少关于抗剪强度的测定和研究。其他如沙土液化、边坡稳定、弹性地基、挡土墙和松散介质的极限平衡等理论方面的研究,都取得了一些成果。

对于新技术——在构筑土方、处理地基和建造基础各方面,都需要大量的劳动力,除了应推广机械施工外,采用新技术为事半功倍的最好途径。在软土地基的处理中,预压加固、沙垫层、沙桩和矿井等方法已在工程中广泛采用。用电硅化法处理流沙地基,也得到很好效果,并已成功地用以加固淤泥。近年来,在许多复杂地层问题上,用此法加固的土体,达到 8600 立方米。对黄土加固,发展了重锤表面夯实、分层碾压、深层捣实和热处理等方法。对于地基防渗,采用了人工冻结土壤法、淤积泥沙铺盖防渗法、混凝土桩和连锁管柱截水墙法等新技术。对于盐渍土的铁路路基,分析出其中含盐量与填土密度的关系。对于桥梁基础、铁路公路的桩基中应用了爆扩桩尖法来加大承载力。由钢筋混凝土管桩组成墩台的桩基栈桥,大量推广。在沿海地区的软弱地基上,公路桥梁应用了人工沙砾基础。在水工建筑物中,介绍了对细沙坝基的爆炸振密法来进行加固,对碾压、水中倒土、定向爆破等筑坝方法,在试用的同时,进行了研究。在软土地基上筑坝,成功地运用了预压换沙和空箱基础等方法。

对于旧传统——土工中有广泛影响的旧传统为灰土地基,这在我国千年以前即已开始。从1953年起对于灰土的物理力学性质和在路面的稳定作用,进行了不断研究,证明了它的很多优点。使用石灰桩加固软土,亦在研究试验中。用压实方法来稳定路基,不靠土基的自然沉落,在铁路公路中已普遍采用,而这在我国秦代的驰道,已有"稳以金堆"的传统。现在沙垫层沙料压实法中的"撼沙"和市政工程中所用的泥浆钻井法、在孔中取岩样,也是我国的古法。

四、水力学与水工

水和土一样,是任何河工程建设所经常接触的一个对象,因而土木工程实际上就是把材料在水土影响下结构成的建筑物。水对建筑物的影响不仅在于水的本身,更复杂的是和土一起所构成的后果,如地基因土中有水而变更性能,河道因水中有土而引起很大变化。水和土的相互关系成为土力学和水力学中的极重要问题。

在工程建设中,水的影响主要表现在数量和速度,因而水文调查极端重要。现在全国广大地区都已经建立了水文基本站网,1958 年底已有 9395 个站。各省已设置了径流站 89 处,观测暴雨与径流的关系。此外,还有广大群众自设的水文站网,由农民进行水文观测。这样收集来的水文资料,是设计各种水利建设的重要根据。同样,在铁路、公路方面,为了设计中小桥梁和涵洞,也建立了不少水位站、水文站和径流实验站,并布置了小桥涵的洪峰观测和验证。关于水文预报,1958 年底已设立了 3030 个洪水预报站,完密了报讯站网;在 17 条大河上,进行了枯水预报;并对黄河进行了冰情预报。在以上各种水文观测中,逐步采用了自动化和机械化的操作方法。根据水文资料,进行了各种水文计算。对水利建设的规划设计绘制了全国水文特征资料(如年雨量、年径流量和各种天数暴雨量的参数)的等值线图。对大江大河,定出防洪设计标准,对中等河流的暴雨径流关系,绘出各种单位过程线,对无观测资料的河流,采用了综合单位过程线,定出水文计算方法。在铁路、公路上,对气候分区、暴雨强度公式、气候系数、各主要河流的变差系数和偏差系数、小汇水区暴雨径流关系等都进行了分析研究,来计算中小桥梁和涵洞的周期流量和过水面积,从而定出桥涵孔径。

为了设计各种水利建设、水运工程和铁路公路的大中桥梁,在有关的设计和科学研究机构,建立了不少水工试验室,进行各种水工模型试验,包括气流模型试验,来定出堤坝、桥墩等的结构形式,河道变迁形状,桥渡冲刷深度,导流堤坝布置和其他各种水工建筑物的性能和形式。在黄河、永定河、长江、钱塘江等处设河床观测站九处,对河道冲淤演变,进行观测。在各水库设实验站,观测库容变化。在铁路,进行了泥石流和路堤渗流试验,积累资料。

在河渠泥沙运动方面,已系统地对水库中发生的异重流现象进行了观测和分析,进一步阐明了异重流的发生条件和运行规律;根据研究成果,提出黄河三门峡泄水孔高程降低20米的建议,可使水库提前十年排淤,延长水库寿命。此外,在火电站冷却池的研究中,还发现了温差异重流的运动规律。

在水工建筑物方面,对泄水闸的泄流能力和上下游水位的衔接问题,对挡潮闸的根据潮水波动理论计算泄流量问题,对船闸的缩短闸厢灌泄水的时间和消能措施,使闸厢内水流平稳等问题,对溢流坝的形式和消能问题,对输水道和高压门阀的局部损失系数、隧洞流态、门阀水力特性以及出口消能措施问题等,均结合试验进行了大量的研究工作,取得不少成果。随着高水头水利枢纽的大规模兴建,对于高速水流的基本理论包括关于掺气、脉动、气蚀、振动、冲击波等问题,都已展开研究,取得了不少实测资料,提出了新的看法和意见。

水工在我国历史上有悠久传统。关于建筑堤坝、整治河道、开塘挖井、护堤防汛等各方面均有就地取材提高施工速度的优良技术,形成了我国特有的河工学。这些技术,经过分析研究,结合具体情况,在各种水工建筑物的设计施工上,有了不少新的发展。

五、勘测

勘测是任何工程建设的第一步工作。十年来,在我国大规模的土木、建筑和水利的工程建设中,进行了系统的勘探工作,对于保证工程的安全、经济与合理起了重要作用。

解放前的工程勘测,不但技术落后,而且勘测对象,仅仅限于地形地势和极少量的地质工作。解放后的勘测工作有了全面发展。在进行技术调查时,除了勘探测量地面的一切形势外,对工程地质、水文、气象等有关资料都着重深入了解,要求数据精确,标准统一,资料充足,工作迅速。也就是说,现在的勘测工作,虽是在地面上一条线或小面积上进行的,但其活动范围却包括了地下地质和天空气候,因而实际上是以立体为对象的。勘测对象的选择决定于工程建设的需要和上述材料、结构、土工和水工四方面所能供应的武装。我国幅员广阔,地理、地质、气候的现象,随着地区的不同,有很大差异,然而勘测结果必须要能适当地满足设计工作的要求。比如,铁路、公路和工业建筑,在选择路线或厂址时,遇到地理因素特别复杂时,应当避让还是设法克服,这就要求勘测和设计协同解决。此外,关于调查资料,还强调完整性,如铁路方面的水文调查,不仅与路线上的桥位桥孔有关,而且影响到将来路上行车时的水源供应。在水库地区选择路线时要了解淹没界限和浸水后湿陷土的变形。对地基钻探,不厌求详,如武汉长江大桥,每个正桥桥墩处,钻了五孔,最深的达 40 米。

在进行技术调查的同时,还要进行经济调查工作。这就要求在各种运输路线选线时,要把经济因素与地理因素综合考虑。对于运输枢纽,还要着重地配合到城市规划。因此所有工程建设的勘测工作,都像这样地同时进行了技术和经济两方面的调查,成为新的发展方向。

勘测工作中所用的技术标准,必须统一。解放前的所谓技术标准是非常少的,仅仅限于几种工程的一些小单位,如铁路的某一线路,因而全国标准是混乱的。解放后,各工程建设中的勘测标准,逐步统一化,推广到各种工程的各个单位,这就使全国的勘测工作人员,有了共同"语言",以便互换资料,交流经验。比如铁路公路都有完整的勘测规程和作业制度,其中彼此有关的,都有了统一的规定。

在勘测工作的新技术中,最显著的是航空勘察,1955 年即在 1700 公里的兰新铁路的路线勘察上开始,其后逐渐发展,成效日著,现已推行到西北、西南一带,不但空测地形,而且勘探地质。同时,在所有勘测工作中,如路线选择、地质钻探、水文调整等,在技术方面的创造,都日益增多,因而促使勘测工作的机械化、快速化、自动化。比如,铁路的四个设计单位在 1958 年一年中,完成了 38933 公里路线的勘测设计工作;湖南一省的 27 个县,在 1958 年的九个月中,勘测设计了14000 公里公路路线。

六、设计

任何工程建设能否充分发挥其作用,决定于其设计工作的水平。设计是决定能否多快好省地完成建设的一个最重要因素。因此,十年来土木、建筑、水利等工程所以能取得重大成就,对于设计工作有共同的认识和严格的要求,是有一定作用的。

共同的认识即是少花钱,多办事,要用先进的技术来做出经济合理的设计。要用已经掌握的关于材料、结构、土工和水工的科学知识和施工技术,来和自然界做斗争,改造自然,完成建设。具体地说,就是要在现有理论的基础上,发挥材料和土地的最大潜力,建成安全而适用的工程,要地尽其利,物尽其用。要拿这样的认识,来严格要求设计的成果。

最主要的是掌握先进的设计理论,如对结构物,解放前是按允许应力设计的,解放后改按破损阶段设计,现更进一步改按极限状态设计。又如地基,原先只考虑承载力,现要兼顾变形。在这里,通过试验,来验证理论,并结合具体情况,是十分重要的。结合先进的科学理论和施工技术来设计,就推动了各种装配式结构、预应力结构、薄壳结构、管柱基础、柔性路面、连拱坝等等的发展。在先进的科学技术基础上进行设计,是一切工程建设的共同要求。

在设计工作上有一个共同的困难,就是建设的任务大、数量多、期限紧,而设计力量却比较薄弱。为了解决这个困难,各基本建设部门都先后订出各种必要的设计准则和作业规程来逐步地统一技术标准。有了标准,对于材料制品、现场施工以及将来工程维修,便有了统一要求,大大简化了相关的作业过程。同时,这种统一标准,更是建成的工程能够安全适用的可靠保证。举例来说,建筑方面的模数制、桥梁的标准载重制、钢结构的接头标准、地基土样的分类、铁路公路路床的截面尺寸等等有了规定,设计便可统一了。

在逐步统一技术标准的基础上,很多设计工作走上了标准化,这是快速设计而又保证质量的进一步措施。从此发展出来的定型设计,对作用相同的结构或建筑物,给以一定形式的设计,在不少工程建设中,起了极大作用。这种定型设计不但随时可用,不必为个别对象做个别设计,而且一套图案规范可以广泛推广使用。如工业与民用建筑中,广泛普及到全国各地铁路桥梁的定型设计已有 300 种,其使用率达 90%以上;公路的定型设计推广到农村,定型图纸的利用率达到 70%以上。对于各种结构,特别是钢筋混凝土结构,有了定型设计,更便于预先制成产品,在需要时,运往工地拼装,这就为预制构件工厂化准备了良好条件。同样,定型设计在水工建筑物、给水排水管道等工程建设中,都得到迅速发展。

在编制和推广定型设计的同时,工程建设中还对一般设计订出各种有效的使设计快速化的措施,如建筑设计中,推行了制图装配化、计算表格化、结构定型化和工具机械化。

公路中推行了设计定型化、计算图表化、一版万用法和平立剖面活版化相结合的快速设计法。其他如铁路、水利等工程中也都各有设计快速化的类似方案。

结合勘测工作,在设计工作中,要考虑到与设计对象有关的其他经济建设。如铁路的选线设计,当然要符合铁路网的规划,而铁路网的规划是全国经济计划所决定,因而铁路路线不但要能和其他交通线配合,而且要能适应其他建设计划,如工业布局、水利的流域规划、城市总体规划等等的要求。而且就从选线本身说,也不能孤立地单纯考虑片面的技术条件,而要从将来的运输经营着想,来求长期的经济效果。从这里,在铁路上就发展出总体设计的新技术,在其他工程中,就提出综合利用的新设计。

七、施工

先进的设计要有先进的施工技术来保证。施工技术的基础有三个方面,即理论、工艺与机械化。一切施工技术都要有理论根据,而且范围广阔,涉及土木、建筑、水利等工程的其他方面,如机械、电机、化学等等,是较难全面掌握的。工艺的熟练程度和科学化的工艺过程是保证工程质量与数量的决定性条件,而这又是与施工机械化的程度有关的。十年来基本建设日益增长的速度,促使我国施工技术的水平,有了不断的提高。

先从最普通的土方构筑说起。这虽是最简单的施工,然而因为数量庞大,就成为决定工程进度的一重要关键,特别在地形、地质复杂地区,先进的施工技术要能同时解决挖方和填方的问题。除了机械化施工外,近年采用的定向大爆破技术是这方面的重大成就。宝成铁路青石崖车站的土石方工程中,一次爆破达 26 万立方米,移挖作填,使车站提前四个月完工,是一个突出的例子。其他工程中用此法获得成功的越来越多。

与土方相对照的是钢结构,它的制造需要较高的技术。武汉长江大桥的钢梁就用了"机器轧板""无孔拼装法"等各种新技术。很多厂房建筑和水工建筑物的钢结构,也用了各种新的加工方法。这里应当特别提出的是焊接技术,这在解放前是陌生的,那时钢结构全用铆接。现在,工业厂房中的钢结构,除设计上要求铆接的以外,已完全采用焊接,而且已经掌握了快速焊接、自动焊接,因而生产效率比解放前提高一倍以上。焊接钢结构也在其他工程建设中逐步推广。

混凝土是一切工程建设中最普通的特殊材料。由于它是要在工地上现浇制成,因而质量的掌握不易,对施工技术有严格的要求。关于混凝土的配合比,解放前对混凝土只硬性规定 1∶2∶4 或 1∶3∶6 的配合比,其强度一般不过 150 号。解放后,混凝土的配制走上了科学化,一定要根据混凝土标号,来选择适当的水泥并确定水灰比,按施工条件确定用水量,从水泥用量,按集料级配定出沙石比率。除了配制技术外,节约水泥方法,也在施工中普遍推广,如水泥磨细,加掺合料,加塑化剂,提高干硬度等。混凝土搅拌已普遍采用机械。在搅拌以前都通过试验,来决定混凝土的配合比。机械振捣已在重要工程中采用。对于混凝土的冬季施工,采用了保温法、蒸气法、电热法、暖棚法等一系列技术。在钢筋混凝土施工中,对于钢筋加工一般都用机械操作。除了调直、切断、成型等工艺外,还采用了各种冷加工方法来提高钢筋强度,节约钢材。钢筋的绑扎,在大型工地,已用对焊、点焊来代替。铁路公路装配式混凝土桥梁也用电焊钢筋骨架。对于预应力混凝土的制造技术,除掌握了一般的先张法、后张法、连续配筋法外,还使用了电热后张法。

预制构件的装配式钢筋混凝土结构,已在各种工程建设中广泛使用,建立了大量的预制构件工厂基地。在工地装配这种预制构件,需用各种机械,特别是吊装设备。制造各种建筑机械的水平也日益提高,如起重量达 40 吨的塔式起重

茅以升全集 ❶

机、桅杆式起重机、履带起重机等都已经生产。在铁路公路方面,各种筑路机械、架桥机、打桩机等均已自制。在武汉长江大桥制成了 420 吨的震动打桩机。

在建筑中还发展了一种快速施工方法,集中使用力量,采用立体交叉,平行流水作业,组成混合工作队,来提高预制构件的安装速度,已经创造了以 32 天时间建成一座 32000 平方米的大型厂房的纪录。

对于大规模施工的规划与组织,已累积了组织大型施工的一套经验。例如,如何结合生产要求安排施工进度,如何规划施工现场的交通和水电供应,如何规划附属加工企业,如何组织各专业各工种的协作配合,如何编制施工组织设计,如何准备技术供应,如何保持现场施工中的生活秩序,如何组织社会主义劳动竞赛和加强技术管理等等。通过科学的组织工作,近年来劳动生产率更加提高,施工工期更加缩短,就是这方面的成就。

最后,也是最重要的是与施工技术有重大关系的我国工人群众的积极性和创造性,不但提高了劳动生产率,而且创造了许多新的施工方法和简易施工机械工具,在一切工程建设中,起了不可估计的重大作用。

八、养护

养护是施工的继续,用来保持并发展原来设计的作用。任何工程建设都不可避免地要受自然界的各种侵蚀影响,而由于材料的内部结构不同,在振动下的疲劳、徐变等现象亦异,引起了结构物的各种变形,这就说明了养护的重要性。在铁路公路方面,对于路基的设计必须考虑养护的便利,特别在地质特殊地区,如沿水库、海岸、湖泊、河岸或伸入海中的路基。对路堤的防护物,如树林、草皮、石块、混凝土块等,要试验其性能和功效。对于桥墩台,要防御冲刷。有些地区的泥石流对桥梁涵洞的威胁很大,先行淤塞,然后冲垮,要有特殊的防止措施。在各种建筑物方面,对地基的防渗措施、结构变形的防范、材料腐蚀的预防等问题,都要在设计施工时充分研究解决方案,减少维修养护的困难。在十年来的工程建设中,对于养护做了大量的继续不断的工作,其中由于科学研究和群众爱护公物的积极性,取得了很大成果,表现在对建筑物的潜力发挥和维修成本的降低。很多部门制定了养护技术规范,健全了养护制度,来提高工程质量。应当提出的,是维修养护工作中的机械化和半机械化的各种措施,减少了大量的劳动力。比如,铁路的养路工区,已有72%

在主要作业上实现了半机械化的养路。

工程建设中科学技术的综合发展

工程建设有关的各方面科学技术,十年来的发展情况,略如上述。每一种工程建设都有它的特殊需要,与它关系较多的某几方面的科学技术,不但发展方向更为明确,而且它们之间的密切联系,促使它们具有综合发展的条件。所谓综合发展,即是几个相关方面的科学技术,为了同一目的而以需要的速度发展来密切配合,要使一方面的成就,带动其他方面的进步,而不容有落后方面牵累全局。这样的综合发展是促进工程建设的一个重要因素。各种工程无非是材料、结构、土工、水工等武装,通过勘测、设计、施工、养护等战术而综合组成的,其中有关科学技术所能综合发展的速度,就是这门工程的科学水平的表现。为了提高综合发展的速度,必须解决其中足以阻滞速度的任何关键问题。这就是科学研究的任务。这些关键问题的解决,要在工程建设中验证其理论结合实际的密切程度,并且要以工程建设的发展为保证。因此,工程建设的成就和其相关科学技术的综合发展是互相依赖的,生产水平和科学水平是互相适应的。十年来,我们土木、建筑、水利等工程中科学技术的综合发展，是有不少成就的。

一、建筑工程

十年来，全国完成了的工业和民用建筑面积共达四亿平方米以上。

由于建筑工程的数量庞大，而且施工速度影响到各种工业的进展，国务院在 1956 年特别做出指示："为了从根本上改善我国建筑工业，必须积极地有步骤地实行工厂化和机械化施工，逐步完成建筑工业技术改造，逐步完成向建筑工业化的过渡。"从那时起，建筑工程的发展方向更加明确，因而建立了大量的建筑基地，迅速扩大了预制装配式结构的生产。现在对一般工厂的建筑，所有基础以上的全部构件，都用预制品。已经建成的十万千瓦的火力发电站和 13 层楼（连地下室）的北京民族饭店是向大面积和高层发展的事例。

建筑工业化的基础是设计标准化、材料构件工厂化和施工机械化，而这三种"化"就代表着有关科学技术的综合发展水平。比如建筑模数制中以十厘米为基本模数值，不仅是设计标准，而且也为工厂化和施工机械化创造了有利条件。又如，对工业厂房结构统一化，采用了"封闭结合"的先进布置方法,就简化了结构类型,大大提高了施工速度。1958年大量推广了整体安装、预组合安装、土建构件设备综合安装等新技术。值得提出的是,在装配式结构中,预应力混凝土构件的品种日益增多且便于推广,为建筑工业化的发展进一步开辟了新的道路。

同时,还贯彻了技术先进、经济合理的方针。在节约材料、提高质量和加快建设的条件下,在工业建筑中还逐步发展出跨度大、房顶高、吊车设备重和内容复杂的厂房。所有厂房建筑不但要满足工业生产的要求,达到坚固适用,而且注意到工人的劳动条件,考虑了采光、通风、除尘、降温、消毒等措施。在施工速度上,一般大中型的厂房,六至八个月可以建成,小型的只要四个月左右。东北的一座12000平方米的装配式钢筋混凝土厂房在31天内建成。在工程质量上,从952项重点工程统计,评为优良的占95%。在工程造价方面,从1955年到1957年约降低30%~40%。这些都是建筑工业化和采用了先进的设计理论和新型结构的结果。

在民用建筑方面,由于我国是一个多民族的国家,幅员广大,从1958年开始,开展了全国性的大协作。经过广泛调查研究,概括了自然条件、生活习惯、地理环境及民族特点等因素在建筑上的反映,初步订出了建筑气候分区试行草案,为设计定型化提供了一些基本条件。这样大规模的协作显示出社会主义制度的优越性。

由于党对古代文物的关怀,解放后对全国古代建筑进行了普查,使许多具有历史价值和艺术价值的古代建筑纪念物,得到了应有的保护和维修。最显著的是,使有五百多年历史的北京故宫逐步恢复了完整壮丽的面貌。上面提过的赵州桥,已年久失修,现已经过研究照原状维修加固,为今天的交通运输继续服务。像这样对古建筑的维修与重建工作,在全国范围内正在广泛进行。

二、市政工程

在社会主义制度下,中国城市的性质有了根本改变,都在工业发展的基础上,由消费城市逐步转变为生产城市。因而城市规划与建设方针就是为生产服务,为劳动人民服务的。城市的分布、城市内部的分区与建设的进度都有了明确的规划。旧城市的改造成为总体规划的重要部分,道路拓宽和绿化了,新的工人住宅大量出现。在第一个五年计划期间,围绕156项重点工业和其他建设项目,规划了兰州、西安等几个主要城市和其他大小城镇150处。以兰州为例,全市分为九区,每区都布置了工业和相应的住宅区,有污染性的工业都在恒风下向；新修了道路一百五十多公里，桥梁32座，建立了规模宏大的给水厂、污水处理站等。

在给水工程上，十年来全国给水工程能力增长了六倍，给水管道增加了8180公里。贯彻了优先采用地下水为水源的方针。水文地质勘察、水质净化、管道管网设计等都有新的发展。如兰州采用了斗槽式预沉池和100米直径特大型辐射式沉淀池处理26秒立方米黄河高浊度水，并用四套不同系统配水的方案，即是一例。

在排水工程上，十年来全国排水管道增加了4000公里以上。并提出了处理与利用相结合的原则，推广了利用生活污水和无害工业废水灌溉农田的措施。对有害工业废水的重复使用，回收水中有用原料和回收料的处理利用等，进行了不少研究工作。在污水污泥的综合利用方面，有了不少成果。在全国水利化运动之后，天津市综合研究了潮汐河道上下游用水的利益，而采用了咸淡分家、清浊分流，使全部污水不入海的方案。对给水、排水的地上地下管线，还采取了综合设计和统一施工的新方法。

三、铁路工程

十年来全国建成的铁路新线、复线共达15000公里以上，包括穿越崇山峻岭的宝成铁路和移山填海的鹰厦铁路。建成的隧道总延长达300公里。铁路工程的成就表现在新路线修建的速度和旧路线的技术改造。铁路运输的特点是运量大而速度高，要求既平且直的轨道。因此，路线的坡度和弯度要小，而轨道更要稳定，就成为铁路工程的努力方向。坡度和弯度在选择路线时决定，而轨道稳定性则牵涉到路基和桥梁的修建以及道床、轨枕和钢轨的构造。近年来，新铁路的修建逐渐深入西北、西南等地形复杂的高原地区，在高山深水、悬崖峭壁中选择路线，要使坡度与弯度合于规范，成为日益艰巨的任务。现在穿越山岭的一段隧道长度，已达4.5公里，跨河越谷的桥梁所需桥墩高度，已达60米，路基的路堤高度，超过30米，每公里的土石方已达40万立方米。将来这些数字都还要增加，这就构成铁路新线上的"长"（隧道）、"高"（桥梁）、"大"（土石方数量）的三大问题。同时，很多路线遇到各种特殊的工程地质，如黄土、盐渍土、冻土、沼泽软土、岩堆、滑坡、泥石流、溶洞、沙漠和地震区域等，通过这些地区的路基的稳定性是又一类的复杂技术问题。至于路基上的道床、轨枕和钢轨如何能构成一个坚实整体的轨道，与路基密切结合，来尽量减少路上行车时的震动，更成为新技术的研究方向。

以上各种问题的解决，要能不但满足运输业务的要求，而且符合节约材料、施工迅速和总体设计的原则。在勘测和设计方面，选择路线时，除了考虑技术上的地理因素，来使坡度和弯道就范，还考虑了其他有关的经济因素，来为国民计划的全面规划服务。在结构、土工、水工的设计与施工方面，对于路基与其中涵洞，在特性土区域的构筑，采用了一系列的分层压实、防渗和排水的方法，来保证路基的稳定性，不必等待路基土的自然沉落再铺轨。对于水库区域的淹没线下的土的湿陷性，对不同土质做了不同处理。为了提高施工速度，在建筑路基、开挖隧道时，尽量采用了机械化与半机械化方法，来逐步实现全盘的筑路工业化。考虑到将来的线路维修和养护，在选线与筑路时，对坍方、滑坡、湿陷等路基的病害，做了有效的预防和根治的措施。在材料结构、设计与施工方面，对木枕的防腐和养护，进行了大量工作。并对轨枕设计并采取了多种的预应力钢丝钢筋混凝土的形式，包括先张法及电热后张法，对钢轨进行了轨端热处理和 500 米以上的焊接，并制造了各种含锰、含高硅、含低钛、含铜的低合金钢钢轨。对混凝土轨枕的钢轨扣件、钢轨下的防爬器、K 型分开式扣件以及铁路道岔的新设计和高锰钢辙叉等新制品，都有了不少成果。

所有以上新的设计方法和施工技术都是解放前所没有的。解放前的铁路,技术落后,标准混乱,解放后虽做了大量的修复和统一工作,但因运输量急剧增长,速度逐步提高,旧的线路和技术装备,远远不能满足需要。十年来除对旧路进行改线、扩线和增加复线外,并对线路的上部建筑,做了大量的技术改造工作,包括道床的加厚和捣实、轨枕的抽换和补充、钢轨的轻型改重型、桥梁的加固和改建等等。近年来,更逐步采用了新技术,预应力混凝土的轨枕已在逐渐代替木枕,焊接的长钢轨已经开始铺设,低合金钢钢轨和新型道岔亦在试用。所有这一切都为了提高线路强度,来适应运输上"多拉快跑"的要求。由于行车速度现在已达每小时 90 公里,还要增长到 120 公里,铁路线路强度理论的研究就日益重要,现在已经进行了全国性的道床系数和断面的测定,并提出了线路强度的计算方法。

四、公路工程

　　十年来,全国新修和改建的公路在 30 万公里以上,城市道路增加了 7733 公里。公路与铁路虽同属陆地运输的线路,但因公路要满足多方面的需要,不像铁路只供特定车辆的使用。公路网要遍布全国,将城市与农村广泛联结起来,为整个国民经济服务,因而公路线路、路基和路面的等级,比铁路多得多。然而即在最高级线路对坡度与弯度的要求也不如铁路严格,而车辆较轻,对道路稳定性的处理,比铁路也有所不同。总的说来,在科学技术上,公路与铁路有很多类似之处,然而公路另有它的一些特殊技术问题。

为了适应广大人民的日常需要,公路工程采取了分期修建、就地取材的方针,随着运输量的增长,逐步提高道路的等级。最普遍的道路当然是土路,对它的改善就成为一项重要任务。在第一个五年计划期间,利用就地取材的方法,改善了23374公里的土路,大大增加了晴雨通车的里程。同时,在69735公里的泥结碎石路面上,加铺了35486公里的磨耗层和保护层来提高质量,增加通过能力。十年来新修的公路,随着运输量的要求,有多种形式。除了土路和泥结碎石路面外,有级配路面、石灰及水泥加固的土路面、砖路面、石块路面、水泥混凝土预制板路面和黑色路面等。各种路面的路基,一般都采用人工压实来稳定,不靠土基的自然沉落。对路面强度和稳定性以及防治冻害措施,都有了不少研究。对于路基压实的标准,就各地不同的气候与水文条件、动荷载影响、土的压缩与固结、干湿变化所引起的内应力等,做了不少研究来制定压实度,提高土基的形变模量。对于柔性路面结构设计理论中所需要的形变模量测定法,进行了大量调查研究,拟订出按各地区气候条件来划分的土基形变模量计算值表。

由于修筑的困难较少,公路不但不和铁路处于对立竞争的地位,反而成为铁路的先行官。从第一个五年计划开始,就以完成边疆和沿海公路为首要任务,特别是西南的高原公路,如世界屋脊的康藏公路和青藏公路。为了修建铁路,在交通不便地区,有时先修公路为运输之用,后来成为辅助线。在青藏高原永冻地区、柴达木盆地盐渍戈壁地区、西北的黄土地区、东南的淤泥沼泽地区等复杂地质区域,对路基的构筑、路面的铺设、养护的措施等方面,都经过大量研究,根据新理论,采用了新材料、新结构、新施工技术,才能将路建成。

低级公路的工程简单,但数量特大,需要群众力量更多。在 1950 年至 1952 年期间,通过养路大中修而恢复通车的公路,长达 24400 公里,其中动用的民工达 6000 万工日。1958 年在四川省达县群众技术革命运动中,一个半月内,献计献策的有 3800 人,创造了筑路用的各种小型机械 2176 件。

五、桥梁工程

十年来,桥梁工程,无论在铁路公路上或城市里,都有很大发展,仅铁路大桥一项,总延长即达 20 万米。桥梁是铁路或公路修建中的一项关键工程,在造价上占很大比重,而施工期间又较长。在线路上提高运输量和行车速度时,桥梁又往往成为薄弱环节。因此桥梁科学技术的综合发展有了特殊的重要性。其中值得提出的是:

新技术的采用和创造——集中表现在我国现时最大的铁路、公路、城市的联合桥,即武汉长江大桥,基础水深达 40 米以上,桥身用三联九孔连续钢桁架,全长连引桥共 1670 米,于两年造成。该桥采用震动打桩法的管柱基础,具有施工速度快和投资少的优点。这个方法现已推广到其他新桥和水工建筑,管柱直径现已发展到 5.8 米。又如铁路上已修建预应力混凝土桥五十多座,其中最大的一座全长 700 米,由 28 孔 24 米梁组成。

"建桥工业化"——不论铁路或公路,中小桥的数量最多,工业化就是为了多快好省地修建这类桥梁。和建筑工业化一样,这也包括设计标准化、构件工厂化和施工机械化三个因素。在设计时尽量做到主要尺寸模数化、细节布置定型化、材料规格简明化,来做出各种定型设计,再加材料构件在工厂预制,施工时多用机械,那么对中小桥梁的上部结构就可整孔定型、整孔制造和整孔安装,大大节约了材料并提高了速度。又如桥墩基础,也采用了钢筋混凝土的高桩承台或装配式桥墩或管柱结构,尽量做到工业化。

和有关工程的大协作——最明显的是和水利方面协作,利用调治构造物(如导流堤),来调节水流,压缩桥长,从而定出适当跨度。又如桥梁的水上净空,因与行船有关,最易引起桥梁与造船工程间的矛盾,特别在重要航道上。但在我国,由于同在社会主义制度下,从整个国民经济观点出发,就都能顺利解决。

旧传统的利用——这主要表现在就地取材上。最有成效的是大跨度石拱桥,但结合许多新理论和新技术,如以装配式钢拱架代替木拱架,在拱脚圈内放置临时铰,使用沙筒调节拱圈下弯度等等。又如木桥,公路上利用小木料建成各种形式的拼接简支梁、钉板梁桥、新式撑架桥等。又如竹桥,公路上制造了束合梁,最大跨径三米,钉桥梁,最大跨径十米,来做低级线路上的临时小桥。

劳动条件的重视——桥梁深基础都要在水下施工,必须尽量机械化,减少人工操作。比如气压沉箱这种技术虽有它的优点,但对工人健康是非常不利的,远不如武汉长江大桥所用的管柱结构基础。又如架设桥梁时,一般都有充分的安全措施,以免发生事故。所有这一切都由于重视工人劳动条件的结果,然而它同时也大大提高了劳动生产率。

六、水运工程

我国大河多,海岸线长,水道运输特别重要。因而水运工程,在近十年来,有了巨大发展。这些成就是和水利、铁路、公路、市政等工程的密切合作分不开的。由于我国河道多流经易被冲刷的黄土冲积层上,夏秋季洪峰又多集中在七、八、九三个月内,因而河槽与岸线经常变迁,泥沙淤积的浅滩,时隐时现,而河道泥沙又常在港口回淤,这都给航道的养护与河槽固定带来很大困难。比如对塘沽新港的回淤,发现了细粒泥沙的絮凝现象,就研究了缓凝措施。历年来,在长江急流深水中进行的大块柴排护岸与疏浚河道相结合的整流工程以及一些经常性的航道清槽扫床维修工程,都收到一定的成效。对于山区河流中的湍急水流、乱流以及险滩暗礁,如川江航道的状态,也在整治工程中取得了不少技术经验。

港口工程的码头、护岸、航台,特别是海上防波堤,多处于极端恶劣的自然条件之下,如沿海每年都有台风侵袭,而沿海河岸又多为松软的淤泥冲积层,这就造成对这类水工建筑物的特殊要求。为了解决软弱地基承载大型水工块体的问题,海堤工程上采用过两种不同方法,抛石干砌法和抛填沙层法,都取得了一定的成就。在码头结构上,发展了装配式预制构件的形式。为了防御冰撞浪打,有的海港建筑物采用了镶面和抛填混凝土四脚锥体,作为护坡。

七、水利工程

十年来,培修了大量堤防,控制了洪水泛滥,其后在全国各地修建的各式各样的大、中、小型水利工程,数以万计。这些工程一般都以能同时结合根除水害和开发水利为目的,成为发展水利建设的新方向。全国主要河流和许多中小型河流都有了根除水患、综合开发水利资源的流域规划。规划中的工程有三类。最主要的是水库建设,这是以防洪、灌溉、通航、发电来综合利用水源的最鲜明表现。已经建成和正在修建的水库之多之大,世界上是罕见的,如已建成的淮河流域梅山连拱坝,高 88.27 米,长 443.5 米,即是一例。而正在兴修的控制黄河的三门峡水库,规模更是宏伟。除了混凝土坝外,还有许多大型的土坝,有的坝高达 66 米。在建筑这些高坝时,为了决定安全而又经济的高坝形式和断面尺寸,对坝内应力的实验分析和理论分析方法,都逐步发展起来了。由于许多坝址位于地震区域内,有关这方面的研究正在深入开展,对于地震力的计算方法、动力模型相似律等,已取得一些成果。对于筑坝技术,已能使坝中均匀细沙,不致因地震而发生液化。对于大型混凝土坝的温度应力,也做了不少研究,已成功地应用电拟法来决定平面和空间问题的稳定温度场。

第二类的水利工程是一个区域水利化的工程。这是我国在党的领导下,劳动人民的新创造。水利化的中心是发展灌溉,同时也包括防洪、除涝、发电、航运和土壤改良。从山区至平原,从上游至下游,争取做到水尽其利,地尽其用。天上降的雨水、地面上的径流和土中的地下水,都要结合积蓄起来,为农业和其他生产服务。要使山区雨水就地拦蓄,平原地区的天然河流和人工渠道连接起来,形成上下沟通的立体式的河网系统,因而整个地区的水量就能自动地相互调剂,使洼地不涝,高地不旱,来减少以致消灭天然灾害的影响。由于这样全面开发、综合利用的结果,许多过去专门为了一种目的而开挖的河道,现在成为冬季蓄水、春秋灌溉、夏季泄洪的三用河。1958 年一年中全国扩大的灌溉面积,达到四亿八千万亩,超过了我们祖先几千年来的劳动成果。

第三类的水利工程是与上述有关而有特殊要求的。比如现已开始的甘肃省引洮上山的工程,完工后将成为世界上最长的山上运河。总干渠长 1400 公里，从海拔 2250 米的山民县引洮河的水，经过山区，到海拔 1400 米的董志，中间要劈山切岭经过 200 米深的挖方，需要大规模的防渗，工程十分艰巨。又如我国很多地区大面积的盐碱土，未经开发利用，而现在已研究出多种改良措施，冲洗盐碱，使原来寸草不生的土地，如西北银川地区的白疆土，长出了丰产的稻谷。

应当提出，中国人民很早就有把河流当做一个整体，在上中下游，根据地形的水流特性，进行治理和利用的概念。上述水利工程的成就是我国治水经验的大发展。

发展科学技术的保证措施

十年来基本建设的辉煌成就和科学技术的蓬勃发展是互为因果的。应当指出，由于原来基础落后，全国人民对此所做努力，是历史上少见的，而其成功关键则在党的正确领导。领导的作用表现在所有有关的各方面，发展科学技术要有保证措施，即是其中的一个方面。

保证科学技术的迅速发展，需要多种具体措施，其中比较重要的，有下列各项。

一、组织机构

人力物力必须通过组织,才能发挥最大力量,再加周详计划,则力无虚费。在土木、建筑与水利的各项工程建设中,组织机构,大小配合,形成全国性的各种工作网,包括中央与地方,综合与专业。各基本建设有关部门,如中央的建筑工程部、冶金工业部、第一机械工业部、煤炭工业部、水利电力部、铁道部、交通部、纺织工业部等和各地方的工业厅、建设局、工程局等,都对工程建设抽调相当人力物力组成各种工程技术或科学研究的专业或综合机构。

首先是关于工程地质的勘探专业机构,已经普遍设立,附设现场工作队和土工试验室,较大的部门有很多勘探队,分布全国。它们有的在一些地点设立长期观测站,如关于建筑物的沉陷和地下水,有的勘探队伍足迹到了雪山、沙漠、深山、森林等地带。

其次是关于工程设计的专业机构。较大的基本建设部门,都对工程设计,成立专业机构,与施工机构划分,不但便于分工而且有利于相互检查促进。有的设计院附设专门学校和科学研究单位。

第三是关于建设施工的专门机构,这是在生产现场进行战役的单位。它们的特点是装备齐全,不但为了施工,而且兼顾施工的机具设备。现场的施工组织是一门新兴科学,在我国有很大发展。

第四是关于工程建设的科学研究。所有中央的基本建设部门,都有相关的科学技术研究机构。属于地方的科学研究机构中,也有专业的土木、建筑和水利方面的研究所。中国科学院的土木建筑研究所是较大的全国性研究机构。所有各研究机构都有规模不等的材料、结构、土工、水工、金属、化学等各种试验室,其中很多有最新技术的仪器设备。有的研究机构还附设制造仪器工厂和进行试制、生产的中间工厂。全国科学研究机构,与有关的高等学校中的研究组织,在全国一盘棋的精神下,密切分工合作,有无相通,来争取超额完成任务,提高科学技术水平。

二、培养干部

这种教育工作是分四方面进行的,一是广泛设立全日制的高等及中等学校,二是在工作岗位和生产现场进行各种业余教育,三是开展普及科学技术的群众运动,四是对工程技术人员给以充分的学习和进修机会。在全国高等工业学校及中等技术学校中,很多设有土木、建筑和水利等系科。1958

年全国进一步贯彻了教育与生产劳动相结合的方针，所有上述的高等、中等学校的学生，都在一年内以三个月到四个月的时间，进行生产劳动的锻炼，不但在本专业的生产现场实习，而且还分担部分技术任务并参加科学研究。关于业余教育，所有基本建设部门各机构及生产现场的职工，现在都有机会参加各种训练班、讲习班或正规的业余学校进行学习。关于科学技术的普及运动，这是从 1950 年即开始的，成为技术革命的群众运动的一部分，已经获得很大成绩。现在全国极大部分的县市，都已成立了群众性的科学技术协会，很多工矿企业和农村的人民公社都有基层组织，对于普及科学知识，发挥创造性，起了很大作用。工程基地的职工，通过生产实践，经常提出创造发明和合理化建议，来提高劳动生产率。工程技术人员从政治学习中认识了自然辩证法，用马克思列宁主义思想武装自己，来克服形而上学片面的观点，对于科学分析的能力，逐步提高。此外，很多工程技术人员还有在国内或国外，得有脱产进修的机会，对于学术上的深造，更是莫大助力。通过以上四方面的努力，我国工程建设的科学技术队伍就迅速地成长起来。

三、仪器设备

工程建设中的科学技术工作都离不开仪器设备，而这在旧中国是几乎完全要靠国外进口的。解放后,由于机械工业的迅速发展,这种仪器设备,目前已经能由我国工厂大量供应。全国已有不少规模较大的专门制造科学仪器的工厂。较大的勘探设计施工和科学研究机构都自己设有工厂,制造本身需要的特殊装备。很多属于新技术的高级精密仪器和材料,已在逐步生产。施工中的工具、机器、设备是极其复杂的,特别在施工机械化的要求下,数量也是很大的,但一般工地,在全国厂矿支援下,总能设法解决。为了协助解决科学工作上的特殊需要,全国很多城市设有科学器材供应服务处,办理订货和交流的业务。

四、科学情报

为了迅速掌握世界上最新的技术资料,和交流国内的先进经验,科学情报工作已在我国广泛展开。中国科学情报研究所,是全国性的科学情报供应机构。各基本建设部门的科学研究机构一般都有科学情报的专业单位,对本部门业务有关的技术资料,及时供应。各高等学校图书馆,都重视搜集科学技术的图书资料。各大城市有中心图书馆,为科学情报服务。可以说,全世界较重要的科学技术图书和各种定期刊物,任何一位科学技术工作者,通过各种科学情报服务机构,都可及时看到，或得到照相复本。各工程设计、施工和科学研究机构，一般都出版形式不同的科学技术期刊。它们还出版各种科学技术刊物，进行科学普及工作。通过各有关机构的密切协作，以上各种科学情报工作已经形成一个全国性的科学情报工作网，对工程建设的迅速发展，起了重大作用。

五、交流经验

由于基本建设规模的浩大和科学技术队伍的日益成长，在全国范围内和各地方区域内，经常举行各种形式的集会，彼此交流经验，是非常重要的。这有很多种方式。一是各基本建设的政府部门经常召开的各种全国性工作会议。如1956年基本建设工作会议和1957年的全国设计工作会议，除了宣布国家的方针政策和讨论工作计划外，在会上宣读的工作报告、工程总结等都对出席人员有极大启发。一是各部门各机构经常举行的全国性的或区域性的专业会议，对某一科学工作或技术问题，进行集中讨论。这种会议是非常之多的，收效也极大。更广泛经常的是全国性的和地方性的科学技术协会所领导的各种专门学会的各种学术活动。属于基本建设的现有中国土木工程学会、中国建筑学会、中国水利学会以及各地方的以上三种学会。它们都按照计划，经常举行各种报告会、讲演会、讨论会、座谈会等,由会员自由参加。国外专家们的科学报告,也受到各学会的欢迎。集会内容一般都属于本门学科在建设上的迫切问题,对完成建设任务有直接关系,因而有助于提高会员的业务水平和科学水平。这三个全国性的学会出版有《土木工程学报》《建筑学报》和《水利学报》。这三个学会同时也进行科学普及工作,因而每个会员都能在提高与普及相结合的方针下,广泛而深入地交流经验。

科学技术的发展道路

从上述土木、建筑、水利等工程建设的巨大成就可以看出,十年来我国在这几方面的科学技术的发展并非出于偶然或自发,而是根据党的方针政策,为了保证工程建设本身的多快好省地发展而逐步形成的。它们已经走上了正确的发展道路。这个道路也就是我国所有其他科学技术的发展道路。首先,任何科学技术工作都是为社会主义建设服务的,因而必须从建设任务出发,理论结合实际。其次,发展科学技术,要有全面规划,保证重点,带动一般。这个规划是和发展国民经济的逐年计划密切配合的,成为发展科学技术的行动纲领,对于科学技术工作者起了动员和鼓舞的作用。第三,工程建设需要浩大劳动力,必须万众一心,群策群力,不但表现在体力劳动上,还表现在工作中的创造发明上。因而科学技术工作中的群众路线特别重要,要能实现土洋并举,贯彻专业科学机构与技术革命的群众运动相结合,普及和提高相结合,生产、教学和科学研究三者相结合的方针。最后,要鼓励解放思想,破除迷信,提倡敢想敢做的风格,提倡大胆独创,来征服自然,利用自然,完成科学技术的使命。总的说来,科学技术所以要在这样的道路上发展,就是为了要贯彻鼓足干劲、力争上游、多快好省地建设社会主义的总路线,来把我国建设成为一个具有现代工业、现代农业、现代科学文化的伟大的社会主义国家!

1959 年

力学中的基本概念问题

　　自然科学本身没有阶级性,但如何通过自然科学来认识世界和改造世界却有唯物主义和唯心主义两种对立的观点和方法。拿科学技术中的一个基础学科,同时也是一个古老学种——力学来说,就我们所接触过的教科书中,包括理论力学、材料力学、结构力学等等,内有 1959 年出版翻译的教科书,就有很多唯心观点,有的还十分严重。这就不但必然要降低教学质量,而且也会影响到人们的思想意识。这是我学习毛主席《矛盾论》和在工作实践中体会出来的。现就力学中的几个主要问题,做一些初步的分析研究,恳求读者指正。

　　从字面上看来,"力学"应当就是关于"力"的科学。但是没有任何一本力学教科书,能够说得清楚,到底"力"是什么东西,至多只能搬出一些关于力的数学公式。力学奠基人之一的牛顿,在发表他的关于运动的三大定律的名著中说:"我在此只想指出力在数学上的概念而不考虑它在物理上的原因和地位。"连他这样的力学大师都不愿说出力的物理概念，难怪一般教科书就要把人引到糊涂套里去了。本来"力"这个名词也实在用得太多了，好像可以给它戴上任何一顶帽子。打开今天的报纸，就可看到生产力、生命力、劳动力、能力、脑力、体力等等无穷的力。在一般自然科学中也可看到干扰力、稳定力、亲和力、热力、水力等等各式各样的力。至于力学中的吸引力、排斥力、摩擦力、静力、动力、重力等等的力，更是数不清了。究竟所有这些力，指的都是些什么东西呢？无怪恩格斯说："于是有多少种不能说明的现象，便有多少种力。"他又说："在自然科学的任何部门中，甚至在力学中，每当某个部分摆脱了力（重点是原有的）这个字的时候，就向前进了一步。"这一现象的产生都是由于对力的本质和作用用了形而上学观点来理解和说明的缘故。《矛盾论》里说："所谓形而上学的庸俗进化论的宇宙观，就是用孤立的、静止的和片面的观点去看世界。"力学书中对力的看法正是如此。

现在先举两个例来说明力学中的概念问题。

1. 平衡中的运动。

最简单的平衡例子就是两人拉绳，拉紧后，绳不动，人也不动，绳既"势均"，人也"力敌"。绳拉紧时，人的手都要往后移,绳和手的接触面就有位置的变动,名为"变位"。绳的力是布满在接触面的,力随着接触面的变位就做了功,这个功就是手对绳给的能量,手对绳使劲就是给了能量而非给了力。手给绳的能量愈来愈多,绳被拉得就越来越紧,等到拉无可拉,手不能再动时,绳就处于平衡状态,手不放松,平衡不变。绳子从松的情况而拉紧到平衡,经历了一个被拉长,也就是变形的过程。在这过程中,绳内的每一分子都要移动,都有变位,所有各分子的变位就表现为绳子总的变形。绳子所以能平衡是由于被拉长,而拉长即是使分子有运动,这就是"平衡中的运动"。分子在变位时有一特性,名为"弹性",即两个分子分离时,它们就互相吸引,接近时,就互相排斥。这个吸引或排斥所产生的力,名为"应力"。分子的应力是和它的变位同时产生的,其结果就是应力做了功。绳子内各分子所做功的总和就是绳子里的总能量。绳子被拉长了,就是里面有了能量的表示。这能量从两头拉绳时所做的功而来的,绳内有了能量,两头的能量就没有了,形成"能量的转化"。绳子两头有了约束的力,使绳子不再移动并因拉紧而存储能量,就是使绳子平衡的条件。但是要使绳子拉得一丝不动是很困难的,再紧一点就是输入能量,稍松一点,就是输出能量,而拉绳力的大小就随着起变化。因此,平衡总是暂时的、相对的,平衡中的运动总是经常的。人拉绳的力就是手和绳的接触面上的力,但是,手拉绳,绳也拉手,这个接触面上就有两个方向恰恰相反的力,名为力和反力。力与反力必然相等,因为它是同一个能量转化,同一个接触面变位的结果。同时,绳子在瞬息平衡时,每个分子所接受的能量是相等的,变位是相同的,因而互相吸引的应力也是相等的。两头拉绳的力如不相等,一大一小,绳子就要移动而失去平衡。

因此,当物体为外力所约束而不能移动因而存储能量时,它就处于平衡状态。这个能量是从另一物体转化而来的。转化时,这两个物体相互作用,同时变形,它们的接触面就有变位,同时接触面上也有了相等的力和反力。接触面上的力即是约束物体使之平衡的外力,名为接触力,等于平衡物体内的应力。

2. 运动中的平衡。

再举一个简单的运动的例子。两个球在运动中相遇,快的赶上慢的,因而发生碰撞。两个球都在运动就都有能量,能量多少决定于物体的质量和速度。快的球为慢的所阻挡,慢的球为快的所推动,两球的速度就要起变化,快的变慢,慢的变快,因而快的球的能量减少,而慢的球的能量加多。能量是守恒的,不能制造也不能消灭,这里能量的一减一增当然就是两球之间有了能量的流动。能量变化是物体运动变化的外来条件。在碰撞开始后,两球速度起变化,但无论变化如何快,总需要一定时间,让两球速度扯平。在扯平以前,总是快的球在慢的后面,在每一瞬时,总是后面的球走得比前面的多。如果不是后面的穿过前面,这个矛盾如何解决呢?过去有的力学家对此做了解释,但论证不足。其实,这只是两球都能变形的缘故,两个球都变形了,后面的就能向前靠拢,就在这靠拢时,后面的球就能比前面的走得快了。球的变形可用黑炭涂在球面,从碰撞处黑圈的大小,即可证明。两球变形时,后面的速度比前面的大,两球碰撞处接触面就有了变位,对后面球是前进,对前面球是后退,同时接触面上也有了力。力和变位在一起做了功,这个功就是快球传给慢球的能量。能量就是由于两球接触面有了变位,又有了力,所以形成流动。在能量流动的瞬息时间,两球受挤变形,输入能量就分存于两球中,同时两球接触面上,有迎面而来并且大小相等的力和反力,构成暂时的约束力,因而两球就处于一刹那间的平衡状态中。这就是两球在"运动中的平衡"。平衡时,外面接触力等于内部应力。这个平衡随着碰撞结束而结束。此后,两球各以新的能量、新的速度,继续运动。新的能量和速度决定于两球的物理性质。如果两球都是塑性的,变形后而不能恢复原状,如面团,两球就结合成一体,以同一速度前进。如果两球都是弹性的,变形可以完全消失,如皮球,那么,原来快的球就变慢,而慢的球就变快了。打弹子用的球是同一大小、同一性质的,两球碰撞后,这个的速度给了那个,那个的给了这个。动的球打不动的球,不动的球变动了,动的球变不动了。这是由于能量的转化,动的球的能量完全给了不动的球,能量交换引起速度的交换。

因此,两个物体在运动碰撞时,速度变化引起物体变形,因而接触面有变位,接触面上的力和变位在一起做了功,就形成能量的转化。能量转化为运动变化的外因。接触面上的力等于反力,在每一瞬间也等于物体内的应力。

一、力学是物体运动的矛盾论

上面提到在两个物体相互作用下的运动与平衡、力与反力、变形与恢复、变位的进退等等物理现象,显然,两个物体的这样相互作用就包含相互依赖和相互斗争的许多矛盾,这些矛盾就推动着物体运动的发展,有的矛盾是属于空间、时间的斗争的,有的是在同一空间、时间而属于作用性质的斗争的。在物体运动中,这些矛盾都有普遍性、绝对性。"存在于事物发展的一切过程中,又贯穿于一切过程的始终。"恩格斯说,"运动本身就是矛盾,连简单的机械的移动之所以能够实现,也只是因为物体在同一瞬间既在一个地方又在另一个地方,既在同一个地方又不在同一个地方。"如果用变形的矛盾来解释,那就是原来在后的物体,经过变形,反而走在前了。所有上述的力与反力和变形、变位等矛盾都属于力学中的作用和反作用的范畴,都是列宁说明过的普遍性矛盾,这些矛盾中,变形与恢复虽具有普遍性,但遇特殊物体也有特殊性,如塑料变形,虽能恢复但不完全,有的甚至不能恢复,然而恢复的这个绝对的共性却包含于塑性的个性之中,"无个性即无共性"。每一矛盾的两方面中,总有一方面是主要的,在某一瞬时取得支配地位,如力和反力,力是顺着速度大的物体的,就是主动的;变形和恢复,变形是运动之所以形成的一个主要因素。更如运动与平衡,表面上同等重要,运动不能长期进行而无变化,但一有变化就必须要有瞬息的平衡;平衡更是时刻变化的,而每遇一次平衡,即有一次运动,然而,运动是绝对的,平衡是暂时的,"世界上没有绝对地平衡发展的东西",因而在运动与平衡的矛盾中,运动是矛盾的主要方面,经常取得支配的地位。"取得支配地位的矛盾的主要方面起了变化,事物的性质也就随着起变化。"平衡只是在运动起了变化时,才能"昙花一现"。

运动怎样才能起变化呢? 这就必然要有一个外因,就是一个本身所不能具备的外来条件。上文说过,这个外因就是从另一个物体带来的能量的转化。恩格斯说得对,"运动或所谓能量的形态变化""总是至少在两个物体之间发生的过程"。这就明白指出能量和运动的关系。但力就不如此,它是在能量转化中,由两个物体在相互作用下产生的,而且是和物体运动的变化,即整体变位和分子变位(物体变形),同时产生的,这个力和变位、变形就是外来能量存储于运动物体内的表现形式,而外来能量也就是另一物体的运动所表现的。既然力是和运动变化同时产生的,它如何能成为运动变化的外因呢?(能量转化也和运动变化同时进行,好像能量转化和力一样,也不成为外因。但这是指机械能,倘如是热能或电能,它同样能使运动变化,而热与电就显然是外因了。既然都是能,机械能也就成为外因。)

　　力不但不是运动变化的外因,而且也不是运动变化的内因。它和变位、变形一样,都在运动变化中有矛盾,然而也和它们一样,都不是主要的矛盾,都不能在运动变化中取得支配地位。力的大小和变位或变形有直接关系,而力和变位或变形在一起就表明能量转化的多少,然而它们都不能说明能量转化,也就是运动变化的原因。运动变化的根本原因或内在因素,也就是物体运动中的主要矛盾,应当是物体属性中的动性和惯性。能量转化是运动变化的外因,动性与惯性的矛盾是运动变化的内因,"外因是变化的条件,内因是变化的根据,外因通过内因而起作用。"

物体的惯性是力学中的固有名词,但和它对立而矛盾的"动性"这个名词,却是我杜撰的。物体的动性表现在:物体一有能量即有运动,运动随着能量的变化而变化。物体能够接受能量而且立即以运动形式来表现能量的存在,即是由于物体的动性。如果物体不能运动,既不能有整体变位,也不能有分子变位,即物体变形,它就不能接收能量。质量和速度的乘积名为"动量",是物体动性的衡量尺度。力是动量按时间的微分量度$\left[\ =\dfrac{\mathrm{d}}{\mathrm{d}t}\cdot(mv)\right]$,能量是动量按速度的积分量度$\left[\ =\int(mv)\mathrm{d}v\right]$。力和能量的概念,都应以动量的概念为基础,因为动量包括物质与运动这两个最基本的概念(运动是物质存在的形式)。物体的惯性表现在:物体在从另一物体接收能量,或将自有能量转移给另一物体时,总需有一定的时间,因而物体的运动或运动的变化总不是突然实现而是逐步实现的,表现为物体有维持现状的"习惯"。能量进出所以需要时间有两个原因:一是能量是要分布于物体的全部分子的,但能量进出只有一个"大门",即是和另一物体碰撞时的接触面,从一个"大门"到全部分子当然需要时间了;二是这个接触面的"大门"总是比较小,对于能量进出,形成一个"瓶口",接触面愈小,能量进出愈慢。物体惯性的大小决定于它的质量和特性(弹性、塑性、流变性等),在变位时,只决定于质量,也就是物体分子的多少和分子运动的难易。物体在接收能量时,还有三个"习惯",一是将能量平均分布于所有的各分子,二是所接收能量能少则少,愈少愈好,三是只要有可能,就把能量尽量排出。这些惯性的积极作用可以解释物体运动中的许多问题,如"离心力""最小功""弹性""塑性"以及材料"疲劳"等等。

动性和惯性是物体运动中的普遍性矛盾,贯串于物体运动的始终。和力与变位、变形的矛盾一样,它们都有斗争性和同一性,所有这些矛盾中的每个矛盾方面都不是孤立存在的。"假如没有和它做对的矛盾的一方,它自己这一方就失去了存在的条件。"它们一方面互相对立,而又同时互相依赖,"双方共处于一个统一体中"。同时,这些矛盾着的双方,依据一定的条件,各向着其相反的方面转化。如力可化为反力,变形可化为恢复,前进的变位可化为后退的变位以及运动可化为平衡,等等。特别是动性和惯性的矛盾双方更是经常转化,比如奔驰的汽车突被刹车时,由于惯性,能量只能逐步减少,来不及流出的能量就使刹车下的汽车继续前进,这时的惯性就起了动性的作用。

上面所说的这些矛盾,都使物体运动在能量转化的条件下,可有两种状态,即是"相对静止的状态和显著变动的状态"。两个物体在碰撞的一刹那间,有瞬息的平衡,这时好像只有物体变形的数量的变化，显出静止的面貌，但当变形的"数量的变化达到了某一个最高点，发生了性质的变化"，那么，平衡就消失，运动就显出"显著变化的面貌"。同样，在拉绳的平衡中，其初由于分子变位的数量增长，显出物体变形的运动，但当数量增长到顶点时，运动就变化为平衡，然而这平衡还只是瞬息的。因此，矛盾的转化为统一或"对立的统一是有条件的、暂时的、相对的"，而矛盾的斗争性是无条件的、绝对的。所有物体运动中的一切矛盾都以"质量守恒"和"能量守恒"两原则为基本条件而统一起来。

二、牛顿定律中的一些问题

根据上述理解，可以看出牛顿定律中的一些问题和现行力学教科书中常见的一些形而上学观点。

关于物体运动的牛顿三定律（1687年发表），是古典力学的基础。发表以后，科学界时有争论，至今未息。然而三定律的权威性也越来越高，成为今天世界上所有力学教科书中的金科玉律。但是，定律虽未变，表达方式却很不一致，常在教科书中引起混乱。

第一定律。牛顿原来的写法是："除非是对物体加了力，来强迫变更它的状况，则物体继续处于静止状况，或继续做直线匀速运动。"这里把力说成是可以"外加之物",与物体本身无关,好像水中加盐,不论水是冷是热,盐总是盐一样。然而,力并非如此,它是两个物体有了接触才出现的,不是从一个物体加到另一个物体的。而且,就照牛顿的话来"加"力,我们可以"加"一对平衡的力,所做的"功"相互抵消,那么,不是"加"了力以后物体的静止或运动状况还是没有被强迫变更吗?实际是在一对平衡力下,物体也是有新的运动的,不过它不是变位运动而是变形运动。不过牛顿不把变形当做运动而已。不论物体是在"静止"(实系平衡)状况还是做直线匀速运动,它里面是一定有能量的。在平衡物体表现为变形,在运动物体表现为速度,要变更这个平衡或运动状况,就要变更它的能量,而力的变更只能是能量变化的结果而不可能是运动变更的原因。能量可以"外"加到另一个物体,而力则不能。由于这个定律指出在"不加力"时物体有继续处于原来运动状况的属性,因而书中就把这一定律叫做"惯性律"。但在这定律内,丝毫看不出惯性的积极作用,如同上面所提到的,因而这定律的原来写法是不够全面的。

第二定律。牛顿原来的写法是:"运动的变更和所加的动力成正比,其方向同那个力在加上时的直线一致。"这条定律的原意是要说明力的大小和运动变化的关系。但是,和第一定律一样,也是把力看成是外加之物,因而认为运动变化由于力的变化,而这是不对的。应当说,力和运动的变化都由于能量的变化,而且力更和物体的物理性质有关,如弹性、塑性等。如有三个质量相等的球,在同一能量变化的条件下,那么,铁球与木球产生的力不同于木球与皮球产生的力。一般力学教科书都把这条定律写成"力等于质量乘加速度",好像一个孤立物体有了加速度就可有力一样,请问,如果一孤立物体在运动中而有加速度,也就是有了力,则力随运动做了功,运动继续进行,功即加之不已,岂非创造了能量?如果力是两个物体的共同产物,那么公式中,所谓物体的质量和加速度究竟应当指哪一个物体呢?而且,力的大小与物质属性有关,只问物体质量大小而不问它的弹性、塑性,更不合理。

第二定律中所提的运动的变更,一般都认为只是物体整体运动的变更,而不把物体内分子运动的变更包括在内。这也是不全面的。分子运动的变更表现为物体的变形,变形也应当是物体运动的一种,与分子运动的同时,产生了应力,应力和分子运动的变更成正比例。和整体运动一样,分子运动的变更也是由于能量的变更。同一能量的变更,在整体运动上表现为物体加速度,在分子运动上表现为物体应变。

牛顿在宣布他的定律和相关理论时,对所谓力做了一个区分。在三大定律中,他把力说成是"外加力",但在别处,他又常用"内在力",好像这两个力有本质上的不同,然而他并未解释清楚。现在看来,如果他所用的外加力就是我们所谓的能量,而内在力就是我们所谓的惯性,那么,他上面的两个定律就该另行估价了。

第三定律。牛顿的原来写法是:"对每一个作用总有一个相等的反作用,或者两个物体的相互作用总是相等的,而且指向对方。"这个定律是牛顿的最大贡献,成为力学中最主要基础,因为在这里提到了物体运动中的矛盾本质,虽然他的看法还是片面的。特别值得注意的是,在这第三定律中,看不到一个力字,可见牛顿原意是在前两个定律内说明外加力(或能量)和物体运动的关系,而在这个定律内,就说明物体和物体之间在运动中的相互关系。可惜一般力学教科书都把这定律往往写成"力等于反力",大大缩小了原来定义。牛顿在说明这个物体间相互关系时,不分物体是静止状况,或运动状况,也值得注意。

牛顿把关于物体运动的各种学说总结为三大定律,成为当时最有系统的理论,确是功不可没。如果把外力解释为能量,他的三定律也都是基本正确的。但是他忽略了物体属性和运动的相互关系,以致后来理论力学中都以"刚体"为对象,把力学变成数学的一个分支,则是非常不幸的。定律中提出了作用与反作用的矛盾,是自然科学中的一大贡献,可惜后来的力学研究中并未加以发挥。三定律中彼此联系不够,而第一、第二两定律还有重复之处,也是美中不足。我认为,应当用矛盾观点,并以能量为线索把这三定律大加补充修正,并改称为"动性律""惯性律"和"矛盾律"。

三、力学教科书中的形而上学观点

由于牛顿三大定律中没有明确指出力的物理概念,而后来的力学家很多受了形而上学思维方法的支配,特别是受了马赫的许多力学著作的影响,力学教科书中就几乎充满了唯心主义观点,直到今天还是如此。现就一般常见的书中随便举几个例,来说明这个情况。

最严重最不合理的是所有的"理论力学"都用"刚体"来说明运动和平衡的问题。刚体就是绝对不能变更形状的物体,而这是世界上绝对没有的东西,这在教科书中也是承认的。为什么还采用它呢,因为如果物体没有变形,一切计算问题便可简化了。但是,简化计算是"量"的问题,能不能变形则是"质"的问题,如何能因量的简化而引起质的变化呢?世界万物千差万别,如何变形,是物体的一个极其重要的属性,不同变形的物体在一起,就引起大小不等的力,这是多么现实的一个物理现象!为什么谈运动的"理论力学"就可撇开这个重要现象不问呢？不但如此，从上面所提的平衡和运动的两个例子来看，物体如不能变形，则平衡和运动都是不可能的，因而在"刚体世界"，力这个东西就无法出现了。物体接受能量时，力和运动变化同时产生，变化为零，力也等于零。人在电梯中，如果电梯下坠速度和人在空中下落的速度是一样的，相互间的运动变化等于零，那么，人的脚下就有无力的感觉，这是容易实验的，同样，当物体变形也是运动变化，这个变化也应当和力同时产生。例如一个"刚体"球放在"刚体"的台子上，而球和台子都受地球吸引，那么，这球与台子之间有没有"重力"呢？没有！因为球和台子之间，没有相对变形，就没有接触力，而球和台子内都没有应力，这时球与台子成为一体，它们之间不可能有相互作用。然而这个问题是无法实验，而只可理解的，因为世上没有"刚体"！力是分布在一个面上的，这个面要有移动才能把力带进空间，移动要有过程，这才把力带进时间。有了空间、时间，力才具备活动条件，不但"摆阵势"，而且，能"交锋"。"刚体"不能变形，力如何能在上面存在呢？

　　现在，力学教科书总把"静力"和"动力"分做两部分来讲，好像物体有静有动（实际是平衡与运动），而力也有静有动，本质上有所不同，因而把静和动划分为两个系统，造成静者恒静、动者恒动的错觉，这是完全背离了唯物辩证法的静止观点的。力无所谓动静,而物体的"平衡是和运动分不开的",而且平衡和运动是矛盾的;力学把"静力"和"动力"分开,就完全抹杀了矛盾,"没有矛盾就没有世界",更没有力学了!"刚体"是不存在的,"静力"是唯心的。"刚体静力"当然更是幻想,然而所有力学教科书中,都有"刚体静力学"这一章。为什么要对学生讲世界上没有的东西呢?

力学教科书中常说的一句话——以"某一力作用于某一物",把"力"和"物"完全孤立起来。然而,"单个物体的运动是不存在的,只有在相对的意义下才可以谈运动"。力是两个物体相互作用的产物,既谈物体,就离不开物体的属性,"物体的属性,只有在运动中才能显示出来",在书上画一个圈圈代表物体,画一个箭头表示力是很容易的,但射箭时不管对鸟还是对兽都是射,而力是要到两个物体碰撞时才产生,这不是"有的放矢"所能比喻的。

力学教科书中总是把力和能量混为一谈,总是把能量当做力。在上述的简单的拉绳和碰球的例子里,物体所以能平衡和运动,都是由于能量的增减而非力所能引起的。一个孤立的物体在运动时,它的能量的存在表现为物体的速度,这时它是孤立的,它不可能有力。一个物体为其他物所约束因而取得短暂平衡时,它的能量的存在表现为物体的变形。变形所以能维持,是由于约束力,而约束仍是能量的表现。平常所谓静止的物体,多是由于有重量而为另一物体所承托。这个物体有能量(所谓位能),有变形,有承托处的约束力。可见,不论物体在平衡或运动时主动因素都是能量而非力,力只是由于变形的存在而随之存在。应该说,任何力都是伴随着物体的变形而起作用的,因力和变形都是在能量转化中同时产生的。任何力都表现为物体接触处的力和反力,也就是两个物体之间矛盾着的应力,和在一个物体之内分子之间矛盾着的应力。不妨说,世界上的一切力都是物体的应力。

力学教科书中又常说"在应力的影响下产生应变"。或者,"应变影响产生应力"。不但是各书不一致,就在一本书中也前后不同,不管怎样,总是把力和变形说成是"母子"关系,一个由另一个产生,而这是完全片面的。实际上,力和变形是同时产生的,它们是"孪生"关系。

力学教科书中,在"刚体静力学"内一定要讲"摩擦"。然而遇到"滚动摩擦"时就不得不说物体能变形;在"刚体动力学"内一定要讲"碰撞",然而为了解释现象,又不得不说物体能变形。既说"刚体"又说它能变形,真是主观到无以复加了!

恩格斯在《自然辩证法》中,详细论述了17世纪末开始,笛卡儿和莱布尼茨这两大科学家两大学派,为了"力"的衡量,应当用"动量"还是用"动能"就争论了四十多年之久,虽经达兰贝尔下了"最后的判决书","但是据说每人都不妨各有所爱",所以到头来,还是"一场毫无结果的形而上学的争论,或一场没有价值的纯粹咬文嚼字的争吵",这是因为他们所争论的都不是力,都是"张冠李戴"。由此可见,唯心观点实是害人不浅了!

四、在毛泽东思想指导下建立新力学

为了多快好省地学习力学并使这门基础理论学科更好地为社会主义建设服务,应当在毛泽东思想指导下对现行力学进行改革,建立起辩证唯物的新力学。

我建议:(1)力学应当建立在矛盾观点的基础上。"自然界的变化,主要是由于自然界内部矛盾的发展",物体的运动应当以物体的矛盾属性为根据,来推论外来能量的变化所引起的运动的变化;能量为外因,矛盾为内因,外因通过内因起作用。(2)在力学中,以能量转化为贯串物理现象的唯一线索,以力为分析平衡问题的一个数学工具。恩格斯说,"但是和力这个名词比较起来,无论如何还是宁愿要'能'这个名词""力这个名词还是不成功的,因为它片面地表现一切现象""要知道,力正好应该是能的某种特定形式"。我认为,如果把能量当做"一根红线",把一切运动现象贯串起来,这根红线就不仅贯串起力学本身的问题,而且也贯串起力学和其他科学,如热力学、电学、磁学、声学、光学等的各种相关的问题。通过这根红线,各门有关科学就紧密联系起来了。在一切力学问题中,能量的转化是最主要而普遍的分析武器,只有在物体平衡的问题中,因为这时有约束力,力才成为一个很好的数学工具。(3)要清除现行力学中的一切孤立、静止和片面的形而上学观点,特别要停止以世界上没有的东西为对象,如所谓"刚体""静力""动力"等等。要改革力学中罗列现象而不重视联系的缺点。(4)把现行的"理论力学""材料力学"两课同"结构学"等合并为一门学科,供土木建筑专业之用,同"机械运动学"等合并为另一门学科,为机械专业之用,余类推。应当把力学中的分割阵地,改按各种专业需要,分别统一起来。

1961 年

钱塘江建桥回忆

　　解放前建成的杭州钱塘江桥,经过当时报刊宣传,中外注目,成为国民党政府标榜建设的一个样品。究竟这座桥在政治、经济和技术上,能做哪些标榜呢? 究竟这座桥在当时半封建半殖民地的情况下,是怎样建成? 建成以后,为什么又要炸毁? 炸毁后又为什么重修的呢? 所有这些,都成往迹,今天看来,事隔多年,而桥又非最大之桥,且造桥经过已有文字记载,似乎不必浪费笔墨,再提这些旧事了。但造桥经过却包含了一些复杂曲折的斗争,值得记下来做今昔对比,来说明我们社会主义制度的优越性。同时,从技术上说,造桥所经历的困难,也还有值得参考之处。只是在这个意义上,我才鼓起勇气,来写这篇回忆录。

　　钱塘江桥得名的原因,主要由于它是第一座由我国自行设计和主持施工的较大的近代化桥梁。在这以前,几乎所有我国这类桥梁,都是由外国人一手包办的,成为帝国主义的侵略工具。其次,它在抗日战争中,对撤退物资,疏散人口,起了一定的作用。第三,培养造就了一批桥梁工程技术人员,解放后,为祖国的社会主义桥梁建设服务。最后,它打破了当地的一种迷信,认为在钱塘江里造桥是不可能的,用唯物论战胜了唯心论。当时我国工程界也因此而给以较高的评价。

从 1933 年 8 月起至 1949 年 9 月止,前后十六年我都是杭州钱塘江桥的主持人,其中除因抗日战争而撤离杭州的八年外,我实际负责时间,前后达八年之久。前一段四年又四个月为筹备、兴工、通车及炸桥时期;后一段三年半为复员及修桥时期。在撤离杭州和修桥时期,我都兼任了其他工作。

从 1933 年 8 月至 1934 年 12 月,钱塘江桥筹备修建;1935 年 4 月正式开工;1937 年 9 月大桥铁路通车,同年 11 月大桥公路通车。这时抗日战争已起,淞沪鏖战,已历三月,不幸杭州于 12 月 23 日沦陷,大桥于当日为我方自动炸断,全体员工撤退至后方。1945 年抗战胜利,1946 年春,桥工处在杭州恢复,9 月又开始修桥。1947 年 3 月,大桥铁路公路恢复全部临时通车。1949 年 5 月,杭州欣逢解放;同年 9 月,大桥修理未完工作,由铁道部上海铁路局接收续办。

建桥动议

1933年3月,我正在天津北洋大学教书,忽然接到杭州杜镇远的电报和长函,要我立即往杭州,商谈筹建钱塘江大桥的事。杜是我唐山的同学,那时正任浙赣铁路局局长。他来信的大意是:"浙赣铁路已由杭州通至玉山,一两年后就可通到南昌;全省公路已达三千公里,正向邻近各省联接。无如钱塘江一水,将浙省分成东西,铁路、公路无法贯通,不但一省的交通受了限制,而且对全国国防与经济文化也大有妨碍。建设厅长曾养甫想推动各方,在钱塘江上兴建大桥,现在时机成熟,拟将此重任,寄诸足下,特托转达,务望即日来杭,面商一切。"随后又接浙江公路局局长陈体诚(也是我的同学)来信,力劝说:"我国铁路桥梁,过去都是由外国人包办的,现在我们自己有造桥机会,千万不可错过。"我初接信时,非常兴奋,心想我本是学桥梁的,也在几个大学里教过不少年的桥梁工程,但除了1920年担任过修建南京下关惠民桥的工程顾问、1928年参加过济南黄河桥的修理工程外,竟无机会去参加造桥工作。现在有人居然要我去造桥,而且去造钱塘江上的一座大桥,这怎能叫我不动心呢。但是稍微考虑了一下,种种问题就都来了:首先,造这样的大桥,要多少经费?南京政府有许多建设计划,都是纸上谈兵,难道浙江一个省倒有这样大的实力吗?曾养甫,我只见过几次面,和他并无来往,他如何会来找我,会对我有这样深的信任呢?更重要的是,钱塘江是著名险恶的大江,在这江上造桥,我自己是否确能胜任呢?不过,话又说回来,不造桥则已,要造桥总有这些问题,我是学桥梁的,难道要我造桥,能知难而退吗?于是我鼓起勇气,向学校请假,前往杭州商谈。

到了杭州,杜、陈二位和其他熟人都对我说:这是难得机会,切勿推辞。浙江原是比较富庶的省份,铁路、公路都在积极兴建,钱塘江上建桥,乃是当务之急;曾养甫政治上有后台,为人有魄力,和江浙财阀往来有素,由他发起造桥,加以各方赞助,此事必成。他们的话,都很诚恳,我就欣然去见曾养甫。他正患感冒,但仍在病榻上见了我。他说:钱塘江上修桥,是全体浙江人民的多年愿望。我一来杭州,就想推动各方,促成其事,不仅要想尽方法去筹款,而且有了款,还要有人会用,才能把桥造起来。关于筹款的事,我已多方接洽,看来很有希望;对于主持建桥的人,我也考虑了好久,最后决定请你来担任,你如肯就,我们共同努力,这事就更可望成功。将来经费我负责,工程你负责,一定要把桥造好,作为我们对国家的贡献,你看如何? 我听了他这样坦率的话,颇受感动,随即表示接受他的意见。并问他关于造桥所需的工程资料,是否已有所准备,还是要等我来后再着手征集。他说:建设厅内已成立了一个专门委员会从事这项工作,除了收集已有的关于水文、地质和气象的资料外,并在可能建桥的地址,进行了江底的土质钻探。所有这些,当然都还是初步的,可以供你参考,将来你还要大大补充。

假满回津以前,我又和曾养甫谈了几次。他一谈到桥,总是滔滔不绝,认为势在必行,同时又一再声明:造桥工程完全由你负责,我决不干涉。于是我和他约定,回津后就辞去北洋教席,于学期结束后来杭就职。

我来杭州的任务是造桥,对我这学工程的人来说,应不应该接受这个任务,除了考虑曾养甫的为人而外,更重要的是我们能不能战胜这钱塘江上造桥的困难,如果不能,接受这个任务就根本无从谈起了。因此我这次在杭州,又做了一些关于钱塘江的调查研究工作。

钱塘江,简称钱江,别名很多,如浙江、浙河、渐江、曲江、之江、广陵江和罗刹江等等。发源于安徽休宁的凫溪口,上游名新安江,与兰溪来的兰江会合后,前往桐庐,名桐江;再前往富阳(又名富春),名富春江;再前往杭州,才名钱塘江,由此东流入海。所以叫钱塘,是因为杭州在秦代名钱唐,到王莽时改名泉亭,东汉复名钱唐;隋代置杭州,辖钱唐;唐代因讳国号,易唐为塘。从新安江到钱塘江,江流越来越宽广,上游不过是普通河道,到了杭州就成为大江,从杭州的南星桥到对岸的西兴,江面宽达三公里。由此江流入海,先形成杭州湾,后更扩大为喇叭形的王盘洋。钱塘江在上游山水暴发时江流汹涌,在下游的海潮涌入时波涛险恶,如果上下同时并发,翻腾激荡,更是势不可当。此外,遇到台风时,江面辽阔,浊浪排空,风波更为凶险。《史记》中就有秦始皇过江的故事:"三十七年十月癸丑,始皇出游……至钱唐,临浙江,水波恶,乃西百二十里从狭中渡,上会稽,祭大禹。"可见钱塘江也是天堑,虽以始皇之尊,也无可如何。唐代施肩吾有《钱塘渡口》诗云:"天堑茫茫连沃焦,秦皇何事不安桥。"但是要安桥的话,也不是容易的,钱塘江底的泥沙,又是一种障碍。它有流沙性质,深厚非常,经过水流冲刷,江底变迁莫测。历史上就有这种流沙现象的记载。《绍兴府志》说:"又江之中有罗刹石,曰罗刹江,其石巉岩,数破舟,五代时,潮沙涨没,今已不见。"大石何以不见,就因受冲刷而下沉,逐渐埋入沙中的缘故。因此多年来,杭州民间有"钱塘江无底"的传说,唐代罗隐就有诗云"狂抛巨沉疑无底,猛过西陵似有头",可见这话由来已久。

钱塘江的水、风、土,都不比寻常,在这样的江里造桥,当然就不简单了。一条江河的形成,是水、风、土这三个因素相互影响的结果。一座桥是建筑在水、土之上,而又受风的干扰的,它的完成,就是克服了水、风、土的阻碍的结果。因此,在桥的设计之前,必须要有关于水、风、土的自然现象的一切资料,这就是水文资料、气象资料和地质资料。关于钱塘江的这些资料,浙江建设厅的专门委员会已经搜集了一些,从这里得到了建桥资料的一个初步轮廓。

在杭州民间流行的谚语中,有一句叫做"钱塘江造桥",用来形容一件不可能成功的事。曾养甫约我来杭州,就是要我做这不可能成功的事。究竟能不能成功呢?经过调查考虑之后,我得出一个结论:在有适当的人力、物力条件下,从科学方面看,"钱塘江造桥"是可以成功的。

筹建经过

1933 年 8 月,我在浙江建设厅的一间小房里,开始进行钱塘江桥的筹建工作。接着厅内成立了"钱塘江桥工委员会",我为主任委员。1934 年浙江省政府成立"钱塘江桥工程处",我为处长。这个"处长"头衔挂在我身上,足有十六年之久。

　　桥工处开门的第一件事是组成建桥"班底",过去我在学校工作,对此毫无准备,现在只好从头做起。好在我平素还注意这种人才,而且通过有关学会和学校的活动,同他们多少还有些交谊。曾养甫已将用人全权交给我,于是我就照"用人唯贤"的方针,多方物色,逐一请到杭州来。最要紧的是要请到一位主要助手,并能代替我的工作的人。我首先请罗英,他和我是美国康奈尔大学桥梁专业第一班的中国学生,那时一共只三人,其他一人是郑华,就是负责修建南京、浦口间的轮渡的。罗英回国后,一直在铁路上工作,修过几座桥,担任过山海关桥梁厂的厂长,是一位富有经验的桥梁工程师。有他来和我合作,共同指挥桥工的进行,我就觉得更胆壮了。那时一般工程机关的首长,都兼任总工程师。我因尊重罗英,就请他担任钱塘江桥的总工程师。后来,我们两人,历经风波,甘苦与共,成为桥梁事业的好伙伴。桥工处的全体共事同仁,我在《钱塘江桥工程记》(见我写的《钱塘江桥》一书的附录)一文中,已有记载,兹不赘述。

　　应当补叙的一件事是:曾养甫在约我去杭州之前,曾将有关建桥的一些工程资料,寄与美国桥梁专家华德尔,请他做一套钱塘江桥的工程设计。曾对我说：这是为了政治作用。因为华德尔是当时铁道部的顾问，这样他就不会反对我们浙江省修桥，而且还可利用他的招牌来筹款，至于他的设计用不用，你们尽可研究，我很希望你们能做出比他的更好的设计。根据华德尔设计，钱塘江桥经费，共需当时银元 758 万元，后来我们桥工处的设计，只需 510 万元，因而华德尔的设计就不用了。我们的设计和华德尔的完全不同，但曾养甫在和铁道部交涉及向银行筹款时，开始总是说根据华德尔设计，"略予修改"，后来经费有着，才敢宣传"完全是我们国人自行设计的"。

我们桥工处的设计要点如下：大桥位置在杭州市区西南的闸口，正当钱塘江流为山脉所阻而转折处的下游，其地江面较狭，而江流为北岸所束，河身稳定，不致改道。其唯一缺点是离市区较远，行人要绕道，但对铁路和公路的联络，都较便利。江面宽度，在平时为 1200 公尺，大潮时达 1500 公尺。为了整治堤岸，约束江流，将北岸推出约 200 公尺，南岸推出约 300 公尺，使江面宽度缩为 1000 公尺。因此按照设计，大桥全长 1453 公尺，江中正桥 1072 公尺，北岸引桥 288 公尺，南岸引桥 93 公尺。为了使铁路、公路共同使用，大桥采用双层联合桥形式，下层为单线铁路，上层为双线公路及人行道，这种形式在我国是第一次采用（华德尔设计采用了单层联合桥形式，铁路之旁为公路，公路之旁为人行道，三种路面同层并列，在运输和桥身稳定的要求上，均有问题）。正桥16孔，每孔跨度为67公尺，钢梁用合金钢制成，强度高而重量轻。16孔跨度相同，钢梁长度一律，这样就可预先多备一孔，遇到钢梁任何一孔被炸断时，用来代替，以便迅速修复通车，在国防上有重要意义。北岸引桥三孔，南岸引桥一孔，都是用50公尺的钢拱梁和钢筋混凝土的框架及平台组成。

钱塘江底软石层，最深处在寻常水位下50公尺，其上为流沙性质的覆盖层，深达41公尺，再上为江水，约深九公尺，江面上通行船只的高度定为十公尺，再上即钢梁，计高十公尺七，再上为公路。因此从江底软石面，上达公路面，相距约71公尺，比一孔67公尺的跨度还大，这种情况，在世界上是少见的。

大桥的基础工程特别困难，最大问题是流沙。所谓流沙即是颗粒极细的沙子，遇水冲刷，就会漂流移动。钱塘江水，在桥址处并不深，一般只五公尺，最深时也不过九公尺多，但江底被水流冲刷时，可下陷九公尺之多。在一个桥墩的围堰旁边，二十四小时内，可冲刷到七公尺六的深度。甚至江中木桩旁边的细沙，水一冲就被刷深了。在这种流沙里，如有建筑物阻遏水流,就会加剧水流对江底的冲刷,以致愈刷愈深,最后招致建筑物的倾塌。这样,一般的桥墩结构,在钱塘江就不适用了。再一个问题是,钱塘江底流沙下面的软石层特殊,有的地方简直土石不分,石块浸水过久,就会软化成土块,因此石层的承载力不大。但是,从公路面到石层的71公尺高度的建筑物,是要由这种石层承载的,如何能把这建筑物的重量减至最低限度,使石层能够胜任呢? 我们的设计是这样的:钢梁用合金钢,重量较轻,上面已经说过。15个桥墩,有六个因在石层较高的地方,全用钢筋混凝土筑成;有九个因下面石层很深,就先打30公尺长的木桩,木桩上面再做钢筋混凝土的桥墩。15个桥墩全是空心的,下面有"气压沉箱"(见下文)的墩座,上面有承托钢梁的墩帽。

在设计中考虑美观上的要求,使全桥各部分方圆配合,色彩调和,主次分明,浑然一体。北岸引桥背山面水,附近有六和塔胜迹,拟在桥头两侧,绿化江边,辟为钱塘公园。

按照上面的设计,大桥全部经费估计约需当时银元510万元(后来完工后的决算是540万元,合那时美金163万元)。这个数字比较小,除了设计时力求节省外,还因为那时正值资本主义世界的经济不景气,物价非常便宜,而同时进口材料的外汇比率也是有利的。例如合金钢钢梁每吨只合

320元,钢筋每吨108元,国产水泥每桶(171公斤)二元八角。但是就是510万元这个数字,在当时看来,还是大得惊人的,特别对浙江一个省来说,这笔经费是怎样筹措得来的呢?

原来那时先有一个筹款计划,预定桥成后对过桥的火车和汽车的乘客及货物征收"过桥费"(行人不收),以此为基金,向银行借款,预计至多十年即可偿还本息,十年后大桥不再收费。这种办法在国外是行之有效的,但那时国内银行界认为这种办法在政治上无保障而且利息小,对此多不热心。在桥工处成立以前,曾养甫根据这种计划,已对当时银行界中的浙江财阀,做了不少宣传工作,特别以"造福桑梓"为题,大力游说。后来首先得到浙江兴业银行董事长叶景葵的赞助,单人借给浙江省一百万元。其后,浙江实业银行、四明银行、中国银行与交通银行四家加入,再借一百万元。由这五家银行组织银团,与浙江省政府订立合同,共借两百万元,指明以全桥财产做抵,所有本息,由将来过桥费归还。有了这笔经费,桥工处就成立了,立即加紧进行设计并准备开工。

其余的三百多万元,经曾养甫多方奔走,居然也有着落了。一百万元由那时的全国经济委员会补助,不需偿还;二百多万元由那时的导淮委员会把他们分得的中英庚款董事会借款,转借建桥,将来从过桥费中拨还。这两件事之所以成功,当然都是由于人事关系,不过不是外人所能深悉而已。

浙江省建桥计划的成功,引起了南京铁道部大大不满,生恐将来沪杭甬铁路过桥时,会遭受浙江省的挟制。本来,铁道部对浙江省自办地方铁路,很早就不赞成,认为所有铁路都该由中央统一经营,现在如因钱塘江桥而受制于浙江,将来就更无法统一了。那时铁道部因要完成沪杭甬铁路,正在向英国的中英银公司借款,部长顾孟余就一面设法和英国人商量,扩大这个借款,一面来和曾养甫开谈判,对钱塘江桥工款,承认负担一半,把大桥改做铁道部与浙江省合作的事业,另外对浙江省办的铁路,也由部予以支持。曾养甫因大桥工款已全部筹足,本可不必迁就,但顾虑到浙赣铁路的利害关系,终于接受了顾的条件。这样,向全国经济委员会和导淮委员会筹款的办法就不需要了。但是浙江省已有的经费只二百万元,还不足应担工款的半数,于是顾又提出,将铁道部的负担增加,规定全部建桥经费,按部七省三的比例分配,最后得到曾养甫的同意,因此,所有大桥工款,在每次拨付时,都要由部、省两方各按这个比例办理。后来在大桥完工通车时,铁道部共拨付三百七十多万元,浙江省共拨付了一百六十多万元(均为法币)。根据部、省合作办法,钱塘江桥工处改为部、省会同管辖,由部、省各派代表一人,共负监督之责,曾养甫当然是浙江省代表,后来他到铁道部做次长,仍然是浙江省的代表。

曾养甫在大桥开工后一年多,就离开杭州了,没有再回来,从此浙江省对桥工的监督,就由建设厅长实际负责。建桥期间,浙江省主席变动了三次,其中黄绍竑做了两任,他和他的建设厅长伍廷飏对桥工都很支持。

但是,部、省双方虽然表面上合作了,而内部摩擦仍是有加无已,部方始终想把省方挤走。沪杭甬铁路的中英银公司借款,是由当时的中国建设银公司出面发行公债的。建设银公司的负责人是宋子良。大桥开工后不久,1935年夏季,忽然一天宋子良约我去上海谈活,说:中英银公司的铁路借款还有两天就要在上海签字,但其中关于钱塘江桥借款部分,现在发现了一个大问题,无法解决,因此桥工借款,这次来不及包括在合同里了。我问是何问题。他说浙江省和五家银行的借款合同,已经把钱塘江桥的全部财产都做了抵押,现在中英银公司的借款,如果把桥工包括在内,就没有抵押品了。我一想,这真糟糕,大桥的南京方面的筹款办法已经打消了,现在正靠部、省双方的拨款,如果部方抽后腿,全盘计划就都动摇了,而大桥工程现又正在紧张时期。我问他有何补救办法。他说,除非对浙省银团的借款合同加以修改,把

"全桥抵押",改为按部、省经费担负的"比例抵押",但今天离中英银公司合同签字时间,只隔两天了,这如何办得到? 我想他的话也有一部分道理,但为何不早点提出,好让我们准备,现在突然将一军,不是有意捣乱,搞阴谋吗? 我在无可奈何中问他,假定省方银团合同,能在两天内修改,行不行? 他说行。我当时就不管他的话是否可靠,赶忙回到杭州,尽力设法,分头向五家银行接洽,日夜赶办修改合同的事。果如所期,仅仅两天,五家银行和浙江建设厅及浙江财政厅,就都在新合同上盖了章。我赶往上海,第三天一清早,把修改好的合同送给宋子良看,他吃了一惊,无言可对,只好答应把钱塘江桥工程借款,也放进中英银公司关于沪杭甬铁路的借款合同里去了。这算了结了一场风波。我那时虽然是对工程负责,但像这样有切身利害的事,也不能不管,其他类此者还多,不再细说了。

用银行的钱,真不简单,他们总要派人来管账,稽核用途。浙省银团方面要派人来桥工处任稽核;中英银公司方面要求让沪宁铁路的英国人任会计处长,兼任钱塘江桥会计;所有一切账据,都要经过他们两人签字才算有效。此外,中英银公司还要求让沪宁铁路的英国总工程师,兼任钱塘江桥的副总工程师。对于这些要求,部、省双方都同意了,命令桥工处照办。由于来了外国人,桥工处从此就更多事了。

开工赶工

我们桥工处做出的设计要经部、省双方分别审查核定,省方意见当然和我们的相同,但部方就不免吹毛求疵了。他们提出许多问题要推翻我们的设计,但都因理由不足,未能成功,最后还是批准了我们的原设计。因为经费有着,于是开始施工。那时通行的施工办法是招商承办,也就是找人包工。桥工处也用了这个办法,一来是为了求简图快,二来更重要的是,可以不必专为这一桥工而置办一套施工所需的机械设备,事实上,桥工预算中本来就未列入这项机械设备费。我们招商承办大桥工程,采用了公开招标,由桥工处将设计全图、工程规范及标单程式等文件准备好,在国内各大报登载广告,招请有资格的厂商,来杭州投标。1934 年 4 月 15 日登报后,各地来处领取标单图件的有 33 家。8 月 22 日开标,收到标单 17 份,其中本国的九家,外商八家。先由部、省双方的监视委员将标单逐一拆封,当众宣读,然后将各标报价,列表公布。经过浙江省的标单审查委员会和铁道部的设计审查委员会分别审查,最后由部、省会同批准:将正桥钢梁,交由英国的道门朗公司承办;正桥桥墩,交由丹麦人康益开设的康益洋行承办;北岸引桥,交由本国的东亚建筑公司承办;南岸引桥,交由本国的新亨营造厂承办。这里需要说明的是:钢梁交给外国人承办,当然事非得已,但正桥桥墩为何也要交给外国人承包呢? 这主要是由于桥墩系水中工程,需要机械设备特别多,那时国内包商在这方面的能力比较薄弱,难与外人争衡。而外人所以有此能力,正由于以前的此类工程,都由他们承包之故。我们虽想趁此机会,培植本国包商,积蓄力量,但桥工期限紧迫,已经来不及了,不过,两岸引桥工程还是全部包给本国厂家的。

桥工处计划,大桥工程自开工日起,于两年半内完成,招标结果,各包商对这计划尚能配合。不料正在准备签订合同时,曾养甫突然找我去说:我看大桥工期必须缩短,原定两年半太长,从现在算起要到 1937 年夏才完。这两年内,国际形势变化莫测,中日之间的局势已经日益紧张,大桥关系重大,愈早完工愈好。现在得标厂商,尚未签约,我意和他们商量,宁可提高包价,将工期缩短,你看如何? 我问他要缩短多少时间,他说把两年半改为一年半。我说我们当然尽力,但关键在包商,尤其在承办正桥桥墩的康益,必须他的工期缩短,别人才好应付。于是桥工处开始和各包商接洽,要求缩短工期,并提出建议,除于合同中规定延期交工的罚款外,如能提前完工,按日给奖。各包商都表示难以办到,并且反而提出要求,一是要先订合同,以便预付工款,二是将开工日期移到明年,以便筹办工具设备。我急忙将这情况去告曾养甫,但他坚持原意,而且一定要在转瞬即到的 11 月 11 日(第一次世界大战后的和平纪念日)提前举行开工典礼。直到 11 月 10日,包商康益还不肯接受条件。曾养甫于是亲自出马,约康益到他家中开会,参加开会的有铁道部的代表、建设厅所属与建桥有关的各局局长、桥工处的罗英和我。经过通宵会商,最后逼得康益同意:正桥桥墩 15 座,自开工日起,于 400天内完工。这个条文,当场构成草约,双方签字。散会时东方已大白了,这就是大桥开工典礼的早晨。我们随即赶往闸口工地,准备午前九时举行开工典礼。当时到会的有铁道部、浙江省政府、银行界及各方有关人士。在会上,曾养甫当众宣布,大桥将于一年半内完工,桥工处全体职工都感到责任重大,但热情甚高,士气旺盛。

钱塘江桥工程艰巨,两年半能顺利完成,已属幸事,如何还能将工期缩到一年半呢?经桥工处与各包商妥慎研究,最后大家同意,对能同时动工的工程,属于平面铺开的,都立即同时动手;对上下有关联的工程,通常总是先做下面,后做上面的（如一座桥，总是先做下面的基础，后做上面的桥墩，最后才架设桥墩上面的钢梁）。现在就要打破传统，想出上下并进、一气呵成的新办法，免得下面忙的时候，上面无事可做。这就是要求基础与桥墩同时动工，桥墩与钢梁同时动工，这在正桥更有需要，因为正桥工作量大，是形成全桥完工快慢的关键。但是正桥工程却又是最困难、最复杂的，如何能难上加难去赶工呢？可是事情正是这样，这个赶工要求竟然做到了，而且正因为用了赶工方法，才能把那些困难克服了。

正桥桥墩有三个部分，即下面的木桩、木桩上的沉箱和沉箱上面的墩身。沉箱是墩身的底座，也是木桩的帽子，它是木桩和墩身之间的联结体。施工时，先打水下木桩，然后装上沉箱，在沉箱上建筑墩身。但是沉箱和墩身都是钢筋混凝土做的，不能在水中工作，为了防水，就需要特殊的施工方法。这个方法的关键，在把沉箱做得像条船，江中打桩时，就在岸上做好，木桩打完后，立即拖下水，浮运到木桩上面，在沉箱上加重，就把它沉到江底。这时要沉箱像座房子，里面没有水，因而工人才能进去，并在下面挖去流沙，越挖越深，沉箱就降落到木桩上头。在沉箱还未下沉的时候，它顶上就装有挡水木围墙，也圈成一个房间，里面无水，可在沉箱顶上做墩身。沉箱下落时,墩身愈筑愈高,高出水面后,木围墙就可拆去,沉箱到达木桩头时,墩身也就快完成了。沉箱是个什么样的东西呢? 它是个长方形的箱子,不过上无盖,下无底,只在箱壁的半中腰,有一层板,把箱分为两半,因而箱的上一半口朝天,下一半口朝地。因为有口朝天的这一半,沉箱就能浮在水上像条船;因为有口朝地的这一半,沉箱下落后,盖住江底,就形成一个房间。把高压空气打进这个房间,将水赶走,工人就可在那里面工作,因此这个房间叫做工作室,这种沉箱就叫做气压沉箱。

正桥钢梁 16 孔,都是在岸上一孔一孔地拼装起来的。每装好一孔,就把它存放在江边,等到有任何两个邻近的桥墩完成时,就将一孔钢梁,用船运去,架在这两个桥墩上。

木桩、沉箱和钢梁,不分上下,都是同时动工的,这就是上下并进。木桩打完运沉箱,沉箱下落时筑墩身,墩身完毕后架钢梁,这就是一气呵成。

大桥于 1934 年 11 月 11 日举行开工典礼后,各包商分头筹备,将材料、工具陆续运来工地。但施工问题甚多,也包括一些小事,比如工场需用民地,就要商量租赁,也会发生问题,耗费时间。经过种种障碍,迟至 1935 年 4 月 6 日,大桥才正式开工。开工后,各种不测事故又都纷至沓来。经过千磨百折,才在 1937 年 9 月建成通车,总计施工时间仍是两年半,并未能实现曾养甫一年半完工的期望。包工康益所做 400 天完工的诺言,后来也借口所得资料不充分,而一再申请延期了。然而,也幸而有了赶工这一逼,才能真的于两年半内完工,没有耽误大桥在抗日战争中的作用,否则两年半还是不够的。

为要争取在一年半内完工,在工程进展中,我们采取了许多新措施。在上述上下并进、一气呵成的原则下,桥工处与各包商约定,决不因材料不到或工具缺乏而延误工作。在这里特殊的机械设备就成为关键问题。包商的打算是不愿投资于建桥的特殊设备,以免积压资本,因为钱塘江桥完工后,未必再有这样的大桥可包。然而,为了赶工,包商就非要特殊设备不可。比如上述的沉箱和钢梁的浮运,就非借助于特别设计制造的机械设备不可。而且有的设备,一套还不够,比如沉箱下沉的气闸,一个桥墩一个,七个桥墩同时动工,就要七个。最后,桥工处提出,于必要时给予补贴,这问题才算解决。但后来实际补贴并不太多。再一个问题是人力。平常进行桥工时,有许多必须连续进行的工作,当然日夜不停,至于一般工作,夜里是不做的。但现在为了赶工,桥工处就要求各包商尽量做到夜里多加班,并且星期日和一切例假都不停工,这样,包商就要增加职工,加大开支。因有提前完工的奖金,这事倒不难解决。桥工处为了监督工程,也要陪同日夜不停地工作,同工人们一样既无星期日,也无例假。负责人员不易轮班,格外辛苦,主要负责人还要额外加班。于此可见,桥工处的职工,在建桥的三年中,也是付出了莫大的辛勤劳动的。

应当附带提一下,在全部造桥期间,桥工处全体职工,当然都是非常忙碌的,然而大家精神特别好,还在钱塘江桥的本身任务以外,鼓其余勇,又接受了一些其他桥梁的设计任务:如应广州市政府之聘,罗英去接洽,带回了广州"六二三"桥的设计任务;应福建建设厅的邀请,派了一个测探队去,做了峡兜乌龙江建桥的测量钻探工作,并代做初步设计;南昌赣江桥和长沙湘江桥的设计,也都有过接洽。1935 年秋,我也应湖北省政府之约,前去接洽武汉造桥事,经过桥工处多人努力,于 1936 年 8 月,作出武汉建桥计划书,其大意是在武昌蛇山和汉阳龟山之间的长江上,建造单线铁路和双线公路的联合大桥;另在汉水上分别建造一座铁路桥和一座公路桥。全部预算为当时法币 1100 万元,约为钱塘江桥的两倍,施工期限定为三年。当时南京铁道部、湖北省政府,曾与中英银公司、国内银行界,分别协商借款,也按钱塘江桥办法,以过桥费做抵,发行建桥公债。到 1937 年春间,商谈有了眉目,准备这年 10 月间在武汉举行开工典礼,后因抗战军兴,全部作罢。1946 年桥工处迁回杭州后,我们也曾重温旧梦,将原设计修改,加以说明,作出武汉大桥计划草案,于该年 12 月送与湖北省政府及粤汉铁路局,他们组织了一个建桥筹备委员会,约我任总工程师,但一直至 1949 年解放前,毫无结果。

八十一难

我为钱塘江桥工日夜奔走,精神紧张,忽而愁闷,忽而开颜,有时寝食皆废。1935 年,正式开工后不久,迭遭各种困难,好像全盘计划都错了,弄得坐立不安。我们正忙变更施工计划时,外间的闲言闲语就来了,说什么像这样做下去,哪里会成功? 银行界的人听到了,更是为他们的放款担扰。正在这个时候,曾养甫忽然找我去南京谈话,他那时已调任铁道部次长。问明了详细情况以后,他正颜厉色地对我说:"我一切相信你,但是,如果桥造不成功……你得跳钱塘江……我也跟你后头跳!"他大概是受了"上面"督责,说他用人不当,因而发急了。我听了一声不响,匆匆地赶回杭州。后来知道这种逼人的方法,曾养甫是惯用的,但我当时确很激动,心想"你看吧"！

我母亲那时在杭州，对我说："唐僧取经，八十一难，唐臣（我的号）造桥，也要八十一难，只要有孙悟空，有他那如意金箍棒，你还不是一样能渡过难关吗，何必着急！"果然，造桥的八十一难，就这样渡过来了。那时的孙悟空就是我们全体队伍，如意金箍棒就是科学里的一条法则：利用自然力来克服自然界的障碍。比如，利用钱塘江的水来克服钱塘江的流沙。现在来简单说几个"难"。

关于打桩。正桥桥墩是以木桩为基础的，因为钢桩谈不到，混凝土桩这样长的有困难，而木桩却是最轻而又最便宜的。这种长木桩是全桥上唯一的美国货。每墩用桩 160 根，每桩长度大约 30 公尺。但是，江底泥沙有 41 公尺深，而桩长是 30 公尺，桩脚到石层时，桩头就在江底下面 11 公尺多，如何能把这长桩"埋"进江底，而在桩头上还留有这 11 公尺的泥沙覆盖层呢？而且，打桩时，江上茫茫一片，没有其他建筑物，这桩的位置如何能准确呢？这就要靠特别制造的工具设备和测量施工的技术了。当时包工康益特别制造了两只打桩机船，每只能起重 140 吨。不料头一只在上海造好，驶进杭州湾时，在大风中触礁沉没了。等第二只机船到时再打桩，不料打得很慢，因为泥沙层太硬，打轻了下不去，打重了，桩就断了。那时一昼夜只能打一根，全桥九个墩有桩 1440 根，这如何得了呢？后来研究出用射水法，并改进了技术，一昼夜能打 30 根，这才把这难关渡过去。

关于围堰。原来计划，有三个桥墩的沉箱，因恐水浅，不用浮运法而用围堰法就地浇筑。这就是用一根根的钢板桩打进江底，做成一个圆形的围堰，把围堰内的水抽干，或在围堰内填土筑岛，然后在围堰内做沉箱。但是靠南岸的两个围堰，钢板桩才打完，就遇到钱江发水，江流湍急，江底流沙为水日夜冲刷，愈刷愈深，钢板桩就倒塌了。这才知道，钱塘江的冲刷果然厉害。这两个沉箱的围堰法失败了，改用浮运法，固无不可，因为经过这次对围堰的冲刷，江底已加深不少，足够沉箱吃水；不过，这倒塌到江底的钢板桩，却成为阻挡沉箱工作的障碍物。钢板桩是一根根地联锁在一起的，现在纠缠一团，半埋沙中，如何能把它们全部拔出来呢？后来经过很多麻烦，才克服了这个难关。

关于沉箱。这里难关最多。沉箱是长方形的钢筋混凝土的结构，长约 18 公尺，宽约 11 公尺，高约 6 公尺，重 600 吨，它是在岸上做好的，这样一个庞然大物，如何能从岸上运到江中的桥位去呢？最便宜的办法是在江边挖一船坞，关上闸门，将坞中的水抽干，在里面做好沉箱，然后开闸放水，沉箱浮起,就可拖出去了。不料钱塘江江底是流沙,岸上挖土不多也遇流沙,继续再挖,流沙即和水涌入,越挖越多,纵然船坞挖成,里面的水也永远抽不干了。这是开工后的第一个挫折。不得已改用吊运法,将沉箱排成一线,两旁各筑轨道一条,临江的一头,用木桩排架,将轨道伸出到江中深水处,形成一座临时码头,再制造钢架吊车一辆,在轨道上行驶。把沉箱整个吊起来,搬运到排架尽头,然后放入水中,以便浮运就位。这个方法的优点是一套机械设备,可以浮运很多沉箱,一个下水了,吊车回去,再运下一个沉箱。沉箱在轨道上移动时完全受机械控制,进退快慢,操纵自如,甚至沉箱下水以后,还可吊起来检查修理。但是,由于初次尝试,在实行这个吊运法时,又遇到很多困难:(1)沉箱的临时码头是两行木桩排架组成,排架之间为沉箱下降入水处,需要一定深度的水,但两旁排架的木桩,在这样深水中,两桩间的土就被冲刷掏空,而且愈刷愈深,影响排架承载力;(2)沉箱太重,悬挂在吊车中时必须四角平衡,当吊车移动时,速度要有限制,否则如沉箱稍有倾斜,吊车即有倾覆危险;(3)沉箱在码头上降落时,原想用人力转动螺旋机,不料沉箱太重,转动失效,临时更换一个有钢珠轴承的特制螺旋机,并改用电力推动,费了不少时间才成功。

沉箱离开码头,浮到桥址后,用铁链缆索接到六个三吨重的大铁锚上,分列前后左右,使其定位。浮运沉箱时需要利用潮水,顶托江流,以免它走得过快,但沉箱就位后,就要遇到落潮,这时江水与潮水同一方向,沉箱受其合力冲击,铁索及铁锚就不易支持了。

在开始浮运时,由于缺乏经验,遇到许多挫折,有一个沉箱,从码头出笼后,才到桥址,未能控制,漂到下游闸口电灯厂,赶忙设法拉回桥址,正把它沉到江底时,遇到大潮,铁链切断,沉箱浮起,又漂到上游的之江大学,而且在潮退后,陷入沙土中,费了大事再拖回桥址,装上设备,使之下沉,不料忽来大风雨,沉箱竟拖带铁锚,往下游浮走,而且越走越快,等到追及时,已到离桥四公里的南星桥,将渡船码头撞坏,当时江上汽轮,齐来协助,共用 24 只汽轮,才把沉箱拖回桥址。不久又遇大潮,捆箱缆索松断,就像裤腰带松下一样,沉箱又浮起走动,漂到上游离桥十公里闻家堰去了,落潮后深深陷入泥沙层,这次可不像上次的搁浅,用了许多的方法,才把沉箱浮出,再拖回桥址。在四个月内,沉箱如脱缰之马,乱窜了四处之多,外界不明真相,说钱塘江果然利害,桥墩站不住,东西乱跑,甚至认为有鬼,要包商烧香拜佛!后来改进了技术,并用十吨重的混凝土大锚,代替了铁锚,沉箱就不再乱跑了。

沉箱就位后,慢慢降落江底,但沉箱下面的流水,因沉箱渐近江底而增加速度,因而加剧了江底的冲刷,沉箱下去就放不平了,如果倾倒,无法补救。后来在江底预先铺上一层很厚的用树枝编成的柴席,以便防止冲刷,沉箱才能平稳就位。但是,沉箱下沉时,要在箱内把柴席切除,也是困难工作。沉箱通过泥沙层,就要和160根木桩的桩头相遇,有三个桥墩的沉箱,因江底冲刷过甚,需要比设计多下沉三公尺,然而木桩已经打好,桩头顶住沉箱盖,沉箱如何能下降呢?这又是一个难题,不得已只好在沉箱里,把这160根桩的桩头,逐一锯掉,费了很大事。沉箱内挖土,本来是用人工的,但箱内容人有限,而且在高压空气中工作,效率很低,因而沉箱下降很慢,一昼夜只能下去15公分,后来加用喷泥法,经过多次失败才成功,一昼夜竟可下降一公尺。

关于钢梁。钢梁是在英国制造,拆散后运来杭州拼装,然后架上桥墩的。问题在如何拼装,如何架上去。普通方法,对小桥则是河中搭架,在架上拼装,或用起重机,整孔吊装;对大桥则用伸臂法,从岸边装好的一孔,把钢梁拼好伸出墩外,逐步伸到迎面来的钢梁。在钱塘江,伸臂法是不适用的,因为要等桥墩先好,才能装梁,不能同时并进;而且桥墩完工要有一定次序,钢梁才能从两岸逐步伸入江心,但在赶工时,各墩争先完成,这次序就被打乱了。在钱塘江,用的是浮运法,利用潮水涨落,将拼装好的整孔钢梁,船运到两个桥墩之间,降落就位。只要邻近两墩完成,就可架一孔梁,不管桥墩的地位何在。方法是好,但困难也多。(1)要尽快将钢梁一孔拼装好,储存起来,一遇有两个邻近桥墩完成,就马上浮运一孔。这就需要一套既灵活而强度又高的机械设备,能把装配好的整孔钢梁,抬起搬动,从装配场搬到储放地,浮运时再搬到江边码头,然后上船。每孔钢梁长 67 公尺,宽 6.1公尺,高 10.7 公尺,重 260 吨。搬动这样一座杆件组成的钢结构,最大问题在防止杆件的扭曲。因而特别制造了一种钢梁托车,可将钢梁托起,在轨道上搬动。这种托车是经过多次试验才成功的。(2)水上浮运钢梁时,需要特制的木船两只,连在一起,上有塔形木架,顶托钢梁的两个支点。两船有水舱,用储水多少来控制船身的升降。浮运时要趁每月的大潮,因为涨潮时不但使船顶起钢梁,脱离支架,而且潮水顶托江流,也增加船行的平稳。钢梁运到两墩之间,候潮一退,即可安然落在墩上。所有这一切动作,都要安排得非常准确,需要钢梁和桥墩两方工作队伍充分协作,才不致错过这个潮水涨落的最大的机会。因此,每月潮汛,便控制了施工程序,必须尽一切可能,来保持这个程序,程序不误,工期才有保证。(3)浮运钢梁时,要注意几件事:第一是由于设备尺寸的控制,能够利用潮水涨落的水位,上下不过一公尺左右,故江水深浅,要时时探测;第二是潮水涨落的钟点,要推算准确,依此来配备人手和工具,以免错过机会;第三是桥墩上承托钢梁的支座和钢梁两端坐落在桥墩的底板,都有预留孔眼,以便钢梁落到桥墩时,可用螺栓扣紧,这上下孔眼全凭事前测量准确,才能一拍即合,可让螺栓通过;第四是浮运工作,危险性很大,如江面不是风平浪静,则有颤动、碰撞、倾倒、漂流、搁浅等事故的可能。

浮运要有一定深度的水,这对靠岸的两孔钢梁说来,是成问题的,幸而靠北岸的那一孔,因地处钱塘江转折的弓背,江底较深,浮运法居然成功了。但南岸水浅,且有淤塞现象,那里的一孔钢梁就要用其他方法。这就是,在江底淤塞得高出水面的半孔,用搭架法安装,而在另一半孔有水的地方,用伸臂法安装。有水的地方,虽然浅,仍不能搭架,是因江底冲刷的缘故。这两个方法本身都不困难,问题是要变更计划,因在做计划时,这边江岸并未淤塞,而且钢梁杆件是预备全部在北岸拼装的,现在就要把这一孔的杆件,特别运来南岸了。因此种种原因,这南岸一孔的安装,比较费时。但当安装开始时，那靠岸桥墩的沉箱，也刚刚开始，等到桥墩竣工时，钢梁正好伸臂到来，这种水到渠成的合拍动作，补救了这个方法的缺点。

关于引桥。问题不大但也有挫折，耽误了时间。北岸引桥桥墩，有两个用开顶沉井，因下面土质较有黏性，不像流沙，不怕挖不干净，就不需要高压空气的沉箱了。但沉井下降时要时刻保持它的垂直度，以免倾斜，这在气压沉箱可用空气压力将箱顶起校正，但在开顶沉井，就比较困难了。南岸引桥，有一个桥墩用钢板围堰打桩法，桩长 30 公尺，打到石层时桩头埋入地下十公尺，石层上面覆盖层，与江中一样，都是流沙，因而打桩时也有不少困难。

关于工伤事故。我在写《钱塘江桥》附录《钱塘江桥工程记》一文中说："而在施工期间，更有东亚公司监工王贤良、机匠袁明祥、工人王听元、陆才明四人，康益洋行工人王庆林、鲍文龙等六十余人，皆因公忘身，遇难殉职。"实是说得太简单了，未把工伤和事故分清楚。从表面看来，这样多人遇难殉职，总该是因为正桥用了气压沉箱，工作太不安全，以致伤亡惨重了；因而社会上就有这样揣测，那是很自然的（见曾宪英同志写的《海军军事劳动生理学》1961 年版 28 页；刘世杰同志写的《劳动生理学》1962 年版 172 页；张崇义同志编的

《海军卫生勤务学习参考资料》1960 年第 10 期 43 页；《中华医学杂志》1955 年 41 卷 111 页以及龚锦涵同志文等等）。由此而引起的一切影响，实际应当由我负责。"工程记"中所述"遇难殉职"的人，就是如上所说，分为两类：一是提到姓名的，就是施工中因遇险而殉职的；二是未提姓名的，就是因一次翻船交通事故而殉职的。所有以上两类殉职事故的经过，都有详细档案，现存上海铁路局。

其他。以前造桥，总有迷信传说，钱塘江上造桥，当然也不会免。就在工程紧张、迭遭挫折的期间，外间渐有谣言，后来谣言传开，迷信的话也来了，甚至利用迷信来敛财的也出现了。1935 年春间，上海老西门一带忽然传说，杭州造桥不成功，要摄取儿童灵魂去祭江，但如挂上护身符，就可免难，每张符卖钱多少。一时盲从者颇多，卖符生意大好，后来桥工处知道了，商请上海市政府取缔禁止，谣言才算平息。那张符上的话，令人不解，抄录如下："石工石和尚，做工找地方，不关小儿事，石匠自家当。"

上述种种困难，有的属于一时事故，如打桩机船沉没，六十多人因船翻不救等等；有的属于自然界障碍，技术上难以克服，如江底流沙被冲刷的严重现象、石层见水软化等等，引起基础设计施工的一再变更；但更多的是因要赶工而造成的。所有这些难关,都得闯过,而也终于闯过了。但是,更大的难关还在后面,那就在抗日战争爆发以后。

战起桥成

1937年7月7日,日本帝国主义者在卢沟桥掀起了对我国的全面侵略战争,全国人民奋起抗战。侵略凶焰很快延及上海,引起八一三战火,杭州大为震动。8月14日,日本飞机初次空袭南京、上海,并轰炸了钱塘江桥。当时我正在从北岸数起的第六号桥墩的沉箱里面,和工程师及监工员商量问题,忽然沉箱里的电灯全灭了,一片黑暗,事出仓促,大家莫知所措。原来沉箱里的电灯照明和高压空气,都从上面机械来,也都是从来不缺的。久于沉箱工作的人,也就下意识地把它们连在一起,当做一件事,电灯一灭,好像高压空气也出了事,而没有高压空气,江水就要涌进来,岂非大家都完了吗?当时来不及思索,大家都恐慌起来,就像大难临头了!幸而一两分钟内并无事故,大家稍稍镇定,才想起电灯和高压空气是两回事。又过了几分钟,果然仍无动静,大家这才放心,就在黑暗里静候消息。半点钟以后,电灯居然亮了,大家重见光明,真是喜难言喻。随即有人下沉箱来送信,说电灯发生过障碍,现在没事了,叫大家照常工作。我跟着出沉箱,到外面一看,很奇怪,一切工作都停了,到处看不见人,整个江面寂静无声,只有一位守护沉箱气闸出入口的工人在那里。他对我说:半点钟前,这里放空袭警报,叫把各地电灯都关掉,说日本飞机就要来炸桥,要大家赶快往山里躲避。接着果然日机三架,飞来投弹,但都投入江中,并未炸到什么东西。现在飞机走了,但警报还未解除。刚才某监工来了,就下去给你们送信。我这才知道战争威胁已经来到大桥了。我问他,你自己为何不躲开? 他说:这么多人在下面,我管闸门,我怎好走开呢。这位工人坚守岗位、临危不避的忘我精神,我至今仍然感念。这次日机的空袭,是江、浙一带的第一次,而我恰好在钱塘江水面下 30 公尺的沉箱里度过,也使我永志不忘。

桥工未完,抗战已起,这真急坏了人。铁道部和浙江省政府都严令加速赶工,固不必说,就是桥工处全体职工,在既痛恨日本军阀而又愤恨政府无能的情绪下,也都要贡献自己最大的力量,尽快将桥建成。工地上几家包商,除康益外,都是本国公司,而康益的职工,也几乎全是本国人,大家心同此理,都愿和桥工处同仁一道,加倍努力工作,表示爱国热忱。于是桥工处和各包商重订施工计划,争取于下月内通车,一切施工程序,以此为目标,多费工料,在所不惜。

这时,全桥工程,已近尾声,但有一极大难关,阻碍前进,这就是江中心第六号桥墩的下沉工程。这座桥墩最高,从顶到底计达三十四公尺半,下面没有木桩。很不幸,这座桥墩正好在江底石层的斜坡上,在墩底沉箱的范围内,坡面高低相距达八公尺半之多,这本不是沉箱所应安置的地方,但在大桥设计时,钻探资料不足,以致估计错误。幸而早在这墩开工之前,就已想到这个问题,因而在墩底四周,打了 14 个钻孔,这才发现石层倾斜的严重。但桥墩位置已经来不及改了,只好在纠正倾斜的技术上打主意:一种办法是,在石层低的地方,打进短桩,使桩头与石层高处取平;另一办法是,在石层高的地方开凿,凿到和低处取平。然而这两种方法都非常困难。先是想在浮运沉箱以前,打进长短不一的钢筋混凝土短桩,并且特制了 30 公尺长的钢管送桩,来把这些短桩送到石层。然而打入 36 根后,送桩损坏,被迫停工。后来才又决定用第三种办法,那就是在沉箱里工作(最大气压达到三个大气压),把石层高的地方凿低,低的地方用混凝土基桩垫高。这种混凝土基桩的做法是:在气压沉箱工作室内,用千斤顶,将一至一公尺五长的短钢管,分批顶着,随顶随焊,将短钢管接长,等全长顶到石层后,再用高压水加压气,冲出管中泥土,然后浇入混凝土,成为基桩。然而这也困难重重,直到上述第一次空袭警报的那一天,还有个重要问题未解决,要我决定,因此我那天才又进了沉箱。问题解决后,沉箱里的石层取平工作,于 8 月 18 日完毕。这时上面的桥墩也已快到墩顶,于是沉箱里赶快封底,墩顶上赶快做桥座,上下并进,到 9 月 11 日晚,全墩工程完竣。

我第一次下沉箱是为了要解除心头上一个疙瘩。上面说过,大桥有九个桥墩是筑在木桩上面的。施工方法是先打木桩,然后下沉箱和筑墩身,同时并进。打木桩时,全靠测量定位,桩打下后,水面上一点痕迹也没有。如果沉箱入水,下到桩头时,一检查,一排木桩不见了,这便如何得了? 这并不奇怪,因为沉箱下沉时,如果歪了一点,到达桩头时,位置就不正了,而打桩时,如果桩脚遇到什么东西挡路,稍微偏了一点,桩头就不在其位了。这沉箱和 160 根桩头,如何能恰巧"奇双会"呢? 按照桥墩设计,每根桩都有它的担负,少了一根,这担负就转嫁到别的桩上,因而增加对石层的压力,而石层又不是很好的,我经常为此事担心。每一沉箱下到桩头,我定要看看施工报告,并且要详阅 160 根桩头的位置图,才觉放心。有一天想去查点一下,因此我就下了沉箱,边看边数,果然 160 根,根根俱在,这才完全解除了疙瘩。当时我暗想,我们大桥的测量和打桩工作，真是做得精确，大桥就靠这样认真的工作，才得完成。这九个桥墩的桩头位置图，现在都保存在大桥技术档案里。

安装在第六号桥墩上的左右两孔钢梁，早已拼装好，储存待用了。桥墩快完时，即加紧准备浮运，等候潮汛。到了9月19日（阴历八月中秋）这一天，桥墩上桥座的混凝土经过八天的凝固，已经够结实的了，就将桥墩北面的一孔钢梁装上。9月20日，趁着潮汛，又把桥墩南面的一孔钢梁装上。两孔钢梁的安装，只隔一天，而且离桥墩的最后混凝土浇筑，只有八天，这在桥工上是少见的，也是大桥作业的上下并进、一气呵成的最高峰。

当然在这第六墩的工程上，是费了较大的人力和物力的，机械设备也用得比其他各墩多。比如，工人进出沉箱所需的气闸，其他各墩都是一墩一闸，而在第六墩，就用了两个，因为进出沉箱的工人加多了。

为了赶工，钢梁上部的钢筋混凝土公路面，原来是等钢梁架上桥墩才动工的，现在因为第六墩最后完工，就在它左右的两孔钢梁上，预先将混凝土路面所需的木模及钢筋安装好，等钢梁一上桥墩，立即在木模内浇筑公路面的混凝土，很快就和其他14孔已经做好的公路面接通了。钢梁下部的铁路轨道,也是一样,钢梁才装上桥墩,就进行铺枕木钉钢轨的工作,很快也和其他 14 孔已经做好的铁路轨道接通了。这样,在 1937 年 9 月 26 日清晨四时,我们终于看到一列火车在大桥上驶过了钱塘江。钱塘江造桥果然成功!造桥时间两年半!大家欢声雷动,相互庆祝,庆祝这个工程技术上的新成就。大家也相互慰劳,特别慰劳所有在事的员工,尽忠职守,勤奋将事,终于建成了这座"江无底"的大桥!

当八一三上海抗战开始时,江中正桥桥墩,还有一座未完工,墩上两孔钢梁,无法安装。然而燎原战火,则已迫在眉睫,整个大桥工地,已经笼罩在战时气氛之中。所有建桥员工,都同仇敌忾,表示一定要大桥早日通车,为抗战做出贡献。奋斗结果,大桥在一个半月的极短时间内,居然能通车了。大家在欣慰之余,都不由得想到,大敌当前,这一个半月的宝贵时间,是如何赢来的呢? 这是上海抗战的将士,屹立敌前,坚决抵抗,不让侵略凶焰立刻蔓延到大桥工地的结果。钱塘江大桥的建成,也应感谢那些英勇抗敌的将士。

日本飞机于 8 月 14 日炸桥后,就常来骚扰,有时是侦察,但更多的时候是轰炸,目标就在江中的工程。轰炸结果,只是炸坏了一些岸上的工房,里面的图纸和钻探土样都有些损失,但大桥本身,始终未被炸中。这里有几个原因,首先是沿着大桥过江轴线,我们军事部门在北岸山上架设了高射炮,日本飞机来轰炸,如想击中,就要顺着轴线飞,而这正好是在炮火方向的射程以内,因而逼着它们换个方向飞行;但是,换了方向,要想在飞行路线和大桥轴线的交叉点上,正好投中,那就异常困难了。其次是,在大桥公路路面筑好后,本可通行汽车和行人,但军事部门却不让通车,而且还要在公路面上堆积很多障碍物,表示出尚未完工的样子,来迷惑敌人;火车过桥也限制在夜间,还要熄灭灯火,以防敌人侦察。结果是,敌机来时,架数不多,好像是骚扰性质,并非大举炸桥。第三,那时日本飞机的装备和技术也不高明,还没有新式瞄准器。

同时,我们也准备了大桥被炸中的善后设施。如果炸弹威力不大,它就会首先在钢筋混凝土的公路面上爆炸,对下面的钢梁结构的损害较小,只要钢梁不被炸断,总还可以修理。这也是双层式联合桥的一个优点,上层的公路面,成为下层铁路面的一个保护层。如果大桥钢梁竟被炸断,而且坠落江中,怎么办呢?上文说过,正桥钢梁 16 孔,各孔跨度一律,遇到任何一孔被炸,就可用储备的一孔补上。但这储备钢梁,因限于经费,并未购置,事后想来,殊为失算。权宜之计,只有将靠岸的一孔钢梁,浮运到被炸的桥孔,然后在靠岸处架便桥通车。

　　大桥如果被炸，必须修理，但修理要机械设备，而这些都是承包工程的包商所有的，大桥完工后，包商就会将所有设备撤走，这又成为迫切问题了。后来和康益协商，订立条款，要他把所有机械设备，除与修桥无关者，全部留下，以做准备。经过这一番布置，桥工处就拟订计划，来应付一切可能发生的事故。

　　这时大桥虽已通行火车，但上层公路面，仍在进行收尾工程，如人行道旁的铁栏杆和铁柱上的铜灯。后来铁栏杆虽已全部装好，但铜灯却只有一部分完工。此外，在北岸引桥范围内，原拟造一大桥展览馆，并兴建桥边公园，从事绿化工作，但也只有开端，而被迫停止。这时，战火已经日益逼近杭州了。

工人伟绩

　　钱塘江桥施工，采用当时通用的资本主义包工办法，招商投标承办。这对桥工处说来，可以利用包商的机械工具设备，不必自行置办；又不要自办施工所需的零星材料，只提供大宗材料，如水泥之类就行了；此外更不要自行招雇工人，免去各种劳资纠纷,确实是一种最省事的施工办法。但是省事虽然省事,这却造成机会,让包商来剥削桥工处和工人,特别是剥削工人。据统计,在钱塘江桥施工的两年半时间内,共用了 703538 个工作日。一般工作时,每天约有 770 人,最紧张的时候,达到每天 950 人。所有工人均由各包商自行招雇管理,桥工处不需稽核,因为付包商的工款,是根据工作量而非根据人数的。

桥工处和工人虽然没有任何直接接触,但间接地也了解到工人受包商剥削,生活穷困的情况。那时在反动统治下,经济萧条,失业工人遍地皆是,特别是土木工人,有季节性,能够来杭州参加桥工,就算难得,因而工人们的待遇是极其微薄的。只有在水下沉箱里工作的人,工资较高,然而其危险性亦大。我当时每听到我们监工人员提到工人们的困苦情状,也深表同情,然而爱莫能助,只有在眼看到不合情理的事时,批评包商一下,他们尽管口头接受,实际上效果不大。

工人们的劳动确实是伟大的。桥工不比一般建筑工程,不但是在水上、水下工作,处处都有危险,而且全部是露天进行的,不管风霜雨雪,都得工作。再加上赶工要求,要把两年半的工期缩短为一年半,我们逼包商,包商就逼工人,种种压力,最后都聚集到工人们的身上。就在这种压力之下,钱塘江桥的工人们发挥了集体智慧、集体力量,胼手胝足,战胜种种困难,终于完成了这个所谓不可能的"钱塘江造桥"的工程。

工人们不仅付出了巨大的劳动,而且提供了不少技术改革意见。钱塘江的地质水文有很多特殊现象,尽管设计之初做过周详的调查研究,但在实施工程时,总会遇到难以估计的自然变化。这种变化,不是亲历其境的施工工人,是很难理解的,不理解就一定遇到阻力。钱塘江桥的许多技术措施,属于尝试性质,特别在桥墩的基础工程上,其所以能尝试成功,就靠工人们参加的创造发明。比如正桥打桩,是用射水法才成功的。在这新的方法里,工人们就提出了不少好意见,后来正是靠了这些意见,才能每天打下 30 根桩的。又如,两个围堰倒塌,所有钢板桩纠缠在一起,半埋沙中,也是凭工人们设法,把全部钢板桩拔出来的。又如在岸上搬运 600 吨重的沉箱,其初是利用绳索来牵动钢架吊车,后来又改为人工摇转轴轮,就是工人提议的。又如,浮运沉箱就位时,常因捆箱铁索和铁索下的铁锚出了事故,以致沉箱突然浮走,后来由工人们想出更好的牵索下锚方法,其余的沉箱才个个听话了。像这样的创造性意见和办法是举不胜举的。

更应大书特书的是,1937 年抗日战争爆发后,工人们发扬爱国主义精神和发挥了无比的冲天干劲,夜以继日地加速赶工。他们说,一定要把桥完成,支持上海的抗战。果然,在一个半月的时间内,他们履行了誓言,完成了大桥,让火车通过,支援上海继续抵抗敌人侵略,达两个多月之久。这次赶工,上有敌人飞机轰炸,艰苦更异于平时,他们不怕牺牲,表现出工人阶级的大无畏精神。

开桥炸桥

1937 年 11 月 16 日下午,我正在桥工处(那时已迁至市内西湖饭店),忽然有位客人来访,说是南京来的,有机密要公面谈。他先见了罗英,但罗因当晚要离杭赴兰溪,故来见我。见面后才知道他是南京工兵学校的丁教官。他说:奉了命令,因敌军逼近杭州,要在明日炸毁钱塘江桥,以防敌人过江。炸桥所需的炸药及电线、雷管等材料,都在外面卡车上。说着就取出公文给我看,原来是军方命令,说明要桥工处协同办理,并限于明日完成,要我会同丁教官于事后具报。我看了大吃一惊,想不到军事演变得如此之快,因为从报上看,战事离此并不太近,为何要立刻炸桥? 我向丁教官说:桥工处是归铁道部和浙江省政府会同管辖的,现在铁道部并无炸桥命令,至少也要有浙江省政府命令,我才能办到;既然你有军方命令,那么,我们一同去省政府,候省主席决定再说。那时浙江省主席是朱家骅,我和丁教官把情况对他说明后,他也觉得这时炸桥太早,而且杭州撤退事务还未办完,铁道部方面也正需用大桥,因和丁教官商量延迟几天再说,南京方面由他负责去解释。丁教官说,炸桥很不简单,并非说炸就炸,现在延迟几天固无不可,但若等到最后再办,那就来不及了。朱说:技术问题,我管不了,总之,桥不能马上就炸,但也要有妥当办法,让丁教官最后能交差,不致误事。

我和丁教官回到桥工处,会商办法。原来丁教官拟订的计划是要炸五孔钢梁,使它们全落江中,但我们认为这还不够,因为仅炸钢梁,而不同时炸桥墩,敌人还容易设法通车。于是告诉丁教官,当我们做大桥设计时,已经考虑到这个毁桥问题,故在靠南岸的第二个桥墩里,特别准备了一个放炸药的长方形空洞,应当连这个桥墩一并炸去,才算彻底破坏。丁教官当然同意,并说,你们想得真周到,不过造桥时就预备了放炸药的地方,这也算是不祥之兆了。同时我们又告诉丁教官,如炸钢梁,炸药应放何处,才是要害所在。根据丁教官估计,炸这一座桥墩和五孔钢梁,需要一百几十根引线接到放炸药的各处,而完成这项工作,至少需要十二小时,若等到敌人兵临城下,再来施工,那就万万来不及了。但军事变化莫测,哪能在十二小时以前就准确知道必须炸桥呢？如果真能有十二小时从容工作的时间,那么就一定显得是炸桥太早了。大家考虑至再,最后决定办法如下：先把炸药放进要炸的桥墩空洞内以及五孔钢梁应炸的杆件上,然后将一百几十根引线从每个放炸药的地方,通通接到南岸的一所房子内,作为炸桥准备,目前工作,到此为止；等到要炸桥时,再把每根引线,接通雷管,最后听到一声令下,将爆炸器的雷管通电点火,大桥的五孔一墩就立刻同时被炸了。预计将所有引线接通雷管,至多只要两小时时间,这就不会贻误军机了。根据这个办法,丁教官和带来的人就要在南岸桥边守候,一直等到炸桥后,才能离杭交差。在得到南京许可上述办法之后,丁教官就带领来人行动起来了,桥工处也派人协助。为此忙了一通宵,到17日清晨,这个埋放炸药的工作才全部完毕。在进行接线工作时,火车照常放行,但预先通知,从今以后,不许在过桥时加煤添火,更严禁落下火块,并说明这是军事秘密,不得泄漏,因为恐怕有人知道桥上有了炸药,引起惊慌。

就在11月17日埋药完毕的这天清晨,我忽然接到浙江省政府命令,叫把大桥公路立即开放通车。大桥公路面早在一个多月以前就已全部工竣,只以预防敌机空袭,尚未开放,现在何以忽然又叫通车呢?原来杭州三廊庙到西兴的过江义渡,平时每天总有一两万人来往,上海战事爆发后,过江的人更多了。渡船本来就不够用,再加时遇空袭,不免损坏,这渡江交通就更难维持。不意在 16 日,渡船又因故沉没了一只,以致很多人江边待渡,而且愈聚愈多,情势严重。迫不得已,省政府才决定开放大桥公路,也顾不得空袭问题了。大桥公路开放后,17 日这一天过桥的人真多,从早到晚,拥挤得水泄不通,可算钱塘江上从未有过的最大规模的一次南渡。同时,还有很多人,故意在桥上走个来回,以留纪念,算是"两脚跨过钱塘江"(杭州旧时谚语,用来讽刺说大话的人,因为这是从来"不可能"的),也竟然做到了。这消息传遍杭州,来的人更似潮涌。可是,就在这大桥公路开放那天的前夜,那炸桥的炸药就已经埋进去了,所有这天过桥的十多万人以及此后每天过桥的人,人人都要在炸药上面走过,火车上桥也同样在炸药上风驰电掣而过。开桥的第一天,桥里就先有了炸药,这在古今中外的桥梁史上,要算是空前的了!

到了 12 月初,战事更逼近杭州,眼看大桥是保不住了,我们就想到,一旦杭州失陷,虽然大桥可以预先破坏,但敌人一定要修,那时如还有留下的修桥工具,这不正好为敌人所利用吗？我们费了不少事叫康益留下机械设备,这不是自搬石头自砸脚吗？当然,现在把它们搬走,也还不晚,但如康益的打桩机船,因吃水较深,现已无法迁避,这便如何解决呢？我为这事去见浙江省主席,那时主席又换了黄绍竑,他很爽快地说:到时把这机船沉没了就完了,可对康益说,责任由政府负。后来这只机船就是这样解决的,因而大大地阻碍了敌人的修桥工作。

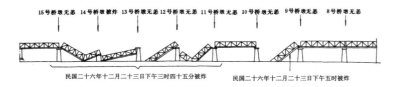

桥被炸毁后的情况

战争越逼越紧,12月22日,敌人进攻武康,窥伺富阳,杭州危在旦夕。大桥上南渡行人更多,固不必说,而铁路上,因上海南京之间不能通行,大桥成为撤退的唯一后路,运输也突然紧张。据铁路局估计,这天撤退过桥的机车有三百多辆,客货车有两千多辆。第二天,12月23日,午后一点钟,上面炸桥命令到达了,丁教官就指挥士兵赶忙将装好的一百几十根引线,接到爆炸器上,到三点钟时完毕。本可立刻炸桥,但北岸仍有无数难民潮涌过桥,一时无法下手。等到五点钟时,隐约间见有敌骑来到桥头,江天暮霭,象征着黑暗将临,这才断然禁止行人,开动爆炸器,一声轰然巨响,满天烟雾,这座雄跨钱塘江的大桥,就此中断。

在大桥工程进行时,罗英曾出过一个上联,征求下联,文为"钱塘江桥,五行缺火"(前面四字的偏旁是金、土、水、木),始终无人应征,不料如今"火"来,五行是不缺了,但桥却断了。

大桥爆炸的结果是:靠南岸第二座桥墩的上部,完全炸毁;五孔钢梁全部炸断,一头坠落江中,一头还在墩上,一切都和计划所要求的一样。显然,敌人是无法利用大桥了,要想修理,也绝非短期所能办到。

桥工处于11月中旬开始全部撤退至浙江兰溪,办理结束。桥工处的一切结束事务中,大家认为最重要的是完成大桥竣工图。那时一般工程只有设计图、施工图,而无竣工图。竣工图表示所做工程的实际情况,对重大工程,是最宝贵的档案资料。比如,大桥九个墩,每墩有木桩160根,在设计图上,这许多桩的位置,都是按理论要求而指定的,但实际打桩结果,不可能尽如理想,这就要求对每一根桩都测量定位,留下记录。这种测量工作,要在高气压的沉箱中进行,上面已经说过了。这个记录就是每一墩的打桩竣工图。同样,15个桥墩的沉箱下降深度,设计要求是一个尺寸,但实际工程结果又是一个尺寸,这都要详细记载于 15 个沉箱的竣工图中。大桥全部工程,不分大小,不论在陆上或水中,都要有这种竣工图。抗战爆发后,大家忙于赶工,对几项最后完工的竣工图无暇及此,因而要在兰溪补办。同时,还有一些工程报告,也要趁这时赶完,免得人手散了,不易追补。

正在我们办理结束的时候,铁道部的湘桂铁路局因在广西省修建新铁路,就向桥工处调用大批的工程技术人员。总工程师罗英被任为湘桂铁路局副局长,于是就把这大批人带往桂林去了。桥工处于 1934 年成立后,每年暑假前,都分函各大学,请介绍工科毕业生来处就业,经过工作中训练,这批人都能逐渐各展所长,成为造桥人才。此外,桥工处还于每年暑假中,招收各大学工科的三年级学生,来处观摩实习两个月,每天早晨听课两小时。他们中的很多人,后来也参加了各地的桥梁工作。

1938 年春,桥工处从兰溪迁往湖南湘潭,因为这时在北方的唐山工程学院撤退至湘潭复课,而我又兼任该院院长之故。这时桥工处员工经过一再疏散,所余寥寥无几。这年秋天长沙大火前,唐山学院又迁往湘西杨家滩。到 1939 年初,又迁往贵州平越县(今福泉县)。到了平越,桥工处只剩下三个人了,一个是我,一个是银行稽核,再一个是帮同保管公物的监工员。这套公物计 14 箱,包括各种图表、文卷、电影片、相片、刊物等,都是大桥最重要的资料(这套电影片,是一部比较完整的工程教育影片,长约 2500 公尺,记录了所有特殊工程的全部施工细节;拍摄时,现场成了摄影场,工人变成演员,而我和一位工程师就充当了导演)。这 14 箱资料,我从杭州带到平越,饱经风霜,遭遇到多次敌机空袭,但幸而保存得完整无缺。后来我往贵阳、重庆,又回到杭州,它们都一直跟着我,最后到移交给上海铁路局时为止。

1942 年春,我离开平越往贵阳,接任那时交通部的桥梁设计工程处处长;1943 年春往重庆,担任新成立的国营中国桥梁公司总经理。这两个机构都是为了当时和战后的桥梁事业的发展而成立的,但在那时环境下,都无法做出成绩。只有一点还值得提一提,那就是这两个机构和钱塘江桥工程处一样,都想逐步形成一个专门的桥梁组织,先从充实人力着手。因而,在这三个桥梁组织内,就我所知的就有:曾任武汉长江大桥总工程师的汪菊潜,曾任南京长江大桥总工程师的梅旸春,曾任郑州新黄河桥总工程师的赵燧章,曾任南昌赣江大桥总工程师的戴尔宾,曾任云南南盘江公路石拱桥(世界上跨度最长)总工程师的赵守恒,曾任南京长江大桥副总工程师的刘曾达等,都是负责修建大桥的;还有在设计研究和教育工作中对桥梁事业起推动作用的,如李学海、顾懋勋、李洙、胡世俤、王同熙、王序森等都各有贡献;至于在以上各方面有过同样成就而我因失去联系不知其详的,就无法列举了。

战后修桥

1946 年春,我回到劫后的杭州,随即接到交通部命令叫我充实桥工处,准备修桥。当时的钱塘江桥是什么样子呢?在日本侵略军占据钱塘江两岸后,开始几年,他们还无暇修理,直至 1940 年 9 月起,才在坠落江中的五孔钢梁上,架设军用木桥面,先接通公路,行驶汽车。从 1943 年年底起,才着手修理炸毁的桥墩及钢梁,到 1944 年 10 月竣工,才通行火车。他们的修理,完全是为了临时军用,故一切因陋就简,草草了事。我们回到杭州,立刻对全桥做了详细勘测,才知道破坏过的桥墩钢梁,情形异常严重,现在虽然通行火车,但速度严格限制,若不及早彻底修理,势必发生危险。

先谈桥墩。靠南岸的第二座桥墩,因顶部炸得精光,而江底又淤高,日本人就在沉箱上打木桩,桩上筑桥墩。沉箱上下都有木桩,也是闻所未闻的。查阅日人留下的施工图,他们所打木桩，并未根根都到沉箱，而是靠江底淤积抬高、泥沙填塞来着力，如果江底变迁，又有水流冲刷，桥墩将会坍陷。还有江中心的第五及第六号两个桥墩，破坏情况也同样严重。这两个桥墩不是我们撤退时炸伤，而是抗战期中为我方游击队所破坏，一个是在 1944 年 3 月 28 日，敌人修桥期间；另一个是在 1945 年 2 月 4 日敌人通车以后。两次破坏都很成功，据说是游击队于夜间偷渡至桥墩旁边，放下定时炸弹所爆破。检查结果，发现两个桥礅的墩壁，碎裂多处，敌人只是用墩中填沙和墩外加箍的办法，勉强维持，势不可久。

关于钢梁。爆破的五孔虽已补接成形，装上桥墩，但所补杆件，都是普通碳钢，而非原来用的高级合金钢；只是联结用的铆钉是用日本制造的合金钢而已。此外，许多因被炸而扭曲的杆件，也未能全部矫正，以致钢梁强度大为削弱。甚至钢梁在桥墩上的支座，因原来滚轴炸飞，就用铁片垫托，以致钢梁不能因冷热伸缩而移动。所有这些都大大减低了钢梁的承载力。

至于大桥上层的公路面，原来被炸的五孔钢梁，日人在修理的时候，就已将上面的钢筋混凝土路面凿去，以便减轻重量，事后也未重铺路面，因而公路不通。所有这五孔以外的公路面和人行道，都残破不堪；人行道旁的铁栏杆，只余下北岸引桥上的几孔,其余全部不见,铜灯留下的更是无几,真是一片凄凉景色。

桥工处复业后,赖当时浙赣铁路局的资助,逐渐充实力量,进行全桥修复计划。由于经费限制,修复计划分为两步:一是临时修复,接通公路,并加强铁路,只求临时维持通车,对于过分损坏的部分,即予以局部修理及加强;二是正式修复,将所有损坏的桥墩、钢梁和路面,一律恢复原状,并将因抗战而停顿的收尾工程,全部办竣。

1946年9月起,开始进行修桥,在破坏过的五孔钢梁上面,铺设临时公路的木桥面,行驶单线汽车,两旁设临时木栏杆,对于完好各孔钢梁的杆件,加涂保护油漆。1947年3月1日,公路通车,恢复大桥双层路面的作用。由于损坏过甚,不但限制火车过桥速度为每小时10公里,汽车为15公里,而且汽车与火车,不能同时过桥。这时又对过桥汽车,征收过桥费,作为管理及维修费用。

关于正式修复的设计与施工,由桥工处委托上述的中国桥梁公司上海分公司承办,总工程师是汪菊潜(那时中国桥梁公司还有重庆和武汉的两个分公司)。正式修复中最困难的问题,和建桥时一样,仍然是正桥桥墩和钢梁。当时的计划是这样的:对于靠南岸的第二座桥墩,凿去上部墩身并拔除日人打下的木桩,在下面沉箱上,另筑新墩。对于江心的第五、第六号桥墩,因墩壁破坏过甚,非彻底修理不可。但这是水下工作,而大桥上又要维持通车,因而上海分公司就创造出一种套箱法,来解决这些困难。对于其他桥墩,因可在水上施工,不需特殊措施。对于各孔损坏的钢梁,拟向国外订购合金钢杆件,将所有扭曲的碳钢杆件,全部换新。在拆换杆件时,也要维持大桥通车。

套箱法的办法是:从桥墩两旁的钢梁上,吊下一个大套筒,将桥墩四面围住,下面落到墩底沉箱顶板,或卡在墩壁的斜坡上,由深度决定,上面高出水面,在套筒围绕桥墩所形成的夹层里,将水抽干,让工人下去修理墩壁。这个大套筒分为两节,下面是八角形钢筋混凝土的套箱,上面是有支撑的木板围堰。套箱悬挂在桥墩两旁的钢梁上,就像一个吊在空中的开顶沉井,放松悬挂套箱的钢索,让它降落到江底,然后在箱内挖土,使它下沉,直到下面的沉箱顶板,同时在套箱上面接长木围堰,形成套箱的引伸部分,这样,整个大套筒就共重约 800 吨。然后用水下混凝土,封闭套箱的底脚,等混凝土凝结,抽干箱内的水,这套筒就成为挡水围墙,在围墙内就可进行修理工作。修理完毕,拆去套箱上的木围堰,就全部竣工。

上海分公司于 1947 年夏,开始筹备套箱工程,随即在第五号桥墩上施工。其时已届国民党统治的瓦解时期,经济日益崩溃,人心浮动,因而修桥经费时断时续,工作进展异常迟缓。直到 1949 年 5 月 3 日杭州解放时,套箱才做到悬挂下水,尚未落到江底。所有未完工程于同年 9 月,由上海铁路局接收续办。第五墩全部修复工程,于 1952 年 4 月办竣。

　　第六墩全部修复工程,于 1953 年 9 月办竣。杭州解放前夕,某国民党军队竟在第五孔公路及铁路桥面的纵梁两端,装上了炸药,阴谋破坏大桥。5 月 3 日下午该军队撤退时,竟将炸药爆炸。幸喜损坏不大,立即由修桥职工日夜抢修,于二十四小时内,即将铁路、公路全部恢复通车。

1963 年 10 月

桥　梁①

　　桥梁就是桥,所以多个梁字,一来是因为用做名词,两个字比较顺口一些,二来是由于我国古代把桥当做梁,②后来把梁当做桥,③渐渐地桥梁两字并用,④到了隋唐以后(约公元6世纪起),单独一个桥字才盛行起来,没有把任何一座桥命名为"桥梁",如赵州桥不叫"赵州桥梁",然而"梁"这一字也始终未废,直到今天还常把桥梁当做桥,二者成为同义词。其实严格说来,这是很不恰当的,因为梁字的科学定义,已经确

----

　　①　本文作于1965年3月至5月,是一本关于桥梁的小册子,从桥梁的历史到桥梁的未来,深入浅出,内容全面,十分适合一般读者了解桥梁的历史、现状与发展。其中涵盖了力学、结构学和桥梁工程的专业知识。本文所有注释为作者原注。

　　②　如《诗经·大明篇》:"亲迎于渭,造舟为梁。"

　　③　如《说文》称:"桥,水梁也。"

　　④　如曹操诗《苦寒行》:"水深桥梁绝,中路正徘徊。"

立为"横跨空间的杆件",而桥梁的科学定义,就成为桥的上部结构,与桥墩和基础的下部结构,共同组成一座桥。如果用"桥梁"来代表"桥",那就是用局部来代表全体了。这本书写的是关于整个桥的事,而非仅指桥梁这一部分,不过为了顺从习惯,依然用了桥梁两字做书名,然而也只是用做书名而已,在全书中,这两字是专指桥的上部结构的。

一、桥的本质——出身和成分

讲一个人的故事,总要说明他的出身和成分。讲桥的故事也一样,总要知道它是为何产生的和它在社会上占有何种地位,能起何种作用。这本书讲的是关于桥的科学(自然科学,下同)和技术,然而这些都不过是些建桥的工具,为什么用这个而不用那个,则是和桥本身的出身和成分有关的。因此我们先要知道桥的本质、发展来由以及它和"四邻"的关系。

1. 桥是空中的路。

桥就是路,不过不是铺在陆地上,而是架在空中的。它和路的区别,就在这个架空的意义上。只要想起,在路上散步是何等的闲适,而要纵身跳过一条沟时是何等的费劲,就能体会出,桥要架空,是何等的不简单。不但桥的本身要架空,而且所有桥上的荷载①都要跟着架空,这就格外困难了。架空要有支柱,每一对支柱间的水平距离,名为桥的跨度。很显然,跨度越大,桥越难造。架空又要有一定的垂直净空,高桥的问题当然比低桥的多得多。这个水平跨度和垂直净空就是一座桥的特征,决定于它该如何架空的条件,也就是一条跨越这里必须变成一座桥的原因:或是大地上河水挡路,或是重山中峡谷成渊,或是城市中两路交叉,一上一下。总之是要在空中把这条路通过去。陆地上的路,如果因故不通,还可在地上远道而行,但这空中的路如果断了,就只能以桥代路,别无他法,所以我们常说,桥是路的咽喉,在军事上是作战双方必争之地,在交通上是陆上运输必经之路。它所以成为必争必经的路,就因为它是跨山越水的空中的路。

2. 桥的三大特性。

河水和山谷是遍布大地的,因而我们常把一地的风景,叫做山水。在文化悠久的国家,路也是遍布大地的。"逢山开路,遇水搭桥",而且山与山之间还要桥,可见桥也是要遍布大地的了。人的一生,不知要走过多少桥,在桥上跨过多少山与水。这是桥在空间上的普遍性。人可以走出一条路,却不能不费尽力量来造成一座桥,因为桥比路难造得多。正

---

① 这在高中《物理学》里叫做负载,见第一册,第71页。

是由于难造，所以桥要造得特别坚固，特别耐久。我们就有现存的千年以上的赵州桥，还有希望传之永久的万年桥（在江西省南城，造于公元 1634 年）。这是桥在时间上的永久性。既然普遍而又永久，造桥就是一项极其艰巨的工程，需要极其浩大的劳动力。古往今来为了造桥，劳动人民付出了多少血汗的代价！幸而，桥不像宫苑建筑那样只为统治阶级所专用，而是由广大人民所创造，并且为广大人民所利用的。它更不像过河的渡船那样，要收"买路卡"成为私人垄断的剥削工具，而是向来公有公用；纵然私人修桥，也是为了"做功德"的。这是桥在社会上的人民性。普遍性、永久性和人民性（社会性），就是桥的三大特性（在资本主义国家，桥也有社会性）。

3. 桥是人民创造的。

有了这样多的特性，一座桥的兴废便非偶然的了。它所以要造，该怎样造以及造成后的效果如何，都应当反映当时当地社会上的很多情况——什么样的情况产生什么样的桥。比如，桥的多少和大小，是由运输需要和物质力量决定的；桥的规模和形式，是由施工经验和材料供应决定的；桥的效用和寿命，是由社会生产和人民生活决定的。所有这些决定性因素，都是人民群众的思想、智慧和力量的集体表现，反映到社会的政治、经济、文化、科学和技术等各方面。人类历史是人民群众创造的。（能够创造历史的长河，人民群众还不能创造河上的桥吗？）从一个国家或民族的建桥历史，就可看出这个国家或民族的政治、经济、文化、科学和技术等各方面的成就和发展。

4. 桥是政治的产物。

在所有这许多的成就和发展中，对桥最有直接作用的是政治。桥是政治的产物。没有政治领导的力量，任何桥是造不成的。造桥不但需要人力、物力和财力，而且对于使用土地、控制交通、约束河流与航道以及减少可能妨碍正常社会秩序的影响等，都非私人力量所能办。并且桥建成后的使用与维修，特别是它的寿命可以延长到百年千年，必然成为公用事业的一部分。只有在优越的社会制度下，建桥事业才能繁荣。桥多了当然促进经济的发展，文化的提高。由于和人民的利益息息相关，成为人民生产力的一部分，应当说，桥也是最欢迎革命的。我国解放后，在党的领导下，就在全国铁路公路上，立即大兴建桥工程。突出成就之一是武汉长江大桥，使数千年的长江"天堑"，变为通途。[①] 它是为了人民利益而修，得到群众支持而成功的。解放前，也并非没有在武汉

---

① 毛主席诗词《水调歌头·游泳》："一桥飞架南北，天堑变通途。"

修桥的计划,①但由于政治黑暗,都成为一纸空文。可以断言,在无比优越的社会主义制度下,我们新中国的建桥事业,必将日益辉煌,而建桥的科学技术,必将超过世界水平!

5. 中国桥的前途。

为何断言,我国建桥的科学技术,必将超过世界水平呢?在党的领导下,我们有毛主席思想做指针,不但可用新的观点,学习继承前人经验,而且有了近代科学技术的武器,可以循着正确方向,掌握应用。我们已有发展建桥的十年科学技术规划,在全国工业现代化、科学技术现代化的道路上,建桥的现代化必将猛进无疆。建桥是人民群众的事业,科学技术都从群众的实践中来。在社会主义道路上,对于国家生产建设,每人都有主人翁的责任感,都愿贡献其实践中的点滴经验。把群众的经验,集中分析,在前人理论总结基础上,上升为新的理论,建桥的科学技术就有新的发展。我国地大物博人多,每年该要造多少新桥,该累积多少经验,在科学技术上该有多大发展!这样,我们还不能完成我国发展建桥科学技术的十年规划吗?况且,从世界的科学水平言,建桥工程比起其他工程,如电机工程、机械工程等等,较为落后,特别在

① 作者在 1936 年就作出《武汉建桥计划》。

基础方面。我国正是在桥墩工程上,已经有了不少新的创造,①而且还胜利完成了世界上最深的水下基础工程。②再加以我国文化悠久,建桥技术本有光荣传统,赵州桥建成于一千三百多年前,直到今天,屹立无恙,其他类此者尚多,善于学习运用,也是有利因素(在建桥的科学技术上,我们古为今用的可能性较大,下详)。总之,社会主义就是我们在科学技术上赶过世界水平的有力保证。

6. 建桥的科学技术。

当然,要发展建桥的科学技术,也并非容易。桥不但是空中的路,而且支持这个路的桥墩是要在水中建筑的,不但情况复杂,而且未知因素太多,难于控制。结果呢,往往桥是造成了,但趋于保守,浪费太大,特别在基础方面。关键就在科学技术跟不上。科学是理论,技术是实践,它们都是在生产中产生和发展的,科学就是生产实践的总结。科学是技术存在的内容,技术是科学存在的形式。科学指导技术,技术验证科学,科学是知,技术是行,通过实践而知行合一。在一座桥的勘测、设计、施工、制造、安装、养护、维修等等的过程中,没有一步不是科学技术在改造自然中所起的作用。改造

① 如武汉长江大桥的"管柱基础"。
② 南京长江大桥的桥墩。

可能成功或失败，都有科学道理。不过有的道理是清楚的，有的道理还不十分明白，或者甚至是非常糊涂。有些技术是成功了，但其科学道理并未十分明了；有的技术是失败了，但通过失败，却发现了科学道理。只有在科学与技术一致，也就是理论与实践一致的时候，建桥的这一步骤或工序，才算真正成功。建桥之难，就难在这里，因为它受自然条件的影响太大了。科学不但要能针对自然条件中所有因素，知其原委，而且还要预测一切因素的未来变化。要有这样的科学指导技术，技术的成功才是有保证的，这就是在科学实验的基础上，进行生产斗争和阶级斗争，来建成一座桥，改造自然环境。

7. 建桥技术先于建桥科学。

有人问，虽然造桥如此需要科学，那么，在古代科学并未发达，为何能造成那么多的桥，甚至还会有赵州桥呢？这就是技术先于科学的明证。所有一切生产，都是先有生产经验，也就是技术，然后才有生产经验的总结，也就是科学。人类求得知识，总是"先知其然，后知其所以然"，先有感性知识，然后上升到理性知识。在古代，造桥的人，诚然还不知道我们现在所谓的科学，但不能说他们一点造桥的理论都不懂，不过他们未能以文字表达出来而已。他们最懂得的是造桥技术，而且他们的技术是不断有所前进，有所创造的。他们技术的成功就说明了他们是不自觉地运用了科学理论的。他们科学理论的来源，就是实践。他们在造成一座新桥，或检修一座旧桥中，就积累了大量知识，用做改进技术的依据。他们是善于调查研究的。每经一次修桥，技术提高一步，也就是应用了更新的科学理论。我国数千年来的修桥经验，是我国特有的宝贵民族遗产。

8. 从建桥看一切科学技术。

近代建桥的科学技术是怎样的呢？当然谈起来话长了，不是这本书所能说得齐的。这本书只能简单介绍一下它的主要内容。就这样，读者已可意会到，造成一座桥，眼看多少火车、汽车驰过去，安全跨过一条大河，甚至一个海峡，这该是多么光荣而又艰巨的为人民服务的工作啊！但是，在社会主义制度下，哪一项生产建设工作不是如此呢？作者写这本书，并无意兜售桥这个"货色"，把它吹捧上天，来吸引青少年读者将来充当造桥工程师；而是把造桥当做一个例，来说明"隔行不隔理"。在任何生产专业中，科学技术所能起的作用都是同等重要的，而且多个不同生产专业里的科学技术，都是从一个"仓库"里，根据不同规格和数量，取出同样"零件"，配合组成的。这本书中，就有不少"零件"对其他生产专业是有用的。为什么同样的"零件"可以组成不同生产专业的科学技术呢？上面说过，科学是理论，技术是实践。这里的理论表现为自然界客观规律的系统论述,实践表现为生产中工作方法的系统实施。规律所以成立,因为见诸方法;方法所以有效,因为合乎规律。规律和方法都是无穷无尽的,但在任何生产中,所需要的数量却是有限的。一个规律可以用到许多方法,一个方法往往包含许多规律。打个比喻,规律好像我们下棋用的"棋子",方法好像"棋谱"。需要的"棋子"(规律)根据"棋谱"(方法),而"棋谱"则是按照所要下的"一盘棋"(生产)来选择的。既然成"谱",就要配"套",因此,规律要系统化,方法也要系统化。由于系统化的要求不同,科学和技术都可以有各种不同的分类法。现行的科学是按自然现象划分成系统而分类的,如分成物理、化学、地质等学科。在生产专业中我们应用科学时,就要按生产系统的需要,把物理、化学、地质等学科中的有关规律综合配套,来指导技术。技术的分类也是一样,为了不同要求,就有实验技术、工种技术、产品技术等等。在建桥的科学技术中,当然有它特别需要的规律和方法,但是所有这许多规律和方法都是其他生产专业所同样需要的,不过综合配套不同而已。都是"下棋",都有一本"棋谱"和一些"棋子",不过下出来的"棋"不同而已。也就是说,不同的生产专业,从同一个"仓库"中,取出不同数量、不同规格的同样"零件"而已。

9. 从建桥看自然界的普遍法则。

上面所说的"仓库"是什么呢？就是我们所生息的自然界。科学技术的任务,是从改造自然来认识自然,更从认识了的自然,来进一步地改造自然。在改造和认识中,积累了大量的技术方法和科学规律,形成这个"仓库"中的各种"零件",用来构成各种生产专业中的科学技术。为何所有的科学规律都能适用于所有的生产专业中的技术方法呢？因为它们都同受自然界的普遍法则所支配的缘故。这些普遍法则就是马克思列宁主义和毛主席思想中所提出的辩证唯物的哲学论据。在这本书里可以看到,造桥的科学是怎样服从于这些普遍法则的。其他的各种专业科学也一样。这就把造桥和其他专业,在科学技术上都统统联系上了,说明一种专业科学技术的发展是不可能孤立于其他专业科学技术之外的。每一专业的科学技术,对于任何其他专业的科学技术,都有启发和促进的作用。

现在先来提出一些上述的自然界普遍法则,以便在看到这本书中所写的造桥的科学技术时,可以理解到为什么要这样进行科学分析和提出技术措施,甚至从其中的因果关系,来推测一些相关因素的可能的变化。

第一是关于物质和运动。自然界的一切东西都是物质,它不依赖于我们的感觉而存在,却为我们的感觉所反映。根据反映,我们就能判断物质的性质。我们感觉所反映的是什么呢?只能是物质的运动。如果物质没有运动,我们就什么都感觉不到。软硬、冷热、黑白等等现象都是运动的表现,因此,"运动是物质存在的形式"。一座桥,看起来好像是固定不动的,但实际上,我们可以观察到,它是无大动,却无处无时不在小动。在走车或刮风时,它更大动而特动。

第二是关于量变和质变。物质既有运动,就有变化,先是表现于现象,然后表现于本质。桥上走车时,所有组成桥的一切部件都要变形,就是形状改变了,这是量变。任何一个部件的变形都有限度,超过限度,部件的性质就要改变,这是质变。"质的变化,只有由于物质或运动的量的增加或减少才能发生。"①

第三是关于物质和能量的守恒。自然界的物质有一定的数量,既不能创造,也不能消灭,而只能转化,这是物质守恒定律。运动是物质存在的形式,因而也不能创造或消灭,而只能转化。物质的运动量决定它的能量,因而能量也是不能创造或消灭,而只能转化的,这是能量守恒定律。从这两个守恒定律,就能理解"运动着的物质的永远循环"。② 一座

① 恩格斯语,见《自然辩证法》,第 46 页。
② 恩格斯语,见《自然辩证法》,第 11 页。

桥为什么能架在空中而不倒,上面行车时为什么不怕震动,气象变化时为什么抵抗得住,等等,都是因为能量转化的关系,也就是由于守恒定律的约束。

第四是关于矛盾。"自然界的一切现象和过程都含有互相矛盾、互相排斥、互相对立的倾向。"①天下的万物总是"一分为二"地成为对立统一的两个矛盾面,它们"相互依赖和相互斗争决定一切事物的生命,推动一切事物的发展"。② 车辆过桥这件事就包含车对桥的作用和桥对车的反作用,形成两个相互依赖和相互斗争的对立面;车在桥上时桥有变形,车过桥后这个变形消失,就是车和桥在动的平衡中,作用与反作用的矛盾转化与对立统一的现象的过程。因此,"运动本身就是矛盾",③"没有矛盾就没有世界"。④

第五是关于否定的否定。在上面的"量变到质变"和"矛盾的对立统一"这两个法则中,都有一个这个对那个的否定因素。这是指两个方面在同一时间内的斗争。还有一种斗争是不同时间的新旧斗争,这里就有"第二代"否定了"第一代",而"第三代"对"第二代"又有否定的否定的斗争。因为

---

① 列宁语,见列宁《关于辩证法问题》。
② 毛主席《矛盾论》,第 8 页。
③ 恩格斯语,见《反杜林论》,第 123 页。
④ 毛主席《矛盾论》,第 8 页。

"第一代"里的合理因素为"第三代"所继承了。比如钢桥杆件的联结,临时桥用螺栓,正式桥用铆钉,因为铆钉好,把螺栓否定了。但近代化钢桥,又回过来用高强度的螺栓,因为比铆钉更好,这就是否定的否定了,也就是"发展的螺旋形式"。①

对于以上自然普遍法则及其在各种科学规律中的应用,要有正确的认识和理会。比如要知道相对与绝对的区别,但有时这并不简单,比如恩格斯在描述"运动就是矛盾"时说"物体在同一瞬间既在一个地方又在另一个地方,既在同一个地方又不在同一个地方",②这就因为物体的运动本身是绝对的,而从另外一个物体来看这个物体的运动,那就是相对的了。运动本身是有连续性的,物体因运动而换了地方,从观察者来看则是有间断性的。又如偶然性和必然性的关系。古人以为偶然性的东西,在科学发达后,变为必然性的东西了。科学是偶然性的敌人,它总要通过偶然性来找出规律性、必然性。人怎么知道还未认识的必然性的存在呢?因为盲目的未认识的必然性,即"自在的必然性",是可以转化为认识了的"我们的必然性"的。自然界客观规律是完全可以

① 恩格斯《自然辩证法》,第 1 页。
② 恩格斯《反杜林论》,第 123 页。

为人所完全认识的,但不是同时彻底地被认识而已。[①] 还有其他一些关于认识论的问题,都同如何正确掌握科学技术是有密切关系的。

二、桥的形式——组合与结构

自然界的天生万物,都有一定形状和一定内容,什么内容决定什么形状。桥是人工产物,虽可为所欲为,然而也不能离开这个原则。它的内容是什么呢？是要把一条路架在空中。什么形状最能体现这个内容呢？就是要像一条板凳。如果板凳的板是路,那么板凳的两只腿,就把这条路架到空中去了。把板凳当做桥,就可看出桥是由两大部分组成的:一是在上面的桥身,好像板凳的板;二是在下面的桥脚,好像板凳的腿。桥身名为桥梁,是为了支持走车的路面的;桥脚名为桥墩和基础,是为了支持桥梁的。桥梁及路面和其相关部分,共同组成桥的上部结构;桥墩及基础和其相关部分,共同组成桥的下部结构。这里所谓"上"和"下",是从桥下的水路而言的,如有人在水路上乘船过桥,那么,所有从他头上过去的桥的结构,就是上部结构。但有时,上下结构连在一起,

---

① 列宁《唯物经验主义与经验批判主义》,第186页。

不易划分。

　　不要认为它像条板凳，桥就是最简单的建筑物。实际上，桥的上下部结构都是千变万化，非常复杂的。但是，尽管这样，桥既然是桥，它的形状还要能一望而知。首先，桥就是路，应该有路的特点。从上空看来，桥的上部结构就像躺在水上的一条路，把两岸的路连接起来，因而它应当是笔直的，同河道做垂直交叉，并且大概平行于河面。可见桥的结构，具有路的延续性。其次，长桥可由短桥拼接而成，而短桥可以完全相似，一座长桥的上部结构可能就是几十座短桥的完全相同的上部结构的集合体。这是一座桥的结构的重复性。第三，车过桥时，不论由东而西，或由西而东，对桥的作用都是一样的，因而桥的结构要有对称性，不但在顺着桥长的东西方向，而且在顺着桥宽的南北方向。最后，桥的上部结构既要能使两岸陆路上的车辆同时过桥，还要使桥下水路上的船舶也能同时过桥，而有时船舶高度超过车辆高度。这里水陆交通中的矛盾，当然会引起桥的结构中的矛盾性。在以上这些特性支配下，让我们来看看一座桥的结构是怎样形成的。

　　1. 桥的基本形式。

　　从一条板凳的概念出发，一座桥的基本形式只可能有三种。板凳腿必须垂直于地面，板凳板则可有三种式样：一是既平又直,与地面平行;一是向上弯曲;一是向下弯曲。采用平板形式为上部结构的桥,名为梁桥;采用向上弯曲的形式为上部结构的桥,名为拱桥;采用向下弯曲的形式为上部结构的桥,名为悬桥。梁桥、拱桥和悬桥就是桥的三种基本形式,所有铁路、公路和城市中所用的千万种的桥,都由这三种基本形式演变而来。这三种基本形式是怎样产生的呢?说也奇怪,世界上还没有人类以前,它们就已经先出现了。一是河边大树,为风吹倒,恰巧横跨河上,这就形成梁桥,树就是横梁。二是两山之间有瀑布,中为石脊梁所阻,水穿石脊成孔,渐渐扩大,孔上石梁磨成圆形,这就形成拱桥,石梁就是拱。这种"天生"的石拱桥,现在到处还有发现。第三种不是天生,但也非人造,而是猿猴创造的"绳桥"。那时一群猴子要过河,就先在河这边的树上挂下一长串猴子,把这长串甩过河,搭上对岸的树,这一串猴子编成的桥,就是悬桥。可见世界上是先有了桥,然后才有人类的。这样说来,人在造桥上,可谓得天独厚了。是不是由于先见了这些原始的桥,人们才逐渐地发明了梁桥、拱桥和悬桥呢?人的认识来源于实践,在造桥的历史上,这些天生的桥或猿桥,无疑给了人们极大的启发和帮助。

为什么上述的三种原始桥,恰巧具备了桥的基本形式,既不多,又不少呢?所谓基本形式,是以什么做根据来衡量的呢？主要从桥本身材料的性质来谈起。桥都是用固体材料做成的，而固体的物质微粒，[①]由于时刻在运动中,总没有固定的位置,因而固体的形状和体积总是时刻变化的,产生固体材料的形变。[②]形变的种类和大小,当然和材料的原形及桥的运动有关,这在以后还要说明。现在所要指出的是,桥的形式,主要决定于它上部结构的形变方式。这个方式,随着结构的轴线来看,只有三种。在梁桥是弯曲形变,即结构上下两面的伸缩是正好相反的;在拱桥是压缩形变,即上下两面都因被压而缩短了;在悬桥是拉伸形变,即上下两面都因被拉而伸长了。上部结构的形变,从它本身的长短来看,只可能有全部伸长,或全部缩短,或部分伸长部分缩短的三种,因而桥的基本形式就只有这悬桥、拱桥或梁桥的三种。

2. 什么是最适当的结构。

从三种基本形式开始,桥的结构,发展到今天,日新月异,已经无法数得清了。每一种结构,为什么用这一形式,这一材料,这一尺寸,都有它一定的理由。就是要解决所有与造桥有关的一切矛盾。矛盾解决得最好的结构就是最适当的结构。

第一个矛盾是关于地上的路和空中的路的问题。桥是

---

①② 关于物质微粒及形变,见高级中学《物理学》"固体的性质"一章。

空中的路,但更和陆地上的路起同一作用,就是说,一切陆地上的交通工具在过桥时,应不受任何限制的影响,如减重、减速、单行等等。从它们看来,在桥上走要和在路上走一样,不因从路到桥而发生任何差别。这就是说,桥作为路,要有和陆地上的路的同一强度。这个条件很难满足,因为车过桥时的震动比在陆地上大得多。而且桥的本身是由许多部件拼联起来的结构,不是一个无空隙的实体,它在过车时的稳定性,就比陆地上的路差得多了。足够的强度和稳定性是解决桥和路的矛盾的主要措施。如果解决好了,车在桥上和路上便无差别,而在通过一个桥时,就不感觉是过桥。可见,最好的桥,是使自己"不成为桥"!

第二个矛盾是关于路上行车和水上行船的问题。桥梁是因为要行车过河而造的,但河上有船,而且行船的方向正好和行车的方向垂直交叉,这个问题如何解决呢? 上面说,车过桥时要不感觉是过桥,那么,对船来说,它过桥时,就该更不感觉是过桥了,因为走船的河上,本来是没有桥的,如今有了桥,对船来说,最好还是等于没有桥。这是个什么样的桥呢? 是个不妨碍行船,而有利于行车的桥。这里有几个解决方案。一是把车和船当做在平面上交叉,如同城市里四岔路口,东西向和南北向的车辆轮流通过一样。一是让车和船在立体中交叉,就是让车在桥上通过,而船在桥下通过,各走各路,两不相涉,车行的路面远远高出于船行的水面。第一个方案名为矮桥方案,内有一孔桥可以开合,让船与车替换通过。第二个方案名为高桥方案,从水面到桥边的垂直净空,可以容许最高的船在桥下通过。还有第三个方案是作为临时桥的浮桥方案,就是用船编成桥,可以随时拆开,以便行船。

第三个矛盾是关于高桥和矮桥的问题。桥的高矮首先决定于水陆交通的安排。高桥的成本是要大大超过矮桥的,这不仅是因为桥墩高了,而更重要的是要有引桥,添出很多问题,以后再谈。在一般情况下,从陆上行车说,桥越矮越好;从水上行船说,桥越高越好。当然,最高最矮应有限度。最困难的是,桥一经造成,两岸铁路公路的路面高度就跟着定下来了,以后很难更改。不能只顾一时经济而限制了将来水陆交通的发展。在陆地交通上,还有铁路、公路与城市街道之别;在每一种的道路上,高桥矮桥的解决不一定是相同的。

第四个矛盾是关于长桥和短桥的问题。这里的长短指全桥而言,并非一个桥孔的长短。一座桥的长短,当然由桥所跨过的河身或山谷来决定,好像谈不到什么矛盾或问题。但是,河身的界限是不明确的:有天然的,那是在两岸水土斗争的结果;有人为的,那是在两岸所修堤坝的结果。在没有堤坝的地方,造了桥以后,桥的长短便决定了河身的宽狭了。在一条河上,建桥计划应当服从于水利计划。不能因为要压缩桥长而约束河身,以致引起洪水的灾难。山谷里的桥也一样,因为山谷同时就是泄水渠,不能因为有桥而妨碍渠道。

　　第五个矛盾是关于大跨和小跨的问题。这里所谓大小,是指一个桥孔跨度的长短而言。一座桥往往有很多桥墩,把上面桥梁连成一线。每两个桥墩和上面桥梁,构成"一条板凳",也就是一个桥孔,桥孔的长度就是桥梁的跨度,名为桥跨。一座桥的全长总是有范围的,因而一个桥跨的大小决定于桥墩的多少,也就是桥梁的长短。这是个非常重要的问题。桥跨大了,桥墩就少了,因而河道水流更通畅,航道船运更方便。桥墩建筑费省了,但桥梁建筑费大大增加了(这是为什么?减少桥墩,并不变更全桥的总长,为何桥梁建筑费大大增加?后详)。然而小的桥跨,也有好处,一来是桥梁工省费少容易修;二来是桥墩虽有增加,而全部工费可能减少,三来是从国防上说,优点较多。不过现代化的桥梁,跨度越来越大,现在一孔桥跨的长度已经超过 1300 米了。

　　第六个矛盾是关于深桥和浅桥的问题。这里所谓深浅,是就桥墩下基础的入水深浅而言。桥的基础,就是桥墩的脚,必须站得稳,绝不移动,才能保证桥墩和桥梁的安全。这就要求基础下沉到土中岩层或沙石层,而这往往是在深水中的。深基础当然可靠,但费工费时,是否和桥的其他条件相配合,必须考虑。如果说,基础"必须是深的",那就等于说,桥跨"必须是大的",会犯同样的脱离实际的毛病。

第七个矛盾是关于临时桥和永久桥的问题。桥的寿命决定于需要,一座军用桥可能只用一次就够了,而一座民用桥则可能服务千年之久。在这两个极端例子中间,如何估计一座桥的寿命,那是很不简单的。比如在一条新辟的铁路或公路上要造一座新桥,或在一个古老的市镇中要修理一座旧桥,这个临时桥或永久桥的问题,总是不断发生的。临时桥的好处是又快又省,而且随时可以拆除,不妨碍新桥的发展。永久桥是一劳永逸,比先修临时桥再造永久桥更为经济。从工程上看,临时桥和永久桥的区别很多,不但材料大不相同,结构、施工、维修等等,都各有特点。如果工作做得不好,可能把所修的永久桥变成临时桥。

第八个矛盾是关于铁路桥和公路桥的合并或分设的问题。铁路和公路同是陆上交通线,有同样的跨河越谷的建桥问题。如果铁路公路要在同一城市跨过同一河道,是各造一座专用桥好呢,还是合并造一座联合桥好呢?在一般情况下,当然联合桥好,因为铁路公路在一起,桥梁和桥墩就可公用了。但在现代化的都市规划中,铁路公路不一定在同一地点过河,而且作为空中的路的桥,铁路和公路对它的要求也不一致,是否必须联合或分开,总是值得研究的。

除去以上列举的矛盾外,还有很多其他问题,影响到一座桥的结构的类型和发展。因此,在今天,桥的结构类型真是多种多样,选不胜选。① 不过就它们的性质和作用来说,它们应有的组成部分总是一样的。

3. 正桥与引桥。

桥要起跨的作用,首先必须和路接得通。既然桥是专门为路而造的,为何还有路通不通的问题呢? 这就是因为桥下有水,而水上是要走船的。走船要有一定的空间,即足够的宽度和高度。宽度总是小于两个桥墩间的距离(桥跨)的,不成问题。但高度则影响到桥梁的水平位置。从桥梁最下面边缘到水面的这一垂直净空,是走船的最大高度。同时,水还有涨落,水涨船高,桥梁就更要跟着高。结果呢,桥梁的最下面边缘,就可能大大高出陆地上的路面了。这样,路上车如何能上桥呢? 由于桥梁的高低要由水路来决定,因而从陆

---

① 其实在古代,桥就是丰富多彩的,请看这几首唐人诗词。
 杜甫诗:青溟寒江渡,驾竹为长桥。
 韩偓诗:往年曾在弯桥上,见倚朱栏咏絮绵。
 韩愈诗:飞桥上驾汉,缭岸俯视瀛。
 杜甫诗:运粮绳桥壮士喜,斩木火井穷猿呼。
 刘禹锡诗:火号休传警,机桥罢亘空。
 温庭筠词:湖上闲望雨潇潇,烟浦花桥路遥。

路上桥就成为问题了。问题的关键在于由陆地上桥的坡度。比如铁路最大坡度为 1% ,即火车要爬高一米就要平行 100 米。假如从陆地上桥要升高 10 米,那么从桥头 1000 米外就要开始爬坡。这 1000 米路的一头是落地的,另一头是上桥的,形成路和桥当中的一种"过渡"。由于这个"过渡"的大部分也是空中的路,因而它便成为引桥,就是"引"路上桥的意思。和岸上的引桥对照,河里水上的桥就名为正桥。可见,正桥越高,引桥越长。如果因为走大船而正桥特别高,那么,这里的引桥就可能比正桥还长得多。可以说,河里的正桥是为岸上的车路造的,而岸上的引桥则是为河里的航路造的。既有正桥,又有引桥,则是兼顾水陆交通的需要了。有时引桥还会成为能否建桥的决定性因素。①

4. 桥面与路面。

路面是陆路上直接承受车轮摩擦的部分,在铁路即轨枕和钢轨构成的轨道,在公路即是沙石、柏油、沥青等浇砌的路面。桥面是桥梁这一上部结构中,专门为了承受路面而安排的纵横结构。路面和桥面当然总是结合在一起的。对于桥的上部结构,即桥梁来说,路面和桥面可以放在上边或下边或中间的三个地位,由此得出三种不同的桥梁,名为上承式、

---

① 上海黄浦江上不便造桥,就因引桥问题。

下承式和中承式的桥梁。

桥上路面是陆上路面的延续,桥梁的轴线应当和路面的轴线符合。在一般情况下,这个轴线总是和河道水流方向垂直的,而且在穿过河道时,总是规定为直线,而很少采用弯线的。这就决定了桥梁这一上部结构在鸟瞰平面上的形状。

桥上路面应和两岸路面有同一宽度,供同样运输使用。比如岸上铁路是双线或三线或四线的,那么桥上路面也该有双轨道或三轨道或四轨道。又如岸上公路路面宽度为 18 米,那么桥上公路也该 18 米宽。若非临时桥,桥上路面不应减至单行线宽度。一座桥在铁路线上专供火车使用的名为铁路桥,在公路线上专供汽车和公路运输使用的名为公路桥。

一座桥既连接岸上铁路,又连接岸上公路,使铁路和公路的运输在同一桥上通过,称为铁路公路两用的联合桥。这种桥具有铁路桥和公路桥的双重作用,虽有专为铁路和公路而设的各别的桥面结构,但这两个桥面却为同一桥梁和同一桥墩所承载,因而是比较经济的。问题是铁路与公路的路线不同,但要在这座桥上合二为一,究竟应该谁服从谁呢?在都市附近的桥,这个问题是由都市规划解决的。在这种桥上,铁路和公路路面的安排,有两种形式:一是单层式,铁路与公路同在一层桥面,铁路居中,公路在两旁,一来一去;一是双层式,铁路与公路各占一层桥面,一般是铁路在下层而公路在上层,如武汉长江大桥。

由于桥即是路,而路上除去走车行人外,还有许多其他用途,如悬挂电灯线、电力线、电话线,安装上下水道、煤气管、暖气管,等等。所有这些负担,当然桥也同样承当。这就增加了桥面结构的复杂性。

5. 地基与基础。

地基是整个桥脚在地上所占据的地盘,这个地盘一般都是在水下的,而基础乃是地基上建筑用来支持桥墩的,就像房屋内木头柱子下面的石础。任何土地上的建筑物都有基础,如铁路、公路就都有路基。但一座桥的基础,却与路的大不相同,路基的压力是沿着路线分布的,但桥墩下的基础是要把桥梁传来的一切荷载,加上桥梁、桥墩的重量,很安全地集中分配于地盘的。地盘的平面面积不可能很大,对于基础的集中压力为何能胜任呢? 这就要求桥墩基础不但利用地盘的平面面积,如同路基一样,而且要发挥地盘的立体作用,就是要使基础深入地盘的土石层中,让基础的四围垂直边墙和土石层发生摩擦,来共同抵抗基础上的压力。这就是为什么桥的基础要深入土中的一个理由。当然,如果基础要筑到石层,这也是要深入土中的。如果理会到桥的基础总是在水下的,而且有时可能水很深,如在南京长江大桥水深超过 70米,那么,它便大大不同于一条路的路基或是一所大楼的柱基了。

6. 上部结构与下部结构。

任何桥的结构都可分为上下两部分,所谓上,指的是水平方向的横的桥梁及桥面;所谓下,指的是垂直方向的竖的桥墩及基础。这个一横一竖的组合是桥的特点。因为把一条路带进空间,当然需要与路平行的结构来承托,这便是横的桥梁;而桥梁所以能横在空中是因有柱子的支持,这便是竖的桥墩与基础。通过这一横一竖的上下部结构,所有桥上的一切荷载都逐步地传达到桥下的土中。

由于作用不同,一座桥的上下部结构是可以成为完全拆开、互不干扰的两类结构的。上部结构所起的作用是梁的作用,下部结构所起的作用是柱的作用。这里所谓梁和柱就同一所房子里的梁和柱一样,梁是承托分布在平面上的载重的,柱是支持集中到梁的两头的压力的。桥上的荷载当然是有异于房屋的,但力学作用则相同。

所谓桥梁和桥墩是两类互不干扰的上下部结构,因为这一结构的形式可以独立决定,不受另一结构的影响。如在同一形式的桥墩上,可以有各种不同形式的桥梁。但这并不是说,所有不同形式的桥梁,对于桥墩的作用都是一样的。事实上,桥梁的形式不同,对桥墩的作用就有变化。这种又独立又依赖的关系,也存在于桥梁和桥面的关系中以及桥墩和基础的关系中。

　　桥的上部和下部结构,虽然形式不同,作用不同,但必须极牢靠地结合在一起才能发挥一座桥的整体作用。这里有几个问题要先解决。第一,一座桥梁,不管什么类型,至少有两个桥墩支持,一头一个;在每一头,桥梁是应当"钉死"在桥墩上面,还是可以自由活动的呢? 如果两头都能自由活动,岂非动得不好时整个桥梁就有掉下水的危险吗? 如果两头都是"钉死"的,那么,桥梁本身因受天气变化影响而伸缩时,岂非更带动桥墩一齐摇动吗? 可见,合理的解决办法是一头钉死在桥墩,一头可以自由伸缩。对于特殊构造的桥梁,当然另有联结办法。第二,如果上部结构和下部结构是同一材料做成的,比如上部是石拱,下部是石墩,它们的联结该如何? 或者上下部结构的材料不同,比如上部是钢梁,下部是石墩,它们的联结又该如何? 同一材料的可以做成整体,而不同材料的则应分清界限,在两者之间插进一个桥靴,作为垫座。桥梁的一头固定于桥靴,另一头则能在桥靴上滑动。第三,有时,一座桥梁可以连续地放在三个或更多的桥墩上,每个桥墩上有一桥靴,桥梁该在几个桥靴上滑动呢? 应当只固定在一个桥靴上,在其他桥靴上都可自由滑动。总之,桥的上下两部结构的联结,必须满足一个条件,即不论在任何外来影响下,桥梁和桥墩的变形都不因联结的存在而变得对桥更为不利。

7. 浮桥与开合桥。

上面谈到,为了兼顾水陆交通,桥的形式可有高桥、矮桥和临时桥三种。现在先来介绍一下矮桥和临时桥,因为它们在本书中以后不再提到了。

为了走船而修的临时桥,一般就是浮桥。浮桥是由船只编成的,上面铺板行车,下面抛锚定位,免为水流冲走。这种桥在军事上用处很大,用毕拆除。我国黄河及长江上的第一座桥就是浮桥,都是用于军事的。①

矮桥只能行车,不能过船,在过船时,必须将桥移开,让出水道。因此,在这类桥中,至少有一孔桥是开合式的,即遇船来时,将这孔桥移开,暂停桥上走车;等船过后,将桥孔合拢,恢复陆上交通。这种桥的缺点是水陆交通不能同时进行,因而在世界上用得不多。将来开合桥孔的机械化、自动化大为提高后,也许开合桥还有它的前途。现在世界上用的开合桥,主要有竖旋桥和升降桥两种,至于旧式的平旋桥和开吊桥,现都少用了。

我国广东潮州横跨韩江上的广济桥,在东西两头各有一

---

① 黄河上第一座桥是公元前 265 年造的,《史记·秦本纪》:"昭襄王五十年初作河桥。"长江上第一座桥是 1852 年太平军在汉阳搭的浮桥,准备为夺取武昌用的,见《中国近代史资料丛刊》。

大段固定的石桥,在两段之间,有浮桥相通,可开可合,浮桥为 18 只船舶所编成。这桥最初修建于公元 1169 年,距今约八百年,可能是世界上最早的开合活动桥。

三、外来担负——斗争对象

地球上任何物体都有重量,即是都受地球的吸引,这个吸引,无时无处不起作用,具有特别重要的意义。一个物体如在空中,它便以重力加速度所产生的速度,自由坠落到地上。凡是在空中的物体,都有这种自由坠落的倾向,如果它为另一物体所阻,不能坠落,那么,在这两个物体之间便产生了相互作用的现象。上面物体对下面物体的作用,就是重量,称为重力,下面物体对上面物体的作用,就是对重力的反作用力,简称反力。重力与反力都在一条作用线上,这条线垂直于地面,而且通过这两个物体的接触点。在这条作用线上,重力与反力的方向恰恰相反,一个向下,一个向上,而且这两个力的大小完全相等,形成一对。这便是牛顿第三定律①所规定的。要注意的是,这两个力是发生于两个物体之间的,一个孤立的物体不可能有力。既有作用力,就必然有

———————————

① 见高中《物理学》第一册,第 122 页。

反作用力。不但物体重量的作用力是这样,任何其他力也是一样。比如风吹在桥上,风对桥有作用力,桥对风有反作用力,两个力的大小相等,方向相反,也形成一对。风对桥为何会有作用力呢?这和重量的作用力是相同的。风本来是有速度的,现为桥阻挡,速度逐渐减小,就有了减速度,即负号的加速度。凡是一个物体能使另一个物体的速度变更,产生加速度,正号或负号,那么,这两个物体之间就产生了力,这是牛顿第二定律[1]所规定的。因此,桥上风力的大小是由风的速度决定的:不同速度的风,同样为桥所阻挡,但减速度不同,故力的大小不同。这里更有一重要问题,好像不成问题,那就是,为何风为桥所阻挡,而桥并不为风所吹走,如同风吹风筝那样呢?这是因为桥太重的缘故,因为重,桥就处在"停息"状态(这在一般书中称为"静止"状态,这是不恰当的,世界上没有真正"静止"的东西,就说桥不为风吹走,难道它不为风所吹"动",就像"风吹草动"一样吗?不过桥的动是比草的动小得多罢了)。但是根据牛顿第一定律,[2]如果一个物体保持住自己的停息(静止)状态,这个物体就是没有受到别的物体的作用,现在桥是受到风的作用的,为何它仍然保持住

---

[1]　见高中《物理学》第一册,第 102 页。
[2]　见高中《物理学》第一册,第 62 页。

它的停息状态呢？这是由于对桥来说,风的作用是为桥上的其他作用所平衡了。

由此可见,一座桥,上面有车走,旁边有风吹,下面有水冲,而它自己却满不在乎地稳如泰山,从牛顿的三个定律看来,这里面的问题一定是很多的了。总的说起来就是:桥所以能这样,是因为它能"斗争"的缘故。它的斗争对象是什么? 斗争用了哪些武器? 斗争结果怎样?

1. 桥的任务。

桥所以要斗争,就因要完成任务。桥的任务是什么呢? 桥上走车行人,风吹雪压,有各式各样的荷载,日夜不停地来到桥的上部结构;然后通过作为支柱的下部结构,把这些荷载的作用转移到地基,引起地基的反抗。上下部结构在一起形成桥,因而桥是夹在荷载与地基当中的一个传递工具:把荷载的作用传递给地基,把地基的反抗传递给荷载。对桥来说,不论是从上面来的荷载的作用,还是从下面来的地基的反抗,都是一种压迫,结合在一起就有把桥压倒的可能,因而都是对桥的外来负担。面临这样的负担而不为它压倒,就是桥的任务,必须要能完成这个任务,一座桥才能成为一条架空的路。

荷载和地基是桥在完成任务中的斗争对象。一在桥上,一在桥下,它们总是同时出现的,虽然荷载是主动的而地基是被动的。它们中间隔个桥，为何会这样"呼吸相通""如响斯应"呢？桥是怎样把这作用和反作用传来传去的呢？

不用说，桥上荷载对桥的作用不但是种类繁多，而且是性质复杂的。但是，不论什么种类或性质，任何荷载所以能对桥发生作用，都是由于和桥有了接触的缘故。因为车在桥上走，车轮与桥上的钢轨和路面就有接触面；风吹雪压时，桥上受到压迫的地方就是和风雪的接触面。两个物体之间有了接触，不论是固体、液体或气体，就意味着一个物体动得快，一个动得慢，才能碰到一起，因而它们之间有了相对的速度，也就是正或负的加速度。这样，它们之间才有了作用力和反作用力。凡是两个不接触的物体，忽然接触起来，它们之间的接触面上就一定有作用力和反作用力。人在电梯中，如果电梯不动，人对电梯的足下压力就是人的重量。但如电梯下坠，而其速度等于一个自由落体的速度，也就是由重力加速度所产生的速度，那么，人对电梯的足下压力就没有了，这说明什么呢？人的重量由于地球吸引，不是永远存在吗？何以在这样下落的电梯中，足下就没有压力了呢？难道说人就处在失重状态中了吗？不是的，人的重量还是有的，不过对电梯的压力是没有了，因为在这时人的下落速度与电梯的下落速度是相等的，人对电梯没有相对速度，也就是没有加速度，因而人的足下虽和电梯有接触面，但在接触面上的作用力和反作用力就都不见了。可见两个物体,上下叠在一起,下面的放在地上,那么,它们彼此之间的力和反力,就有两种情况:一是重力,由于地球吸引,它们都有重力加速度,上面物体为下面的所阻,因为上面对下面有重力,下面对上面有反力,同样,下面物体为地所阻,它对地也有重力,地对它有反力;一是其他非重力,如冲击力,这就决定于两物体在接触之前的相对速度了。人在电梯中的足下压力,如电梯不动,则此压力为重力;如电梯下落,则此压力非重力,而是由人和电梯的不同的加速度在人足下接触面上产生的作用力和反作用力。这种冲击力不同的情况是,冲击物在和物体接触之前有相对速度,而电梯则是在和人接触以后有相对速度,但在接触面上产生力的条件则是一样的。桥上的荷载,由于活动的居多,一般都具有重力和非重力的作用。

桥上荷载与桥面结构形成一对接触体,在接触面上有作用力与反作用力。同样,桥面结构与上部结构,上部结构与下部结构,下部结构与桥下地基,都各自形成一对接触体,在接触面上,都各自有一对作用力与反作用力。进一步分析,上部结构的桥梁中的各部分,下部结构的桥墩与基础以及它们的各部分,都无一不形成一对对的接触体,产生一对对的作用力与反作用力。整个桥上荷载的全部作用力,就是这样通过不计其数的一对对的作用力与反作用力,而最后为桥下地基的全部反作用力所平衡。这就是桥是怎样"夹在"荷载与地基当中,来完成它作为"传递工具"把荷载的作用传递给地基的过程。作用力和反作用力必然是同时产生的,桥上一有荷载的作用力,桥下地基就必然同时有反作用力,尽管这是经过不计其数的一对对的局部的作用力与反作用力的,而每一对的力都是同时产生的。这是从宏观讲,至于微观观察,这里所谓同时当然并非绝对的。

作用和反作用是相对名词。桥在荷载与地基之间,使荷载的全部作用力与地基的全部反作用力,形成一个平衡系统。但对桥本身来说,桥在荷载与地基的上下"夹攻"之下,所有这些由上而下的作用力和由下而上的反作用力,都可看做是对桥的作用力,而对抗这一切作用力的反作用力则统统来自桥的内部,也就是来自桥的上部结构与下部结构。桥本身必须有充分强度才能在荷载的作用下使地基产生足够的反作用力,来形成桥上桥下力的平衡。假如桥的内部有薄弱环节,桥上荷载的作用力传递到这里时,桥本身就破损了,如何能将全部作用力传递给地基呢? 因此,一座桥如能承当全部的外来负担,它必须在完成任务中保持它形体的完整与功能的无缺,也就是要对斗争对象有足够的估计,来加强自己的斗争武器。

2. 桥上的荷载。

现在来估计一下斗争的对象。首先是桥上荷载的作用，其次是桥下地基的反作用。所谓桥上荷载即是能对桥发生任何作用的物体，如桥面上的车辆、桥梁上的狂风、桥墩上的水流、基础上的桥身等等。这些荷载可分为两大类：一是位置不移动的，如桥本身，称为恒载；一是位置移动的，如车辆、水、风，称为活载。由于荷载都有重量，因而它们的作用力都有向下的倾向，只有少数以水平方向为主。总的说来，桥上荷载对于桥的作用都是属于压迫性质的。

桥上荷载的种类如下：（1）行人在人行道上走动。如不拥挤，而又"安步当车"，当然不严重；但如成群结队，蜂拥过桥，或桥下竞渡表演、桥上人山人海，或武装部队以操练步伐过桥，就都会因力量过分集中而造成不测事故。（2）火车在桥面轨道上行驶。一个或两个火车头连在一起，后面拖带很多节车厢。火车头较重，每一对车轮形成桥上的移动的集中荷载，对桥的影响最大。车厢的轮重虽较小，但每一列车的车厢有时达一百节以上，所有多车车轮的荷载，可以布满全桥的长度，因而加大了对桥的作用力。（3）汽车在桥面公路上行驶。货运车当然比客运车重，但速度则较小。更重的有多种特殊汽车，如起重车、工程车、油罐车等。（4）电车在桥面公路的电车道上行驶。一般以两节或三节车为一单位，轮重在火车与汽车之间。(5)履带车(如坦克、拖拉机等)在桥面公路上行驶。因无车轮集中力,而且行车速度极慢,故车重可能加大。(6)管道吊挂在桥面下边。如水管、煤气管、暖气管等,除本身重量外,还有其中流动的液体、气体对桥的作用力。(7)雨雪聚集在露天的桥面轨道和公路上。雨的问题较小,虽然连续暴雨亦可为害,但雪的重量,如雪层很厚时,可产生很大压力,不能忽视。(8)桥重。即桥面与上部结构本身重量形成的对上部结构的作用力,再加上桥墩和基础本身的重量即形成对桥下地基的全部桥重作用力。所有以上八项荷载的作用力,实际上都是由于地球的吸引力,因而它们的作用方向都是朝下的,引起桥下地基向上的反作用力。但除桥重和管道是固定的而外,其余荷载都是活动的,它们还有除了朝下的其他方向的作用力,不过朝下方向的是主要作用力而已。

桥上荷载不以朝下方向为主要作用力的,有以下数种:(1)风力。主要以水平方向垂直于桥的轴线,从侧面吹向桥的本身和桥上车辆等荷载。风力大小决定于风的速度和桥与风的接触情况,如果接触面比较光滑,而且和风的方向夹成锐角,则风力较小。(2)水力。这是作用于桥墩的,其方向即是河流的方向。因为桥墩阻遏水流,在它们接触处产生复杂的水力,如同涡流、湍流等所引起的水力。在施工中,当基础刚完而桥墩未筑时,水对基础的向上浮力有很大的破坏作用。(3)温度变化。这是看不见的荷载。桥的各部分都随温度变化而胀缩,如果胀缩受了阻碍,不能自由发挥,比如桥梁的两头钉死在桥墩上,因而它的水平长度不能变更,那么,桥的各部分就在胀缩的影响下而有了反作用力,就同对抗一种荷载的作用力一样。(4)刹车力。车辆在桥上行驶时,突然被"刹"停止,车轮和路面或轨道面的摩擦力就引起一种对桥的水平方向的荷载,并且是顺着桥的轴线,而非从侧面来的作用力。火车在高速疾驶过桥时突然被迫减速,这种刹车力特别重要。(5)地震。这是从桥下土地中来,通过基础、桥墩,达到桥梁和桥面上的荷载。它的方向主要是水平的,但它作用线是在桥下,距桥面可有很大的垂直距离,因而对桥的作用力是比较复杂的。以上温度变化、刹车力和地震这三种荷载,都不是由于另有物体过桥,而是桥的已有物体的作用力,因而它们作为荷载应解释为荷载的作用力。

除去上述各种方向的荷载外,尚有作用力较小的其他荷载,如同电缆、灯柱和电灯、公路面的栏杆以及桥亭、桥碑等附属建筑物等,它们的方向主要是向下的。

以上各种荷载,就其作用时的情况而言,可分为五类:

（1）固定的，即作用力的大小、方向和作用点的三个特征①都没有变化，如桥本身和其一切附着物的重量。（2）移动的，即作用力的大小和方向虽不变，但作用点则时刻不同，如桥上行人，其重量和方向是不变的，但作用点则随人移动。（3）叠加的，如轨道和路面上的雪压，方向和作用点都不变，但大小则时有变化。（4）运行的，作用力与时俱增，因而它的大小、方向和作用点都随荷载的过桥速度而变化。如一列火车过桥，桥上车辆越来越多，速度高的影响更大。（5）冲击的，作用力突然发生，它的三个特征都可有激烈变化。如台风、洪水、地震等对桥的袭击有时是莫测的，速度特高的车辆过桥时也有很大的冲击力。以上性质不同的作用力，有时很简单地分为"静力"和"动力"，但实际上所谓"动""静"只能对桥而言，至于力的本身，则不可能有"动""静"的区别，而且就拿桥来说，它也永远是在运动之中的。所谓"静"，不过是运动中的暂时平衡，并且也只是就肉眼所能觉察的而言。

以上桥上荷载的各种作用力，各有各的特征，不但数量大小差别很大，就是作用方向和作用点，除去重力外，都无一定准则，可以随时变化。而且，什么作用力在什么时候出现，都很难料。如此说来，在设计一座桥时，该考察哪几种荷载，

---

① 见高中《物理学》第一册，第 77 页。

对每一种荷载该如何确定它的三个特征呢？这要根据经验，并利用概率论（数学的一个分支）来估计未来发展而予以规定。比如，桥的重量这个荷载，好像是最简单的，因为知道了造桥所需材料的尺寸就可很准确地计算出来，但是，桥还没有设计，如何能知道所需材料的尺寸呢？这就要根据经验来估计了。又如桥上火车，有轻有重，有长有短，有快有慢，设计时当然要取其有代表性而对桥的影响最大的，但对将来运输的发展该如何估计呢？而且对双线铁路，一线往东，一线往西，两列火车，背道而驰，是否两列都取其最重最长最快的呢？又如桥下河流的水力，该取一百年一遇的洪水，还是三百年一遇的洪水呢？还有更重要的是，桥上荷载种类如此之多，设计时是否假定它们一齐涌来桥上，而且每种荷载都是最大最厉害的呢？如何能既不犯冒险主义的错误而又不犯保守主义的错误呢？所有这些，都是桥的设计中所必须解决的重要问题。

3. 地基的承载量。

所有桥上（桥面上、桥梁上、桥墩上、基础上）的一切荷载，连同桥本身的全部重量，都是要靠桥下地基的反作用力来平衡的，由此定出桥下地基该有多大的承载量。桥下地基是怎样的情况呢？简单说起来，不外乎土和石两大类，土有沙土、黏土之分，石有火成岩、水成岩及变质岩三种。但是，土本来是岩石变成的,在天然状况下,土中有石,石中有土,而且土的颗粒有大小,石的构造有多样,再加上土层中有水分,有气体,有掺杂物,因而任何地基的组织总是非常复杂的;何况桥下的土层在河流深水之下,经常受到水的压力和渗透,它那已经复杂的组织,还要跟着时间来变化,要估计这样的地基有多大承载量来承受桥上全部荷载的作用力,当然就很不简单了。特别困难的是,它不像桥上荷载可以通过比较精确的试验来得出作用力,而只能凭勘探或间接试验,从局部实况来窥知其整体性质,因而免不了有若干"未知因素"。以前对地基设计完全倚靠经验,偏于保守,现代科学虽然进步,但对这问题并未完满解决。

桥的基础必须深入水下地中,建筑于可靠的地基上。最好的地基当然是天然岩石,但也要避免有溶洞的石灰石(水成岩的一种),地下有洞,基础如何能落实呢? 其次是碎石层,虽非整体岩石,但组成分子毕竟是石块,总该比土好。再次是沙土层,由一粒粒粗细沙组成相当厚度的"眠床";因为沙还是较大的"土粒",这种眠床,就会很有强度。第三是黏土层,如果含水少成为硬土层还好(有时很好),但若因水多而成软土层,则是最坏的地基了。上面地基分类,近于理想,因为实际上往往碎石层中有沙,沙土层中有泥(即黏土),甚至有一些土层中,有石有沙又有泥。还有一种石层,在天然状况时明明是石,但在开挖为地基后,泡在水中,它忽然变为土了,因为这种石层是经不起水的侵蚀的。因此,必须注意水的影响。所有桥下地基都是在水下的,都受到水的压力,水越深,压力越大;压力大,水的作用就多种多样了。比如说,有时地基是石层,不是很好吗?但如果石层下面有沙层,而沙中有水,石层受压,水会跑走,于是地基下陷,而桥就危险了。如果地基是土而非石,那么水的影响,就更可想而知了。现在来分析一下桥下地基中的"水土关系"。一个人"不服水土"要生病,桥也是一样。

土是相对于石而言的,它们好像有很大的不同,其实土不过是石的松散体而已。有的石层"历尽沧桑",化为粉碎的颗粒,其间充满水和气体,因而石体松散而成土。土的复杂就在这颗粒和水与气的关系上。土的颗粒,简称土粒,由各种矿物质组成,有的夹有生物质;可有各种形状,如圆形、扁形,或有棱角和各种大小,粒径可小至千分之一毫米。这样的颗粒结合成为土体,其中就有空隙;粒径越小,空隙占土体的比例越大,如我国西北一带的黄土,颗粒小至 0.005 毫米,空隙比就可大至 60%。空隙里当然有空气,有时也有土中化学作用的其他气体。但更重要的是有水分,除由地下水浸入外,还有由地上水,因动水压力通过渗透作用而来的。这里的水,随着温度变化,可以蒸发或结冰,更因土层上压力,可以带着土粒流动。空隙里有了水,土粒的相对位置便不稳定。但更重要的是,水能把土粒黏合在一起,甚至胶合得非常紧密,这如何可能呢?原来土粒间的水有几种特性。如果两颗粒不太接近,中间的水的压力便使它们分离;但如有了接触,而且颗粒特别小,那么,由于每个颗粒都是为水所包裹的,水在这里形成一个薄膜球,两球之间又有水,于是这两颗粒便同受水的作用。这种薄膜水,不是普通的自由水,因为是和土粒有相互作用的。土粒固然小,而水的分子更小,并且是带有正负电荷的。土粒的表面也是带电而有活动性的,因而和水分子有相互吸引力。这个吸引力大得惊人,接近地球上大气压力的一万倍。这样,土粒和薄膜水还能分得开吗?因此,同受薄膜水吸引而又彼此接触的土粒就都黏合在一起了。黏合的程度随土粒大小而异,最小的胶质颗粒当然结合得更紧。这样,土体中的土粒,由于大小形状的不同,而且有水的影响,便组织成各种不同的结构。较大的土粒组成疏松的和密实的单粒结构,可因压力或振动而趋紧密,这便是沙土。较小的土粒组成十分复杂的蜂窠结构和骨架结构,它们受水的影响而有不同的稠度和塑性,这便是黏土。有时黏土内有沙,形成黏沙土或沙黏土。由此可见,水和土的关系是何等复杂,这个关系对于桥的地基是何等重要。

为了估计地基的承载量,对于地基的石层或土层,必须了解其物理、化学和力学的性质。首先要做各种勘测和试验，得出岩石和土的各种性质的指标，分析研究，然后根据理论，求出地基的强度和稳定性。这里要注意的是，岩石地基在桥的基础下，面积不大，但它的强度并非限于这面积，所有面积以外的石层，由于整体作用，都对承载量有影响。对于沙土或黏土的地基，不能单凭样品的试验，以小喻大，来定整个土体的强度，并且由于气候变化及其他原因，土的强度还受时间的影响，因此，研究地基承载量是一门复杂的科学，牵涉到岩石力学、土力学及流变学。

4.桥上下的力系平衡。

桥梁是固定的建筑物，对地面而言，它的位置是不变的，然而这只是一个笼统的概念，实际上桥是时刻都在动的，就连肉眼也能看见，并且对地面还有相对的移动，不过不像桥上下车船动得那么明显罢了。桥为那么多荷载横冲直撞，为何还能保持它的位置呢，就因它是为桥下地基所固定的缘故。也就是说，桥上荷载的作用力为桥下的地基的反作用力所平衡的缘故。所有荷载的作用力和地基的反作用力构成一个力的系统，而这个系统，对桥而言，是平衡的，称为平衡力系。有一点要注意，上面一再说，桥上作用力和桥下反作用力，可见这里的作用力和反作用力，都是对一个桥而言的了，但根据牛顿第三定律，作用力与反作用力是对两个物体而言的,①即是说明两个物体之间的相互关系,为何现在把作用与反作用说成对一个桥而言呢? 问题是,这里所谓作用力是荷载与桥之间的关系,桥对荷载有反作用力;而所谓反作用力是地基与桥之间的关系,桥对地基有作用力;荷载的作用力与地基的反作用力构成一个平衡力系,而桥本身对上面的反作用力和对下面的作用力也构成一个平衡力系;这两个平衡力系的形式是完全相同的,不过力的方向又完全相反而已。头一个力系说明桥所受的荷载与地基反抗的"上下夹攻"的外来负担,第二个力系说明桥本身有了"内部矛盾",而结果是桥外平衡,桥内平衡,桥内外都平衡。

桥本身的内部矛盾,也就是上下左右、相互夹攻的平衡关系。如果把一座桥分解为桥面、桥梁、桥墩、桥脚等几个部分,那么,每一部分都有外来夹攻的平衡和内部矛盾的平衡。再把每一部分分解为几个孤立体,那么,每一个孤立体也无不有外面平衡和内部平衡。甚至进一步把大的孤立体分解为若干小的孤立体,比如一根杆件一个钉,那么,每一个小单位也无不如此。可见一座桥的平衡状态是桥内各部分平衡的集体表现。

桥在任何荷载的作用下,都要保持平衡,就要有足够的

---

① 见高中《物理学》,第122页。

反作用来抵抗这外来的作用。反作用等于作用,桥就平衡。在这作用与反作用的关系上,首先是力的平衡。上面说过,桥上很多荷载有冲击或震动的作用,因而对桥的作用力是时刻变化的,引起变化的反作用力。这种作用力与反作用力的平衡是有时间性的,所谓平衡也只能是瞬息的平衡。实际上,桥总是在运动之中的,就是在桥上无人无车而又风平浪静的时候,至少温度变化的影响总是有的,因而对时间来说,桥的运动是绝对的,平衡是相对的。除了力的平衡外,关于桥的作用与反作用,还有其他关系,下面将会谈到。

现在来分析一下,根据平衡关系,桥的反作用力是怎样从作用力求得的。作用力从桥上荷载来,当然是已知数。根据牛顿第一、第二定律,既然桥是在停息状态,没有运动的加速度,那么,桥的作用力和反作用力的总的影响等于零,也就是说,各作用力的总效果等于各反作用力的总效果。这里的效果指两个现象,一是直线运动,二是旋转运动。作用力可以使桥有上下、左右、前后的顺着空间三轴(x、y、z)的三种直线运动,同时又使桥有围绕着空间三轴的三种旋转运动。直线运动的变化,即加速度,是由力决定的;旋转运动的变化,即角加速度,是由力的力矩决定的。顺着空间的每一个轴,各作用力的分力,①等于各反作用力的分力,因而有三个分力的方程式,即:$\sum F_x = 0$,$\sum F_y = 0$,$\sum F_z = 0$。围绕着空间的每一个轴,各作用力分力的力矩②等于各反作用力分力的力矩,因而有三个分力的力矩的方程式,即:$\sum M_x = 0$,$\sum M_y = 0$,$\sum M_z = 0$。上式中,$\sum$是总和的意思,F_x为顺着 x 轴的分力,M_x为围绕着 x 轴的分力力矩,F_y、F_z、M_y、M_z为对 y、z 两轴的分力和分力力矩。这样,把桥或桥的一部分,当做一个孤立体来看,就有六个方程式来求出所有反作用力的六个分力的未知数。比如,整座桥梁在桥墩上,有四个支承座,每处反作用力有三个分力,一共 12 个,如果根据实际情况,做六个假定,如同由于对称,相应的分力相等,那么,12 个分力就可求出,然后综合出四个支承座上的反作用力。在一般情况下,桥梁是由两片平行的结构组成的,完全相同,因而可把这里的作用力与反作用力当做平面的力系处理,而平面上只有 x、y 两个轴,因而上述的空间结构的六个方程式就简化为平面结构的三个方程式了,即:$\sum F_x = 0$,$\sum F_y = 0$,$\sum M_z = 0$。

上面的分析,由于做了很多假定,是大大简单化了的。首先,力有大小、方向和作用点的三个特征。不论作用力或

① 见高中《物理学》第一册,第80页。
② 见高中《物理学》第一册,第87页。

反作用力的作用点都要预先知道,才能计算它们对某一轴的力矩,而这作用点往往就是个难题。火车在轨道上跑,车轮与钢轨的接触点当然就是车轮作用力的作用点,但是风吹桥面和桥上的车辆,难道去求出所有受风面积的形心,来定出每个面积上的风力作用点,这不是太烦琐了吗?桥墩上支承座的反作用力应该作用在哪一点呢?石拱桥的拱圈是和两头的桥墩连成一体的,桥墩的反作用力的作用点在何处呢?所有这些问题,都要靠合理假定来解决。其次,有些力的方向,从一开始就是假定的,比如风力、水力、地震力以及桥墩上的某一反作用力等等。再次,这是更重要的,如上所说,对于一个空间结构,只有六个方程式来求六个未知数,如果这结构只有三条"腿",而每条"腿"的反作用力都集中在它和地面接触面的形心,这是最简单的情况了,然而一共还是有九个分力的未知数,这问题还是不能解决的。上述的六个方程式,名为静力方程式,①如果能用它们来求出一个结构的所有未知的力,那么,这一结构就叫做"静定结构";如果这结构的未知力的数目超出六个,那么,这结构就叫做"超静定结构"。对一平面结构来说,静力方程式只有三个,凡一结构的未知力的数目超过三个的,就是超静定结构。以上未知力的数目

---

① 静力这名词是不妥当的,现姑沿用。

是把结构当做一个孤立体,然后在这孤立体上来看出已知的和未知的各种力。如果把这结构再分为更小的孤立体,那么,每一孤立体,根据未知力的数目,也可形成静定结构或超静定结构。由此可见,上面所分析的桥梁就是个超静定结构,因为它的反作用力的未知数有 12 个,而静力方程式只有六个。然而在一般情况下,可用六个合理的假定,来分析出这 12 个未知数,因而这个桥梁是当做静定结构来处理的。这是上述的力的分析中的最大的简化。

从以上力系平衡的分析看来,静力方程式是理论产生的,但在应用时,必须根据实践经验,做出许多假定,才能求出所有未知的力,由此可见实践的重要。

5. 桥的形变。

如上所述,一般桥梁实际上都是超静定结构,而对这种结构,仅用静力方程式,是不能把所有反作用力都准确求出的。那么,该怎么办呢?所有静力方程式的唯一根据,就是认为桥梁是"固定"于桥墩,而桥墩是"固定"于地基的,因而桥上的作用力为桥下的反作用力所平衡。这里所谓"固定"是宏观的说法,也就是没有比较大的运动而已。但是,事实上,桥虽没有大动,却有小动,而且无时无刻不在运动之中。能否从桥的这个小动的状况,来找出力系平衡的方程式,以补静力方程式的不足呢？桥的一种小动是形变，[1]就是形状或体积的改变，这对桥的作用、强度和稳定性等都有极大关系，同时也可用来求出平衡力系中的未知力。

桥的形状或体积为何会改变呢？首先，温度变化就使桥的每个部分有胀缩，这就是最明显的改变。但是更复杂的形变是由于桥上的荷载。荷载都有作用力，这个作用力怎样会引起桥的形变呢？现在拿"只识弯弓射大雕"[2]的弯弓来说明这个问题。弓的组成有弓背和弓弦，用双手一手紧握弓背，一手拉张弓弦，弓就拉开了，也就是变形了。这时双手都得使劲，也就是要用力，但更重要的是双手之间有了相对的移动；两手分开，然后弓背的两头为弓弦拖动，但弓背的中心点是为手拿牢的，因而弓背才能有形变。反过来说，如果两手尽管用力，却并不左右分离，这弓背是拉不开的。可见弓背在弯弓时所以能有形变，是由于弓背因被迫而有了运动的缘故。如果说，弓背是因为人用了力而张开的，那只能意味着，在两手分离的同时，人是用了力的；但弓的张开不仅是因为人用了力，而更重要的是使两手分开。两手在用力的同时而又分开，力的作用点就有了移动，因而这个力就做了功，[3]可

---

① 见高中《物理学》第二册，第 139 页。
② 毛泽东词。
③ 见高中《物理学》第一册，第 133 页。

见弓背之所以能张开是因为两手的力做了功的缘故。做了功才算是使了劲,使劲就是做功,而非仅仅用力。同一理由,桥上有了荷载,桥就要变形,因为荷载有运动,这个运动使荷载作用力做了功,这个功引起桥的形变。

为何说荷载有运动?难道桥本身的重量也使桥有运动吗?桥不是很显然地"固定"的吗?一块板,两头放在两个架子上,中间摆上一个球。球对板有重力,板对球有反作用力。如果球不为板阻,它是要自由坠落的,因为地球吸引力强迫它有下落的运动。现在球为板阻,它虽不能自由下坠,而有下坠的倾向,这个倾向就是重力。如果板能下弯,腾出一点空间,让球在这空间下坠,尽管空间很小,但因此球就有了一点点的下坠移动,就凭这一点点移动,球的重力就做了功,而这样做的功,就使板变形,正好腾出球下坠时所需要的空间。这里有个"鸡生蛋、蛋生鸡"的关系,就是:因为板下弯而球做功,因为球做功而板下弯。无论如何,这下弯与做功,总是同时产生的,这就是板上有球,而球使板变形的过程。不论板的厚薄如何,球的大小如何,这个过程都是一样的。如果板上无球,由于板本身下坠的倾向而产生板的变形的过程,也是一样的。因此,桥本身的重量也引起桥的运动,而表现为桥的形变。

一个运动着的物体,和另一物体相遇,或者两个碰撞,或者彼此互拉,运动速度的变更就使物体之间产生相互作用的力。两个力做的功使两个物体同时变形——碰撞的变小,互拉的变大。再使物体分开,则形变消失,各个恢复原状。这是弹性①固体的特性,桥就是这种固体。固体是由物质微粒(分子、离子或原子)组成的,微粒与微粒之间有一定距离,如果被迫变更,则微粒间产生相互抗拒的力——在加大距离时产生吸引力,缩小距离时产生排斥力。这种力名为应力。距离的变更越大,应力越大,但这种距离变更,在保持固体完整的条件下,有一定限度,随固体的不同材料而定。同时,这也就限制了应力的最高值,如果微粒间的距离恢复原来的状况,则应力消失。因此,当两个接触物体有了相对的运动时,两个物体之间有相互作用的外力,每个物体之间的微粒之间有相互作用的内力,而外力所以能引起内力的产生,则是由于两个物体的相对运动引起每个物体内的微粒距离有了变更的缘故。微粒间距离的变更,表现为物体的形变。可见,通过形变,外力产生内力。如果物体不再接触,则外力消失,形变消失,内力消失。所有这些,都是同时出现,同时消失的,不过接触与形变是有形的,而外力与内力是无形的。

这样,一座桥在荷载的运动的作用下,就要变形,就要产

① 见高中《物理学》第二册,第 140 页。

生内部的应力。把桥分解为桥面、桥梁、桥墩、桥脚等几个部分，那么，每个部分都是在外力平衡的条件下而产生本身的形变和内部的应力的。上面说过，再把每一部分分解为几个孤立体，那么，每一个孤立体也无不有外面平衡和内部平衡的关系，这个内部平衡，就是应力平衡，是通过这孤立体的形变而产生的。实际上，每个孤立体的外力，就是组成这孤立体的更大孤立体（桥面、桥梁等）的内力（应力）。所谓外力、内力，不过是相对的名词而已。但是，内力是和形变同时产生的，外力如可看做内力，是否同时也有和它做伴的形变呢？比如桥上火车的外力，和它做伴的形变何在呢？当然，外力也是和形变分不开的。火车对桥面上轨道的荷载，不仅产生车轮与钢轨之间的作用力与反作用力，而且也产生车轮与钢轨的形变，特别在它们接触面的附近尤为显著。桥墩上支承座对桥梁的反作用力，也是和桥墩的形变同时产生的。可以说，所有桥上下平衡力系的每一个力都有和它伴随着的桥的这一部分的形变。力有变化，形变也有变化，它们的变化是同步的。

如果桥上外力的作用成为桥的外来负担，那么，和外力同时产生的桥的形变也是桥的一种外来负担，因为没有外力时，桥是没有这种形变的。火车过桥时，车轮的作用力，由上而下，逐步传递到桥的地基，在所有这一处处的"传递站"上，因为力做了功，就都有形变，最后引起桥脚的沉陷。可见桥在上下力平衡的条件下，并不处于"静止"状态，而是处处有形变，并且每一处的形变都是随着时间变化的。就因这形变的变化有时超过限度，而影响到桥的安全，比如上部结构因有杆件压屈而失去强度，桥墩因桥脚的沉陷不匀而逐渐侧倾。实际上，一座桥发生破损事故，都是由于形变过分而非力的作用。

1965 年 5 月

桥　梁

力学札记①

——介绍"新力学"

这是一本我对力学这门科学,在我教书和实践中五十多年来的随感录。有的是当时笔记,有的是事后追忆,更多的是近十多年来的讲稿和写作。虽然大体上分类编纂,但并未求其系统化,故名为"札记"。

我教过的功课很多,为何独独对于力学有那么多的"随感"呢,这主要是因为在所谓"经典"力学里,矛盾太多,往往不能自圆其说,使初学力学的人,不能心领神会,只好囫囵吞枣,明知迷离恍惚,而无可奈何。我对这问题是有亲身经历的。当我初教力学课时,为了帮助学生懂得更彻底一些,我

---

① 在长期的工程实践和教学实践中,茅以升对于力学问题形成了自己独有的理论,并为此写作了一些文章。1973 年,茅以升准备编写一本系统阐述区别于传统力学的小册子,本文是这本小册子的开头。后因各种原因,这本小册子未能完成。

定了一个新制度,把过去先生考学生的办法,改为学生考先生,从学生所提问题,可料到他对这问题所知的深浅,进而就根据这深浅,来定他的分数。我还规定,如果学生提的问题,我作为教师而不能解答,他就得到满分。这就引起了学生的兴趣,大家都想把我难倒,因而想出了许多离奇古怪或者异常幼稚的题目,就在这些古怪幼稚的题目中,我发现:有很多牵涉到力学中的基本概念,成为"力学"为何是一门科学的根本问题,是教科书中所未能澄清当然从未提到过的。那些提问题的学生对我来说,在"力学革命"中放了第一枪,于是推动我前进,经久不息地研究这些古怪幼稚的问题,其结果就是这部"随感录"。更明确一些,就是这部书里介绍的"新力学"。

一门科学的形成,必有一定的历史发展过程,在这本书里介绍的"我"的新力学,也有它的历史背景,上溯几百年,甚至千年,因而这本书中论述的,并非全是我的创见,而是从介绍和评价过去的重要力学资料的同时,阐明我所获得的启发和心得。所谓心得,当然复杂,然其主要方面,并不在几条定理、几种方法或几个公式,而在对整个力学的作用、体系、方法等等应有的认识和概念。比如,"力""惰性""刚体",究竟是什么? 我的答案,在一般书刊中,我尚未见过。(至于我的答案是唯物主义的还是唯心主义的,是辩证的还是形而上学的,我不做自我介绍,留待读者评议。)

书名"力学",不能望文生义,认为仅仅是"力"之学,而实系比力广泛得多的运动之学。"力学"这个名词,本来是错误的,在外文中,除日本文外,都没有把它叫做"力"的科学的。"力"是这门科学的一个内容,但非全部内容,并且不是主要内容。主要内容是"运动",属于物体的、物质的、原子的或粒子的。"运动是物质存在的形式",①力是运动形成的一个因素,但非唯一的因素(牛顿认为力是唯一因素)。因此,这本书的更确切名称应当是"运动学札记"。

书里介绍了"新力学",也就是"新运动学"。所谓新,当然是对旧的而言,为何要除旧更新呢,是否因为所谓旧的东西都不好,而新的一定就是好呢? 这里要说明好与不好的意义。我的认识是:适应于科学发展的历史潮流的,就是好,不适应的就是不好。比如,在当今原子时代,在微观世界的原子内部都有运动着的电子和多种粒子,为何在宏观世界的物体中还会有多分子运动的刚体呢? 在新力学里,就把旧的刚体概念破除了,尽管有的人还留恋它,不忍舍弃它。又如,"牛顿三定律"是旧力学里的金科玉律,但在今天的电子时

---

① 恩格斯《自然辩证法》,北京:人民出版社,1955 年版(以下简称"辩证法"),第 46 页。——作者注

代,为了更好地说明自动化,它是否神圣不可侵犯呢? 为了说明自动化,把力当做产生运动的唯一因素是不行的。

书中介绍新概念、新理论、新方法时,征引了力学发展史中的相关资料,并非为了"大胆假设,小心求证",而是为了说明力学在发展史中所经历的确有其事的绵延不绝的前后过程。今天所谓新的东西,到了明天当然就成旧的了,但如还能适应明天的历史潮流,它也未必一定就是不好的。

力学(运动学)的范围,非常广泛,其分支学科,逐渐侵入新的领域,现在就有了量子力学、固体力学等,大体可分为宏观世界的力学和微观世界的力学。世界只是一个,研究这世界里的自然规律的根据,也只是一个,所谓宏观与微观的区别,只在对这世界研究时,所援用的理论及实践中所具备的条件,有粗细之分而已。然而,不论宏观或微观世界的力学,对于自然现象的认识以及由此形成的基本概念,应当是统一的,不能说:宏观里的力,不同于微观里的力。对于空间、时间和质量的理解,也应当是一致的。由于工作经验及学识水平的限制,本书所触及的力学范围,不仅是宏观世界的,而且只是宏观力学中的小部分,亦即土木工程范围内所涉及的力学。亦即一般所谓"理论力学""材料力学""弹性力学""塑性力学""土石力学""水力学""结构力学"等等而已。在这一些力学里的旧概念、旧理论、旧方法等等旧的传统,当然是很多的，不比微观力学是近代兴起的，面貌完全一新，不但发展出许多新概念、新理论、新方法等等，而且对宏观力学，施展了深远的影响。本书企图在这影响下，充实并提高我对上述那些力学的论点。

力学，和其他各门科学一样，不可能孤立存在，而是和其他相关科学，有最密切的多方面的联系。力学中提出的问题及其解答，应与相关科学里的类似问题，彼此配合，融会贯通。因为自然现象同一类的许多规律，在原则上是相辅相成的。力学里的"能量守恒"定律，在很多其他学科里，都有同样重要的作用。其他学科中的新创获，也促进力学的发展。如果力学中一个名词的定义不正确，或是一个概念含糊不清，而这名词或概念，在其他相关学科中别做解释，那么，在同时应用到力学和那相关学科时，便失去了科学的完整性和系统性了。一个学生在力学课堂里听到对一个事物的解释，不同于在其他学科课堂里听到的对同一事物的解释，好像走进两个不同的世界，这于他的教育，该有多大的影响呢？力学中牛顿第一定律，就是一个例，因为地球上的物体，没有不受力的。

科学分成学科，为的是把自然规律系统化，这个系统已经定型，就是按照自然规律来分类，所谓"声、光、电、化"，就是对自然现象而言。所谓"力学"就是自然现象中关于物质运动的科学。在传统的教学中,这些关于自然现象的学科,很多被命名为"基本理论",以别于技术和工艺中的理论。在现时一般词汇中,"科学""技术"与"工艺"三个名词往往混淆不清,时常把属于技术或工艺的问题当做科学问题。甚至把技术革新当做科学革命。其实这三者是有区别的。"科学"是从生产中总结出来的有关自然现象的原理,"技术"是这些原理应用于新的生产的实践,"工艺"是在实现技术时,通过提高熟练程度来提高生产的水平。每种都有它的理论与实践,很难规定哪一种理论是所谓基本的。而且就理论与实践来说,也不应把理论当做实践的基本。所谓"根深而后叶茂"就忘了"叶茂而后根深"。事实上,理论与实践是互为基本的。力学是科学,应用力学原理来造桥是技术,用同一技术、同一材料而把桥造得更好,是工艺,三者都重要,很难分其轻重。必须承认,有很多力学原理是从技术和工艺中,分析研究自然现象而总结出来的。当然也有从直接观察自然现象的实验中得来的。这类实验也是一种生产。因此,力学中的基本概念,不应凭空地主观臆想得来,而应是从技术和工艺的长期实践中得来的。基本概念应当有助于技术和工艺的发展。

力学是为技术和工艺服务的,技术与工艺的提高,也促进力学的发展。这三件事有相互间的密切联系。因而在教育与训练上,便发生这三件事的学习先后问题。依照传统的大学制度,一般都是先学力学,后学技术,而工艺是不在课程之内的。我认为,这个次序应当倒过来,就是先在工艺和技术中锻炼,然后钻研相关的力学原理。这就是把千年来的"先理论后实践"的教育传统,大翻身为"先实践后理论"的教育大革命。

由于生产分工,在工艺与技术中得到的锻炼,是有一定范围的,在同一范围内,水平是有高低的。在一定范围内,具备了相关的实践经验,来学力学原理,就需要一本教科书,正好适合这个范围内的经验,在从感性认识提高到理性认识的过程中,能起指导辅助的作用。现在有没有这样一种力学教科书呢?没有!现在有的力学教科书,是以自然现象为系统,而不是以生产过程为系统的,它是为了适应所有从事生产的人而写的,而非专为哪一种生产而写的。因而在从事一定范围的生产的人看来,这种教科书都是空谈一些不着边际的原理原则,好像处处适用,其实无处切合实用,根本解决不了实际问题。有人说得好:"这些书,望之可畏,远水救不了近火!"我所主张的新力学教科书,要按各种生产的性质和水平,分门别类地来写,例如对从事生产螺丝钉的人,就有一本螺丝钉力学。假如从事生产各种螺丝钉的人,成千成万,难道还不值得为他们写这本力学教科书吗?

我相信,如果按照各种生产过程,来写力学教科书,在有生产经验的人看来,所谓力学原理、原则、定理等等,都可从他的生产经验中体会得来,并非高深莫测,望之可畏。甚至他还可从他的特殊经验中,提出一些理论上的补充,来丰富他所学的力学的内容。这不就是理论结合实际的一个极好范例,而同时也达到教学相长的目的吗?

任何一种学习,其过程都是"先知其然,后知其所以然",其内容都是先求定性知识,后求定量知识。从"知其然"的定性知识来说,生产经验应当是最好的"敲门砖",远远非书本能比。看一张画,一段电影,就比书本好得多,何况身经生产中的真人真事。因为世间一切事物,在时间、空间上都是动的,而书本上的文字都是死的,要想从死的文字来理解活的事物,这当然是事倍而功半了。尤其在学习开始的阶段,这使精神沮丧,影响了进取的速度。如果在这开始阶段,从实践入手,身经其事,不是能最快地"知其然",而且最充分地获得定性知识吗? 在这基础上,总结经验,钻研理论,那就不难逐步地"知其所以然",来获得定量知识了。生产经验,日益丰富深入,从初步的"知其所以然"的定量知识就可进一步再求较高水平生产的"所以然"的定性知识。如此螺旋上升,"所以然"的定量知识逐步提高,终于达到改进生产所需的水平,也就是掌握了能够促进技术的科学水平。因此,新力学教科书,不但要按生产性质来分类,还要按生产水平来分等。

　　力学中的定量知识是以数学的形式来表达的。数学其实和文字一样,也不过是一种符号,用来简化所欲表达的意义而已,但比文字精确得多,用来表达这意义的变化的规律的符号(方程式),更比文字组成的词汇确切得多。力学的对象是物质运动的现象及其前因后果,包括运动的轨迹及运动量。前者是"形"的问题,后者是"数"的问题,这两者都需要数学来解决,因为力学与数学的关系,非常密切,以致在科学分类里,有时竟把力学当做数学的分支,这实在是倒果为因,把力学用来为数学服务了。在新力学里,数学只是用来弥补文字的缺点,在文字不够确切、精密或连贯来表达各种概念的关系时,才应用数学里的数字、图形和公式,作为表达意义的符号。有时从数学里的逻辑、推理,来完成一项运动问题内的理论,也只是由于这种逻辑和推理是根据已经实践证明了的思维一贯性而加以扩大补充而已。这也就是说,定量知识是以定性知识为基础,通过衡量的数字来加以确定的。

　　新力学与一般力学,或旧力学,不同之点,主要在于以下各方面:(1)物质(或物体)运动变化的原因,旧力学认为是"力",而我认为是"能量",这是对牛顿定律的否定;(2)用"能量守恒"及"最小能量"两定律代替用力来解答物质运动中的复杂问题;(3)摒除刚体概念,废止不合自然规律的模型;(4)用"能量辐射"代替不接触之力的空间作用;(5)对力学中规律、定理等的阐述,先观察实验,后分析总结;(6)力的本身,无"静""动"之分,力学中的动静,指物体而非力,可有静体力学和动体力学。

究竟是力还是能量决定物体运动的形和量,在一般教科书中是没有明确说明的。有的完全归功于力,有的稍微含糊一点,把能量作为力的附属品,用来简化计算的复杂性。一般书中都提到格朗奇方程和哈密尔顿定理,而不明确指出,这正是强有力地说明了能量变化是运动变化的根本原因。在量子力学里和最新的应力分析中的有限要素法里,其对象都是能量,而非力,这难道是仅仅为了计算方便吗,我认为其关键在于"运动的存在,由于能量的存在""能量的变化,决定力的变化""力与运动都是能量的产物,它们是孪生子而非父子的关系"。比如说,热的能量变为电的能量,电的能量变为机械能量,机械能量变为功,功的表现为力与运动,运动的表现为移位与变形,这还不说明力与运动并无父子关系吗?

由于能量产生运动,故能量的特性决定运动的形态。比如,能量有守恒及最小量的特性,因而运动无论如何变化,都不可能破坏这两个特性,也就是受了这两个特性的约束,于是所有各种运动问题的解答,都可利用这两个特性,作为开锁的钥匙。格朗奇及哈密尔顿两人的成就,就在于获得了这把钥匙。近代的有限要素法所以能发展,也由此故。

　　"运动是物质存在的形式",对一个物体来说,它的存在就表现于它的运动,不是变位,就是变形;变位是物体的整体运动,变形是物体内分子运动。一个物体可以无变位(所谓静止状态),但不可能无变形。

1973 年 8 月 22 日

力学札记

对于桥梁振动问题的管见

　　我对桥梁振动问题,素少研究,因除长跨度公路悬索桥外,很少听到一般桥梁会仅仅由于振动而遭到破坏。但是从近年来铁路发展趋势来看,高速行车已经成为日益重要的课题,因而桥梁振动也就日益为人所重视,引起了我对此的关心和兴趣。本来,力学中的振动问题是很古老的,在19世纪末叶,英、意、日本等国已着手研究地震对桥梁的破坏作用,到了力学发展的今天,我们更有了解决这问题的条件。自然界一切现象,都是各种粒子的波动所组成,而波动的原因则是粒子的振动。振动为一切复杂运动的重要组成部分,又是运动中各种矛盾激化的表现。一切事物都是对立的,有转化,有反复,振动就是"反复有常"的运动,有规律性的运动。桥梁振动同样是桥梁运动的重要组成部分,为了确保桥梁的安全并避免建桥材料的浪费,深入研究桥梁振动,是多快好省地建桥的一项重要措施。现就我感想所及,提出一些粗浅认识,作为研究桥振的参考,抛砖引玉,跂予望之。

1. 振动原因。

一个用垂直钢丝悬挂的扭摆,为手扭转而又突然释放,则钢丝的弹性使扭摆返回旋转,但并不停留于原来平衡位置,而是继续旋转,形成一种扭曲振动。由于手的扭转,可以说是有了力的作用,但手释放以后,则力不存在,为何这扭摆还继续往返旋转呢? 牛顿第一定律说:"除非加了力,则物体处于静止状态,或做直线匀速运动。"在这里,力是没有了,但扭摆并非静止,而且它的运动,既非直线更非匀速,这便如何解释呢,有的书认为由于牛顿所说的惯性,但惯性究竟是什么,物体为何有惯性?

"运动是物质存在的形式"(恩格斯语),物体内有能量,则有运动,如是动能,则有变位运动;如是位能①,则有变形运动。能量与运动,相互引起变化。在上例,手进行扭摆,而又突然释放,则是给了扭摆一次定量的动能,扭摆回旋到平衡位置时,因有动能而继续旋转。由于钢丝的弹性限制,扭摆旋转受了约束,速度渐减,使部分动能转化为位能。扭摆转到尽头而暂停时,则其能量全部转化为位能,钢丝有了最大

---

① 位能,即势能。

变形。扭摆再回转时,动能增大,到平衡位置时,速度最大,能量全部为动能。从能的这样反复转化,可说明振动的根本原因。

两个物体接触,速度大的物体的能量给了速度小的物体,能量的这样输出输入,形成能流。一个物体在变位运动中,由于约束条件,变位受阻,出现变形,则动能渐减而位能渐增。就是这种能量的转化,引起物体运动的变化。以哈密尔顿原则为例:物体开始运动时,接收的能量,全部为动能 T,使其依初速运行。由于物体的约束条件可随时间变化(自由变范围内),因此产生的位能 U,可以逐渐增大,使动能 T 逐渐减少,$T-U$ 的差额也越来越小。物体内动能位能并存,运动中既有变位,又有变形。由于能量守恒,$\dfrac{\mathrm{d}}{\mathrm{d}t}T = \dfrac{\mathrm{d}}{\mathrm{d}t}U$。根据自然法则,物体在运动中,它的 $(T-U)\,\mathrm{d}t$ 趋于最小值,即 $\delta\displaystyle\int (T-U)\,\mathrm{d}t = 0$。这个最小值趋向零做极限,但不等于零。只有在固定的约束条件下,才能 $T=U$。

在这里,见到能的守恒、能的转化、能的最小值趋向三个能的特性。

2. 桥梁振动。

桥梁为土木建筑物,虽似固定,但非静止。和机器一样,对能量来说,可以接收、存储并转化。在所谓静载下,没有冲击,梁体内能量全是位能,分布存储于各部件,使之变形(由于约束条件,不能变位),因而梁体呈现挠曲,在跨度中心的最大挠度,为静载下的安全指标。在活载下,经过忽来忽去的每一次冲击,梁体都接收了一定的动能,使梁体各部件,在约束条件许可下,均一律产生振动型的运动。梁体作为整体,产生了在桥墩支座间的全桥振动,因而桥面呈现出各种形式的振波。振波的幅度即是梁体的挠度。活载离开桥梁后,梁体内动能,因阻尼吸收,有减无增,因而振动趋于衰弱,以至消失。活载振幅,忽上忽下,下垂振幅,加静载挠度,其最大值,为全桥全负荷的安全指标。

3. 桥梁振型。

桥梁结构,输入动能,即有振动,其形式决定于结构的自由度、梁体的质量、材料弹性、结构刚性等等。自由度一般指梁体在桥跨内的可能变位,但在柔性桥墩上的桥梁,则桥墩支座的变位,也成为结构自由度的一个因素。

从梁体的任何一点言,每接收一次动能,其振幅按时间的变化,就形成谐和曲线。沿着梁体的跨度,各点振幅连接起来,在时间上就形成一种振波。不同久暂、不同强弱的输入的动能,给予不同形态的振波,对梁体产生应力波。振波前进速度与振动频率成正比,亦即依正弦曲线而变化。

仅仅在重量作用下,桥梁无振波,因无动能。在不同的动能作用下,有不同频率的振波和不同的相位,因而各个振波的频率,可以合拍,也可以相互干扰。合拍则振幅重叠,因而加大桥梁的挠度。合拍的振波的数目,可以两个或更多,决定于活载的分布情况及时间因素。重叠现象,一般书中,命名共振,以别于自振。所谓自振,即是自由振,其频率命为自然频率,以别于强迫振。其实所有振动都是强迫的,所谓自由振,也是由于先有了一次的动能输入,而动能量是固定的。自由振可名为特征振,因为它表示一座桥的振动特征。

4. 桥梁振量。

桥梁受外来冲击,每输入一次动能,即有一次振动,其强弱,即振量,决定于很多因素,如输入的动能、阻尼、桥重等等。外来冲击首先是桥上车辆及行人,其次是气体的风压、液体的水流(对桥墩)以及地震、炸弹等。阻尼有减振作用,一般书中当做一种力,但力不与空间结合在一起,则不能发生作用,而结合则成为能量。故阻尼应是一种位能,代表桥梁输入动能时,各种吸收能量的因素,亦即动能被迫的输出量。阻尼种类有:①梁体与冲击体之间的摩擦所转化的热能;②梁体内各部件之间的摩擦、挤压等产生的热能;③各部件内部分子间的歇斯特里(有译作蠕变者)弹能;④各种与振波反方向的荷载,如桥重、风雪等。

从安全角度言,左右摇晃的振动,可能比上下起伏的振动,更为危险,因为桥身横断面的联系结构,往往刚度不够。此在公路悬桥,最为显著。过去设计,对桥梁安全度及稳定性,往往重视垂直方向,而忽略水平方向,遇有飓风引起的气流、涡流等,则祸生莫测。

5. 外因内因。

如上所说,桥梁振动的外因是:运输工具与人群的活载,气象变化的风雪与气温、地震、炸弹等不测之遇,再加各种阻尼影响,其内容异常复杂。为了简单化,以便用数字列入振动公式,车辆和人群可用标准载荷,气象变化及阻尼因素可用测定数值的系数,地震、炸弹可用现实的估计,总之是难期准确。不但如此,桥梁是永久性建筑物,以上这些外因,在十年、百年后的变化,又当如何? 如活载愈来愈重,其速度愈来愈大(火车速度已在试验 500 公里/时的影响),梁体材料愈来愈强、愈轻巧,都是加剧振动的。统计学、概率学等,可有帮助,但总难逆料。

桥梁振动的内因,当然是材料性质与结构强度及稳定性。由于弹、塑性力学,固体力学(物理力学),统计力学等理论上的进展以及这些内因的情况,日益易于掌握,但距要求尚远。

可见,受到以上外因、内因的桥梁振波的形态与强度,现在尚难以数学公式完全表达出来。已经引导出的公式,仍然不能超出估计的范围。在旧设计规范中,活载以重量及其冲击系数来估计,而此系数又仅仅以桥的跨度为唯一变值,当然是非常粗糙的。如果仍然采用冲击系数形式,而将其中可变数,除桥跨外,再加构成振波的重要因数,对冲击影响言,也许是一种过渡方法。

6. 对立统一。

毛主席教导说"自然界的变化,主要地是由于自然界内部矛盾的发展",矛盾"双方共处于一个统一体中",故对立统一是一切事物发展的法则。桥梁振动就是各项矛盾因素对立统一的结果。①冲击动能输入梁体时,冲击力与抵抗力的间歇平衡;②冲击动能与阻尼间的斗争;③梁体内动能与位能的消长;④梁体内部件,彼此间的强迫振动,如螺栓、螺帽间的连接,因此松弛;⑤梁体自重与振波间的矛盾;⑥运动与平衡的矛盾,运动是绝对的,平衡是相对的,所谓静载、静力、静平衡等的静,都是瞬息现象;⑦整体与局部的矛盾,亦即共性与个性的矛盾,如梁体振动与其部件振动的合拍与干扰。在所谓安全系数上,整体与局部的差别,可能很大。

7. 理论分析。

解决桥梁振动问题,向来理论与实验并重,近年来有了较快发展,特别由于有了电子计算机,理论上可以不避复杂的数学分析。然而,见于书刊的方程式,依然精粗不一,很难推广应用。关键在于选择的途径,有迂途与捷径之分。所谓迂途,即是遵循老路,不敢离经叛道;所谓捷径,即是多方寻找出路,勇于创新。振动问题上,数学分析的基本原则,向来是力的平衡,这当然是必要的,但不应当是唯一的。在一般的物体运动的问题中,用能量观点的格朗奇方程与哈密尔顿定理就是当时创新的两个例子。在振动的力学问题上,今天能否也来个创新呢? 也就是利用能量守恒、能量转化、能量最小值等原则,来扩大桥振问题中未知数的数目。例如,①阻尼就是个未知数,而一般都用固定系数列入方程。按能量最小值原则,阻尼就应当是可能的一个最大值。②有限要素法用化整为零的概念,力和能并重的数学分析,取得了很大成就。能否顺此途径,将复杂的结构物,按照要求(如未知数的多寡,或约束条件的简繁),分成若干部分,而用一种"动力铰"连接起来,以便"各个击破",然后再用能流通过铰的条件,使结构还原为整体。③能量是一种"红线"贯串于各种自然现象中。振动问题中的机械能变化,能否利用某种电路组织中的电能变化来模拟,用电能的测定来代替机械能的数学分析呢?

以上皆我个人思考所及,率尔提出,其论点上的错误,恐怕不少;有的建议,由于孤陋寡闻,还会当做新创,均祈读者批评指正。

1975 年 6 月 1 日

力学中的基本概念应当是能而非力

"科学的发生和发展一开始就是由生产决定的",而生产的对象是物质,"运动是物质存在的形式"。生产的规律证明运动的规律,总结这些规律就构成一种科学,名为"力学"。实际上,"力学"这个名称是错误的,应名"运动学"。

生产需要工具,而工具需要一种能源来推动,如热能、电能等。不同的工具用来解决不同的运动问题。因为在生产上可以看出"能"与运动定然有密切的关系。从自然现象说,宇宙间没有不动的东西,一座山也在动,大海也在动,地震是由经常小震的积累。根据科学验证,这些运动都是由于"能"。再从日常的生活经验来说,水被火烧就沸腾,钟表上了发条就走动,电风扇、指南针,等等,哪一样不是由于"能"?是不是可以下个结论:所有自然界的一切运动都是由于"能",因而"能"有变化,运动就跟着变化。物体皆"好动",

物体皆有"能"。

但是,现行的力学教科书就不承认这一点,它说物体的运动由于"力",不过把运动限制为有加速度的运动。对于没有加速度的运动,如均匀速度的直线运动,它就无话可说了,只好勉强说是由于惯性,这是唯心还是唯物说法? 运动是可以感觉到的现象,但它说的"力"是什么东西呢? 圆圈上一个箭头,就说物体上有了"力",来无踪,去无迹。说这"力"对物体起了作用,而不管起作用需要时间与空间,力与时间、空间结合才会对物体起作用,而非单凭力。而且,力的出现,必然是一对,作用与反作用,但书中往往只说其一,而不管其二。物体上没有力时,说它是可以静止的,天下有静止的东西吗? 为了要结合生产,不惜张冠李戴硬把能的作用,当做力的作用。同时,又不理会能与运动的关系。把球往上抛,由于地球吸引,球抛到顶点,转而下落尚未下落的一瞬间,球是不动的,应当没有动能(但还有变形的弹能),而书上说球这时有位能。一个按均匀速度走直线的物体,应当有动能,但书上说这物体上没有力,当然它就没有能了。

其实,力的本身有它的重要作用,并非能所能替代。力就是:在物体运动中,决定如何变位及变形的方向和平衡的作用。力在力学中是个重要工具,但不应作为基本概念。力学中的基本概念应当是能而非力。为什么? 因为能的存在及其变化,决定运动的形式及其变化。

首先,能的作用是可以感觉到的。如用手将车推动。"推"的松紧在于力,而"动"的结果则是由于能。感觉由于"动"的形式而非由于"推"的倾向。能是可以测量的,它和运动的关系是可在实践中验证的。

试从能的观点,来解释各种形式的运动。

运动中的一个单独物体,不与另一物体接触时,则其能量不变,并且平均分配于物体内的各个分子。如是动能($T = \frac{1}{2}mv^2$),则各分子的动能相等,速度相等,故物体按均匀速度走直线。在地球上,这当然只指水平面运动,否则受地球吸引力影响,物体能量即有变化。

运动变化,必有内因与外因,内因是物体本有能量,外因是另一物体对这物体所起的作用,即是"功"的作用。功具有能量性质,如是正功,则输入物体,如是负功,则从物体输出,因而物体能量为之相应增减,反映于物体运动的变化。即是外因的功,通过内因的能,而使物体运动起变化。这对变位运动而言,即是产生加速度;对变形运动而言,即是应变有增减。功有两个因素,一是两物体之间的力(F),二是这力的作用点所移动的路程(s),二者乘积所形成的功具有能量性质,故亦名"位能"。在变位运动中,功等于能量的增减:$F \cdot s =$

$\frac{1}{2}m\cdot(v_2^2-v_1^2)$,[①]$S=\frac{1}{2}(v_2+v_1)t$,$F=ma$($a$:加速度)。加速度是由于功,并非仅仅由于力,尽管力与加速度有一定关系,如书中所说。

两物体接触,速度高的物体的能量输入速度低的物体,形成能流。输入等于输出,因为"能量守恒"。能所以成"流",因为两物体接触面上的力,和接触面移动量(由于变形)的乘积形成功,正功与负功就形成能流。输出、输入的能量相等,接触面移动量也相等,因而接触面上两物体相互作用力也相等。这就是,在有能流时,两物体间的作用力等于反作用力,方向相反。作用与反作用是一对矛盾,由于能量守恒而统一了。

因此,从能量观点,可得物体的运动规律如下:

(1)一个物体的能量不变,运动时如无约束,则按均匀速度走直线;如有约束,则按原来定型而变形。

(2)一个物体的能量,为接触物体的功所增减,则在变位运动时有加速度($dW=dT$,$F=m\cdot a$),在变形运动时有应变增减率。

(3)两物体之间有能流时,接触面上的作用力等于反作

---

① 这个位能等于动能的关系,也可从 C. Huygens,G. W. Leibniz,J. Bernoulli 等人的理论中验证,但此处用的是物理概念。——作者注

用力,方向相反。

附注 1　力 与 能

力的概念模糊,自古以来,异说纷纭,迄今仍无定论。恩格斯在《自然辩证法》一书中(1955 年版,124 页)曾说:"在自然科学的任何部门中,甚至在力学中,每当某个地方摆脱了力这个字的时候,就向前进了一步。"可惜,"力"这个字,至今还摆脱不了。但是,到了现在,还不能从力学的基本概念中把力摆脱出去吗?

解木(M. Jammer)在他所著的《力的概念》(*Concept of Force*,1957,264 页)一书中,叙述他如何从庞大的力学书库(等于《大英百科全书》的规模)中,搜集资料,进行研究,最后得出结论说:"当前在物理学概念中,废除'力的概念'这一趋势,业经完全分析无误了。"(第 6 页)

几百年来,力所以能在力学中占有独霸的位置,主要因为,据说,它是产生加速度的原因。事实是这样吗?加速度是速度变化的量度,速度所以变化,必然有一外来因素,而这因素必然是能同内在因素共同起作用的。力只能是一外来因素,与物体的内在因素无关。如用能的概念来解释,则速度所以变化,是由于物体内动能的增减,而这增减是由于外来的正功或负功。功不但有力的因素,而且同时还有变位的因素,这个变位的速度与加速度,是与物体的速度与加速度一样的,即是说,功的成分既有力,也有加速度,力与加速度的关系是孪生子的关系,而非父子关系,它俩同时出现,同时消灭,都是能的产物。

即使是作为工具,能的用途,也不亚于力。能有守恒、转化及最小三个特性,为力所无,在解算力学中的具体问题时,有很大用途,非力所能代替。比如,哈密尔顿定理和格朗奇方程等都是用了能的概念的。

从历史上看,能的概念所以日益重要,正由于力的概念过于模糊。蒂阿波特(P. W. Theobald)在他所著的《能的概念》(*Concept of Energy*, 1966, 184 页)一书中说:"19 世纪中,物理学与化学的飞跃发展,可以公正地认为是把'能'当做基本概念的结果。"毫无疑义,今天比起 19 世纪来,这个结论,更是显然。

附注 2　变位与变形

从宏观的机械运动言,物体运动有变位与变形两种,如能自由运动则变位,如受约束则变形。自然界物体能自由运动的是少数,如陆地多于河流;就是人工产物能自由运动的也是少数,如建筑物多于机器。并且所谓自由,也是相对的,任何变位运动中的物体,也不可能不受到某种约束而有变形,尽管微乎其微。如气球升空,也受空气约束,除变位外,还要变形。简直可以说,物体不论动与不动(宏观现象),都有变形。在运动中,物体变位是暂时的,相对的,而物体变形,则是普遍的,绝对的。

两个物体相撞,物体 A 的速度大于物体 B 的,在撞击的一瞬间,A 的速度虽大,但总在速度小的 B 的后面。慢的在前,快的在后,这如何可能呢? 在力学历史上,这是个有名的谜,有许多主观解释,皆不可通。但如考虑到物体 A 和 B 在碰撞瞬息间的各自变形,因有变形而调整不同速度的差别,那么,这问题就迎刃而解了。

不但碰撞现象如此,物体在变位运动中,如速度变更,必由于另一物体与之接触,在接触面上的作用与反作用为何相等,也由于两物体的不同弹性,可以经过变形来调整的原故。

在应用作用等于反作用的规律时,马拉车,车也拉马,也是力学历史上的有名问题,一般力学教科书中,都无明确完整的解释。实际上是:马与车不可能同时有相反的变位运动,而只能是:一个变位一个变形,或者两个都变形。这不是很简单吗!

可见,在物体运动中,不论有无变位,物体的变形都是存在的,不能不考虑的。比起变位的数值,变形当然是小到可以不计,但不能因它小就抹杀它的作用,因为在理论上,它是一把钥匙,可以解决许多关键性问题。可惜这把钥匙在所谓"刚体力学"中,竟然完全被抛弃了,"刚体"这个名词还有存在的价值吗?

就生产实践言,以桥梁为例。火车过桥,车轮对桥身的作用,是给了动能,而非仅仅是重力。桥身在车轮下,必然弯曲,即是有变形。而这弯曲的程度,随桥身材料而异,在输入同一能量时,变形大的受力小,比如,木桥受的力就比钢桥小,按现行桥梁标准载荷,用力不用能,如对木桥就增加了额外担负,引起浪费,这不是不考虑变形的恶果吗?

1977 年 7 月 5 日

御冰桥墩

在严寒地带的桥梁,冰积成凌,对于桥墩,具有很大的危害性。这里有两种情况:(1)在静水中的桥梁,如在湖泊中或邻近拦河坝,那里的冰凌,结成整块的厚片,由于膨胀,对桥墩有垂直于桥轴的压力,更有在两墩之间的、平行于桥轴的挤压力,这两种压力形成十字交叉的水平力。如果水面有涨落,凌片随之升降,对于桥墩就有上下方向的垂直压力,但这压力不会过大,因为凌片弯曲过度时,便会分裂为碎块。又如天气渐暖,大片冰凌,逐步融化为冰块,因风吹动,而堆积在桥墩表面,也会施加水平方向的巨大压力。(2)在动水中的桥梁,这时冰凌随河流移动,不论是大块凌片或碎裂冰块,对于桥墩都可能有很大的冲击力(曾有海上巨轮,为冰山碰撞而沉没的故事)。在停留于墩前的凌片上,新来冰块,又会逐渐堆积而增加高度与重量,并与原来凌片,凝结成更厚的凌片,向桥墩两旁发展,竟然形成一种断续的堤坝。凌片下的水流,仍在流动,但为水上凌片所阻挡,水力向下趋势,集中于河底,又会增加冲刷泥沙的力量。

可见,冰凌对于桥墩是一种不可忽视的荷载。在水平方向,有顺着和垂直于桥轴线的压力及垂直于桥轴的冲击力,都对墩身发生"压应力"及"弯矩",对于河底泥沙,更有增加冲刷的可能性。在设计时,这些荷载因素,都应计算在内。

为了防御冰凌的破坏作用,对于严寒地带的河流中的桥墩,应在上游方向,将桥墩截面扩展,增筑一种"护墩堡",其迎撞冰凌一端的截面成三角形,三角顶点,上下连成一个刀口线,可将凌片切断,在护墩堡表面安置上下方向的铁条或旧钢轨,以便分裂凌片,并使冰块得以顺着水流滑走。

对于无防御冰凌设施的旧桥,当然只有人工破凌之一法,每年耗费极不经济。提议于开春时,对青铜峡水库控制流量,减低流速,以期保证流凌得以安全过桥,但减速不宜过多,以免增加库内淤积,而即在缓流中的冰凌,对桥墩冲撞,仍然是一威胁,不如增加桥墩本身的抵抗能力,较为简单,而且是一劳永逸。

The Chien Tang-river Road And Railway Bridge, South China[①]

The Chien Tang river is one of the principal waterways of the south-eastern part of China, and is noted for its characteristic bore, as well as for the unstable nature of the channel. The new bridge serving both road and rail traffic with which this article is concerned is located near the present terminus of the Shanghai-Hangchow-Ningpo Railway at Zakow, and crosses the river in a north-to-south direction. We are indebted to Dr. T. E. Mao, Engineering Director in charge of the design and construction of the bridge, for the following information.

---

① 中译名《中国南方钱塘江公路铁路两用大桥》,本文收录了部分工程图,文中提到的页码为原发表刊物页码。

The total length of the bridge is about 4590 ft. including the two approaches. Figs. 1 and 2 give an elevation and plan of the work from which it will be seen that the main structure consists of sixteen girder spans, each about 220 ft. long, making a total of 3518 ft. The northern approach, about 770 ft. in length, is made up of three steel arch spans of 163 ft. and 164 ft. , and a framed platform and concrete bents forming the Y junction of two road approaches as will be clear from Figs. 1 and 2. At the south end there is one steel arch approach span of 161 ft. , as well as another framed platform and concrete bents, making a total length of 300 ft. The bridge is a double-deck structure, cross-sections being given in Figs. 4 and 5, on the opposite page. The upper deck accommodates a 20-ft. roadway and two 5-ft. footpaths, while the lower deck provides for a single line of standard gauge railway. The clearance under the bridge at mean water level is 30 ft. , and the ruling gradients are 0. 33 percent for the railway track and 4 percent for the roadway. The bridge has been constructed to Cooper's E-50 loading for the railway, while the roadway loading has been taken as 15-ton lorries.

With the Woosung Horizontal Zero(W. H. Z.) as datum, the average river bed at the site is at zero elevation and the water level ranges from + 16 ft. to + 23 ft. , highest water level being at + 31 , and lowest at + 12. 4. The daily tidal range varies from 1 ft. to 8. 7 ft. , and the maximum velocity of current, due to flood and tide, amounts to 7. 4 ft. persecond. Deposits of sand and silt of considerable depth cover bedrock, which, for 1 ,300 ft. from the north bank stands at El. − 40 to El. − 50 , and slopes down to El. − 140 for the remainder of the river. A cross-section of the river at the site, giving elevations, is provided in Fig. 3 , in which, however, the rock surface is only approximately shown. The grain size of the sand and alluvial soil forming the river bed varies from 0. 5 mm to 0. 005 mm, with 0. 05 mm as the average. The material has a specific gravity of 2. 67 and water content of 33 percent. Bottom conditions are very unstable, and in one instance scour to a depth of 25 ft. occurred in front of a cofferdam in the course of 24 hours.

The main piers of the bridge, fifteen in number, are built of reinforced concrete of cellular construction. The piers and the caissons on which they stand are illustrated in Figs. 6 to 8 , and 9 to 15 respectively, on Plate XXXI. Each is 8 ft. 6 in. by 32 ft. at the top, the height varying from 82. 45 ft. to 112. 98 ft. The five piers from the north end were sunk to rock, at elevations from − 34. 72

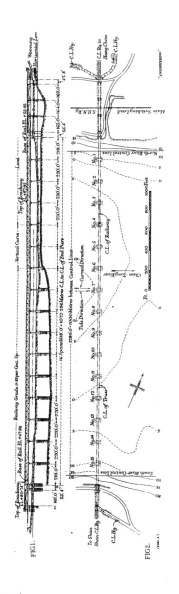

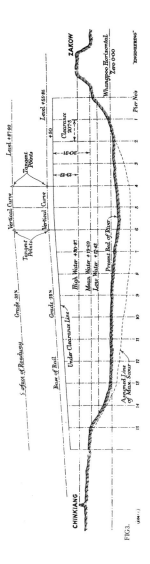

to - 61. 79. The nine piers on the south side are supported on timber piles, 160 being provided for each pier, and are sunk to depths considerably below the assumed line of maximum scour. All piles were driven to rock, lengths of 75 ft. being employed for the centre piers and of 100 ft. for the piers near the shore. On account of the slope of the bed rook the sixth pier from the north was designed to rest on rock at El. - 65, with one corner supported by concrete piles from 10 ft. to 20 ft. long.

The piers contain three 4-ft. 6-in. wells, as shown in Figs. 7 and 8, separated by 1-ft. 6-in. reinforced concrete division walls, outside this group being 4-ft. walls, beyond which are semi-circular wells surrounded on the outside by 2-ft. reinforced-concrete walls. The end wells and cross dimensions of the central wells vary according to the height required in each particular case.

The caissons, also of cellular reinforced-concrete construction, are shown in Figs. 9 to 15, Plate XXXI. They were 50 ft. long by 37 ft. wide, and were provided with a reinforced concrete cutting edge, 7 ft. deep, supported at frequent intervals by ribs. The floor had a ruling thickness of 1ft. and was supported on the top side by a system of crossbeams dividing it up into 4-ft.

by 8-ft. panels. The steel spans were designed in conformity with the requirements of the standard specifications of the Chinese Government Railways. Their details are shown in Figs. 16 to 26, Plate XXXI, and in the cross-sections, Figs. 4 and 5, on the opposite page. The spans are riveted girders of the Warren type, 216 ft. long from centre to centre of bearings. The trusses are 35 ft. deep and centred 20 ft. apart. They have each eight panels 27 ft. long. The clearance provided for the railway is 22 ft. in height and 16 ft. in width. The main girders are shown in detail in Figs. 16 to 18. The main diagonals consist of two inward-facing channels, each formed of a plate and two angles. The bottom chord likewise consists of two facing channels 24 in. deep, formed of plates and angles. The top chord is formed of two side channels back to back, joined by a top cover plate, the side channels being constructed of plates 26 in. deep and angles, and the cover plate being 26 in. wide.

At each end of the truss is a portal extension of lighter construction, shown to the left of Fig. 17, for the purpose of completing the support for the upper deck carrying the roadway. Fig. 19 shows the bracing for this portal extension. The cross girders for the lower deck are 60 in. deep and are shown in Figs.

20 to 23. At the truss ends the cross girder ends are cut away to allow for the shoe castings. Extending between the cross girders are stringers 46 in. deep and spaced 7 ft. apart, carrying the railroad track. The latter is of the open-floor type, with guard rails. The upper deck, which consists of 8-in. concrete slabs, is carried by the top chords and two stringers of 22-in. by 7-in. by 75 lb. R. S. J. The footpaths are cantilevered out on each side, as shown in Figs. 4 and 5.

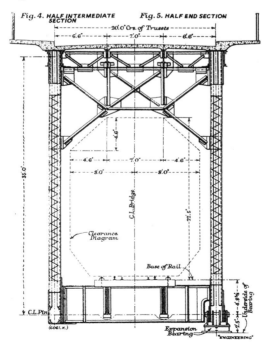

Fig. 4. HALF INTERMEDIATE SECTION   Fig. 5. HALF END SECTION

Each span is carried at one end on fixed pins and at the other on expansion shoes. The fixed pin is $6\frac{3}{4}$ in. in diameter and 2 ft. $1\frac{3}{8}$ in. long, and is carried in a steel casting having a bearing plate 3 ft. 6 in. square. The expansion bearing consists of seven roller sections of an effective diameter of 7 in. by 2 ft. 11 in. long, coupled together, two sections being provided with notches which are engaged by dowels fixed to the girder casting, to ensure proper action on movement of the girder. Figs. 24 to 26 show the type of expansion joints adopted, the first two showing roadway joints at the middle and side of the deck, and the last the joint employed for the footpaths.

Chromador steel, manufactured by Messrs. Dorman, Long and Company, Limited, Middlesbrough, was used for all the girder members, cross girders and stringers, some 3,458 tons of this material being employed. Mild steel was used for bracings, sway frames and minor details. All the steelwork was prepared at Messrs. Dorman, Long's Middlesbrough works, except that the railway and roadway stringers were made by the same company in Shanghai. The spans were given a camber equal to the deflection produced by the dead load plus one-half the live load. The steelwork was tested and inspected at the works of Messrs. Robert W. Hunt and Company, London.

The caissons for all the piers were sunk by means of compressed air. Drawings of the caissons were given in Figs. 9 to 15, Plate XXXI, *ante*. They measured 37 ft. by 58-ft. by 20-ft. high, and were built on land between two runway tracks by means of which they were moved out and floated in deep water. Each caisson weighed more than 620 tons, including the 24-ft. crib wall built upon it, and a portal crane of 720 tons capacity was constructed to handle the caissons on the runway. The building yard is shown in Fig. 27 above, and the crane in Fig. 28 and Fig. 31, page 504. For horizontal travel along the runway it was provided with flanged wheels, operated by a system of worm gears by man power. For suspending the caisson during transit, and lowering it into the water at the end of the runway, the crane was provided with four groups of three screwed rods, one group being situated at each corner of the frame. These rods engaged with nuts on the top cross beams of the crane, and were coupled to beams supporting the caisson underneath. Each rod consisted of a 4-in. screwed length of 10 ft. 8 in. and a chain of 3-in. plain rods each

5 ft. 8-in. long. The nuts were turned by ratchet, and the 5 ft. 8 in. lengths added as the lowering out operations proceeded. By means of mechanical linkage the three nuts of a group were synchronised and the four groups were made to work in unison. The arrangement allowed a caisson to be lowered into the water at a rate of about 1 ft. per hour. Fig. 27 shows the caisson yard, with the timber crib being added to a caisson, and Figs. 28 and 29 show a caisson at the end of the runway in process of being lowered out.

When a caisson had been floated it was manipulated by means of anchored cables, and taken to the pier site in charge of tugs. The pier sites were protected against scour of the river bed by heavy fascine mattresses measuring 120 ft. by 180 ft. , by about 4 ft. thick. These were sunk in position by being loaded with rubble. On arrival at the site the caisson was anchored by means of six ft. $1\frac{3}{4}$-in. steel cables attached to 10-ton reinforced concrete anchor blocks. Concreting of the base and of the first section of the pier was then immediately commenced and the caisson thus gradually sunk to the ground. After final accurate location, excavation under compressed air was begun.

The problem of removing the soil from the interior was solved by hydraulic ejection, this being extremely suitable on account of the sandy nature of the soil. Inlet and outlet pipes 6 in. in diameter were used for the water supply, which was circulated at the rate of about 1000 gallons per minute by a pump of 70 h. p. The content of suspended material in the discharge varied from 1. 7 percent. to 22. 3 percent. by volume, depending upon the soil encountered. By this ejector system it was possible to sink a caisson at a rate of 3 ft. per day of 24 hours. Fig. 30, on this page, shows this work proceeding.

In order to expedite the work, the caissons were floated out as soon as the pier sites were ready, and sunk immediately, seven air locks with accessories being provided so that work on several piers might proceed simultaneously. The following table gives the hours worked under compressed air at various pressures:

Hours Worked Under Compressed Air.

Pressure, lb. per sq. in. .	8-15	16-27	28-35	35-40
Working hours per shift. .	8	4	3	2
Decompression time, min.	2	10	15	20

The casualties from caisson disease were comparatively few, amounting to two fatal cases and 20 cases of bends.

For piers resting on pile foundations, the piles were driven while the caissons were being prepared on shore, and the floating of the caissons was timed to suit the completion of the piling. For most of the piers piles 100 ft. long were driven to rest on rock, the butt end terminating at about El. – 40. The piles were driven as follows: A temporary timber platform was erected close to the site as a reference table, on which were marked the relative positions of two of the piles in every row. By measurement from these marks the exact location of every pile could be determined. Floating sheer legs with a 120-ft. boom, and of 140 tons capacity, were provided for pile driving, the hydraulic jet system being adopted to secure penetration. In this system a 3-in. water jet pipe fitted with $1\frac{1}{4}$-in. nozzle was first lowered to the river bed on the exact spot for the pile, and sunk until the jet reached El. – 90. The timber pile, suspended ready alongside, was immediately pushed down into the hole made, as soon as the jet pipe was withdrawn, and assisted in its descent by blows from a 5.8-ton hammer. A few blows forced the pile head to water level, when it was fitted with a 20-in. follower 68 ft. long, made of $\frac{5}{8}$-in. steel tube. Driving was then continued until rock was reached, as indicated by the rebound. The follower was then withdrawn. With a practised gang of 14 men it was possible to drive as many as 30 piles in a day of 24 hours.

The shorter concrete piles for pier No. 6 from the north end were driven in a similar manner, except that the follower was 100 ft. long. The piles were fitted with iron shoes and the follower, threaded over the pile, transmitted the blows direct to the shoes. In this case, due to the presence of welded stifloning members on the outside of the tube, a force of more than 100 tons had to be exerted to withdraw the follower. The entire work for the main piers was in the hands of Messrs. G. Gorrit, of Shanghai.

As already stated, the steelwork of the main spans was fabricated at the Middlesbrough works of Messrs. Dorman, Long and Company, except for the stringers, which were made by the same company in Shanghai. Upon arrival at the bridge site, the steelwork was sorted and stored in a yard nearby and the spans assembled, prior to being floated into position. Messrs. Dorman, Long and Company were responsible for the erection of the steelwork as well as its fabrication. In each case, members of the truss, lateral systems and sway bracing were all erected in strict accordance with a definite programme, the lower panel points being jacked up to the required camber, and constantly checked by survey. No forced rivets were allowed in the field. Sufficient pneumatic hammers were employed to make it possible for two spans to be completed in about two weeks. Erection work was facilitated by means of the hand-operated travelling portal crane shown in Fig. 32, annexed.

Owing to unexpected delays in the completion of the piers, the girder spans could not be floated out to their positions as fast as they were erected in the yard, and it became necessary therefore to arrange in some way to store them and yet not interfere with the process of erection under the portal crane. In order to meet the situation, two long trestle tracks were built, one at each end position of the spans when erected, and extending down the shore and for some distance into the water. These served the double purpose of storage and also of enabling the spans to be transported to deep water where they could be picked up by trestle barges. The spans, each weighing some 260 tons, were moved along the tracks by means of special cars shown in Figs.

33 and 34, page 516, one being placed under each end floor beam. The spans were supported on each car by means of timber blocking and two 100-ton oil jacks. The erection of the span was completed on small timber bents. The car was moved into position, inside these bents, and the span load being transferred to the cars the fixed bents were removed and the span was traversed towards the water. The cars were worked along the track by handwheels and gearing, care being taken to maintain a uniform

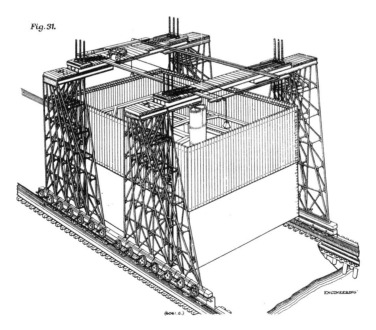

Fig. 31.

Fig. 31.

speed of about 1 ft. per minute in order to avoid risk of twisting the steelwork. When a span had been moved out to the end of the trestle tracks it was again jacked up to approximately the elevation it would assume on the piers and supported on timber work, as shown in Figs. 35 and 36, page 516. The first of these views shows several completed spans on the slip, and one at the end ready for floating. For the latter operation two timber barges were employed, strongly braced together and each of a capacity of 250 tons. The trestles supported the spans at the quarter points. The barges were built of 4-in. by 12-in. timbers. They were 70 ft. long by 34 ft. beam, and were 7 ft. 5-in. deep, drawing, loaded, 4 ft. 9-in. Each had three water-tight compartments, the central one, 32 ft. long, being used for flooding and lowering the barge, while the end two were used for maintaining stability. The barges were flooded by means of 10-in. valves, and were provided with pumps for clearing the water for lifting. Each barge was furnished with four winches for manipulating the warping lines.

As the maximum vertical adjustment possible by means of the barges was about 18 in. , it was necessary to choose the time for floating the spans correctly to suit this limiting factor. The loaded barges were moved out from between the trestle tracks by warping, and were then worked into position opposite the appropriate opening by means of lines attached to previously placed anchors. In exceptionally good weather it was possible to employ tugs. On reaching the piers the span was carefully located, the fixed end bearing being first lowered into place on the pedestal plate. The free end was then lowered on to the rollers. In some cases, owing to change of programme, a span had to be inserted between others previously erected, requiring great nicety in handling.

原载 *ENGINEERING.* 1937. 10. 22, 448 ~ 449.

1937. 11. 5, 503 ~ 504.

土压新论[①]

提　要

土木工程中,无处无"土"之关系,而土为最复杂之物质,因之赖土之抵抗之基础设计及以土为载重之拥壁设计皆有若干棘手问题,而以土压力为尤甚。此土壤力学之所由来也。

拥壁土压之重要问题有二,迄今未得适当解决:(一)任何建筑物之外加载重,皆不因建筑物之本身性质而异,唯拥壁则不然,同一土壤,施于木壁之载重,大异于石壁之载重。

---

① 本文是为 1942 年召开的中国工程师学会第十一届年会提供的论文,今已不全,其中图已丢失,因而个别符号的意义不明。但与茅以升 1954 年和 1955 年所发表的《挡土墙土压力的两个经典理论中的基本问题》和《对于〈挡土墙土压力的两个经典理论中的基本问题〉讨论文的答复》两文(见前)相对照,可见作者前后思路的全过程。

然普通土压力之公式,皆未计及此,而只根据土壤之摩阻力求其最大及最小限度,且以其最小压力为设计之张本,实有悖于工程设计之原则。(二)即此极限压力之公式,亦大有疑问。此项公式之理论,可分古洛及兰金①两派,兰金派以纯粹力学为立场,不计及拥壁之存在;古洛派加入拥壁影响,但又有悖力学之原则。顾此失彼,聚讼纷纭,迄今仍无定论。中国工程师学会,《工程》会刊七卷三号及八卷四号载有孙宝墀、林同炎、赵国华、赵福灵四君对此两派学说之研究,为本会会刊中最有精彩之讨论,惜未得有结果,殊为遗憾。而孙君且已谢世,尤足悼惜。

本文内容如下:

(一)根据土压力与拥壁弹性之关系,介绍一计算压力之方法,俾作拥壁设计之依据。

(二)说明古洛及兰金两派之理论及公式,原无轩轾,所差别者,只是拥壁之影响。

(三)介绍土压力之一种新理论,名为剪阻鼎力论,盖拥壁土壤中之一棱形土体上,兰金派只计一面之剪阻力,古洛派计及两面之剪阻力,而实应计及三面之剪阻力,方能均衡。此第三面上之剪阻,为一平衡力,故名为剪阻鼎力。似此则

---

① 即库隆和朗金。本文因写作较早,人名翻译无统一标准。

拥壁影响,既可包括在内,而力学原理,亦可完全贯通,为前人所未道。

(四)根据剪阻鼎力之新理论,介绍新公式及新图解法,包括无黏性及有黏性之土壤。

附注:原稿系英文,因时间匆促,先于年会提出,以求指正,当另译中文,以便会刊登载。

EARTH PRESSURE ON RETAINING WALLS

Introducing the new Theory of Balancing Shear, with graphical analytical solutions for soils with and without cohesion, which, it is hoped, will settle many disputed issues, arising from the inconsistencies existing in Coulomb and Rankine's classical theories.

By T. E. Mao. Dr. Eng.

Perhaps a word of apology is necessary in presenting a paper on such a contended subject as the earth pressure on retaining walls, because, in the light of soil mechanics, it does not seem justifiable to introduce any further innovations based purely on theoretical grounds. This presumption, however, obtain from the conviction that there is no error or fallacy in the accepted theories, or that the existing theories, though imperfect, cannot be improved upon within the province of mechanics. Unfortunately, this is not so.

Discussion on the Existing Theories   The existing theories may he classified into two groups, one to be referred to as Rankine's, and the other, Coulomb's. In Rankine's group, use is made of an infinitesimal element of the soil, from which the earth pressure is found on a plane having the same geometric position as the inner surface of the wall, the same result being obtained irrespective of the nature of the wall. In Coulomb's group, use is made of a prism of earth bounded by the wall and a rectilinear plane of rupture, and the shearing resistance (friction and cohesion) of the wall surface is taken into account to modify the direction of the pressure, but the resulting formula is derived from a set of forces which are not in equilibrium, as pointed out by Prof. Mohr, and mentioned by Prof. Swain in his book on Structural Engineering. Aside from these different hypotheses and the different methods of approach by which the so called Rankine and Coulomb formulas are worked out under these hypotheses, the two groups of theories are essentially the same in the light of mechanics. For, taking a vertical wall and neglecting the shearing resistance of the wall, Rankine's conjugate stresses may be combined with the reactions on the planes of maximum obliquity to form a system of forces for holding Coulomb's prism in static equilibrium; or, Coulomb's prism may be divided into infinitesimal elements upon each of which Rankine's conjugate stresses would balance the reaction on the plane of rupture. In either case the behavior of the soil mass may be considered to be within the domain of elasticity, and the continuity of this elasticity does not begin to break until the formation of a plane of rupture (plane of maximum obliquity), to discern and judge the infallibility of these two groups of theories, we need, therefore, only investigate into the soundness of the hypotheses upon which these theories are founded. Incidentally, the relative merit of these theories will also be made evident. Since the consideration of the shearing resistance on the wall surface is really what distinguishes one group of theories from the other, the effect of that shearing resistance should first be studied, so as to establish its importance in relation to its bearing upon the pressure on the wall.

Nature of Earth Pressure on a Retaining Wall The earth pressure on a retaining wall is a static load that varies in amount with the elasticity of the wall. The more rigid the wall, the greater will be the static load, which is a feature not usually found in other kinds of engineering structures. An exact formula giving the actual amount of this pressure must necessarily embrace a number of factors obtaining from the elastic and physical properties of both the wall and the soil, and even when derived by going through a labyrinth of mathematics, it would indeed be too complicated to be of any use for engineering purposes. But this exact pressure, often called the "Pressure at Rest" obtains only in conjunction with the actual deformation of the wall. If it were possible to vary this deformation arbitrarily, the pressure would also be made to vary accordingly. (Fig. 1) Further, if there were limits to the deformation, there would also be limits to the amount of pressure. And when these limits are chosen to depend not on elasticity but on some other static condition, the value of the pressure limits would also be made to depend not on elasticity but on that static condition. Then, the factors involving elasticity would disappear in the formula and the problem is at once immensely simplified. This furnishes a clue to the solution of the problem which was taken advantage of by both Cuolomb and Rankine in working out their formulas. Here, the static condition referred to above is found in the shearing resistance of the soil, and according to both Coulomb and Rankine, the limit of deformation is considered to be reached once a plane of rupture (plane of maximum obliquity) starts to be formed in the soil. Since the deformation may be either positive or negative, the pressure limits corresponding there to give rise to a minimum value called the " Active Pressure ", and a maximum value called the " Passive Pressure ". These pressure limits, instead of the " Pressure at Rest " are what is really obtained from Coulomb or Rankine's formulas.

Now, when the wall is assumed to deform in order to reach the prescribed limit, the soil mass sustained by the wall will thereby be given a tendency to move, either downward (active presssure) or upward (passive pressure). This tendency of movement of the soil mass against the wall would naturally develop shearing stresses not only inside the soil mass but also between the soil and the wall. These shearing stresses increase in proportion to the tendency of movement, and is limited by the shearing strength of the soil on the one hand, and the shearing resistance of the wall against the soil on the other. The limit of deformation of the wall will not have been reached until the shearing strength of the soil gets to be fully developed causing the formation of the plane of rupture, and at the same time, the shearing resistance of the wall against the soil gets to be completely overcome, thereby setting the soil mass, as bounded between the plane of rupture and the wall, on the verge of impending motion. It is only at that limit of deformation that the earth pressure on the wall is said to be at its active or passive limit. The pressure would not get to its limit until the soil mass is on the verge of impending motion, and there could be no impending motion to the soil mass unless the shearing resistance on the two bounding planes of the soil mass are simultaneously overcome. It is then evident that the shearing resistance of the wall against the soil plays an important part in the problem and must never be left out in evaluating the earth pressure at its limits. Consequently, Coulomb's formula is more sound than Rankine's, and the above discussion serves to shed light on the puzzle why Coulomb's formula gives pressure values more in agreement with experimental results.

However, logical as it is, Coulomb's formulas fail to be substantiated by the principle of mechanics. Take an infinitesimal prism of earth on the wall surface and study the forces acting on the prism according to Rankine and Coulomb's theories. (Fig. 2) On the top surface of the prism there is the weight of the column of earth above, which is fixed in direction. On the plane of rupture there is the reaction of the soil with an obliquity equal to the friction angle of the soil, assumed fixed by both Coulomb and Rankine. But on the third face of the prism the wall surface of the two theories give entirely different forces. Acoording to Rankine, both the amount and the direction of this force are functions of the forces on the other two faces and are to be determined by statics, but by so doing, the shearing resistance on the wall surface would not be completely mobilized, and the pressure thus obtained would not be at its limits as assumed in the formula. Coulomb, however, in order to be logical gives this force an obliquity equal to the friction angle between the soil and the wall, which implies that the shearing resistance between the wall and the soil is fully developed. But with all the forces on the prism definitely fixed in direction, these forces will not be concurrent and the prism will be thrown out of equilibrium. So Rankine is justified from the viewpoint of mechanics while Coulomb is more logical considering the nature of the problem, but neither one is sound enough to give the correct pressure. Many theories have been advanced to explain away these inconsistencies but there seems to be no satisfactory answer acceptable to civil engineers, so far.

The New Theory of Balancing Shear   From a study on the equilibrium of an infinitesimal prism as made above, it is plain that the forces on two of the three faces are already fixed in direction, by virtue of the nature of the problem, the reaction on the plane of rupture and the pressure from the wall against the soil. The obliquities of these two forces must be equal to the respective friction angles if the soil mass were to reach the state of impending motion so that the pressure may get to its lower or upper limit. As a consequence, the condition of equilibrium will require that force on the third face of the prism, the top face remain no longer vertical. As this top face is subjected to the weight of the column of earth above, and as that load is always vertical the only condition under which the prism could be made to remain in equilibrium would lie in the introduction of an additional force on that top surface so as to deviate the vertical force sufficiently to balance the other two forces on the prism, already imposed and fixed in direction. Obviously this additional force on the top face is a tangential stress representing the shearing resistance exerted by an upper prism upon the lower one. In all cases, whenever the wall is undergoing some amount of deflection, this force is always present, even with a vertical wall and horizontal ground surface. It seems strange that this shearing resistance on the top face was not considered by Coulomb or Rankine or any other investigators on the subject, but by using this "Balancing Shear" as a rectifying force, the problem of finding the earth pressure at its active and passive limits is completely and satisfactorily solved.

This theory of balancing shear may be recapitulated as follows: when a retaining wall yields or deforms sufficiently to cause the formation of a plane of rupture in the earth behind the wall, the prism of earth bounded by that plane and the wall will be in a state of impending motion, and the shearing resistances (friction and cohesion) along these two bounding planes will be just about to be overcome simultaneously. These shearing resistances may be considered as imposed external forces, and there will be developed additional shearing stresses at any point in the prism, over and above those due to the vertical load alone. On the top face of the prism, the shearing resistance thus developed may also be considered as an external force to react against those shearing resistances already imposed, so as to exert a balancing effect to maintain the prism in static equilibrium. With this balancing shear in action, the pressure exerted by the earth on the wall is to reach its active or passive limit.

Comparison of the Theories   On an infinitesimal prism of earth on the wall, bounded by the plane of rupture and a surface parallel to the ground, it will be seen that Rankine considered only the shearing resistance on the plane of rupture; Coulomb considered, in addition, the shearing resistance on the wall; while in the new theory, the shearing resistances on all the faces of the prism are taken into full consideration (Fig. 2).

It is to be noted that under this new theory, the plane of rupture bounding the prism of earth when it is on impending motion is not a rectilinear plane but curved, because at points away from the wall, the obliquity of the earth pressure gradually diminishes, pending further studies, it is believed that the curve of this plane of rupture is of the character of a logarithmic spiral. Inside the prism there will be curved lines of maximum shear parallel to the plane of rupture. The equilibrium of the soil mass treated under this new theory is as shown in Fig. 3.

Graphical and Analytical Solutions Based on the New Theory of Balancing Shear   By this new theory of Balancing Shear the earth pressure at its active and passive limits may be found both graphically and analytically for soils with and without cohesion. The results are given on the accompanying charts.

(a) Graphical Construction   At point O draw $\overline{OQ}$ perpendicular to the ground surface and measure off $\pm c_\phi$ and $\pm c_\delta$ parallel to the ground surface (For non-cohesive soil $c_\phi = c_\delta = 0$). Draw $\pm \phi$ and $\pm \delta$ lines through the ends of c_ϕ and $c_{\delta\gamma}$ and at angles of $\pm \phi$ and $\pm \delta$ to $\overline{OQ}$. Erect $\overline{OW} = wh \cos \beta$ and draw WP parallel to ground. Now construct by trial a circle that will be tangent to the $\mp \phi$ line at R and, at the same time, will cut the $\pm \delta$ line at E and the sloped line WP at P, where E and P should lie on a line parallel to the surface of the wall. Then, $\overline{OE}$ gives the unit earth pressure on the wall, with obilquity $= \delta_{or} \delta_c$; $\overline{OR}$ gives the unit reaction on the plane of rupture, with obliquity $= \phi$ or ϕ_c and $\overline{OP}$ gives the unit resultant load on the surface parallel to the ground, with obliquity $= \rho$; all for a point on the wall at a vertical depth " h " from the ground. The " Balancing Shear " is given by $\overline{WP}$; the component of $\overline{OP}$ parallel to the ground surface, the other component being $\overline{OW}$. The direction of the Major Principal Axis is given by the line joining P and H; the major principal Stress, by $\overline{OK}$; and Minor principal Stress by $\overline{OH}$. The Plane of Rupture is given by the line joining P to the tangent point on the circle. The above statement applies to both active and passive pressures, provided that the circle constructed is to be of the smallest radius possible for active pressure, and of the largest radius possible for passive pressure and that the upper signes for ϕ and δ lines are for active pressure and lower signs for passive pressure.

(b) Analytical Solution   The formulas based on the new theory are given on the accompanying charts for soils with and

522

without cohesion. For lack of space the derivation of these formulas are not given, but, suffice it to say, in the derivation of these formulas the properties of the "Circle of Stress" is fully utilized, which has been found to be much simpler than the ordinary method whereby an expression for the total earth pressure is differentiated to get the obliquity of the plane of rupture (the construction of the proper circle replaces the process of differentiation).

For cohesive soil, the value of $r_1 = \overline{oo} \sqrt{BQ}$ is first estimated from $\sin\omega$ by assuming $r_1/r_2 = 1$ in finding the value of γ. With this approximate value of r; the ratio r_1j/r_2 is obtained and the values of γ and ω are revised. The second approximate value of r_1 thus determined is accurate enough for practical problems.

The exact value of γ is given by the equation;

$$\cos \gamma = \frac{B \cdot c \pm \cos A \sqrt{B^2 - c^2 + \cos^2 A}}{B^2 + \cos^2 A}$$

where $A = 2\theta - 2\beta + \delta$,

$$B = \sin A + \frac{n}{n-1} \cdot \frac{1}{\sin \delta} \cdot (m\tan \phi + 1),$$

$$c = \frac{n}{n-1}\left(\frac{m}{\cos \phi} + \frac{1}{n\sin \phi}\right),$$

and the sign before the radical is determined as follows;

For Active Pressure, use − when $n > 1$, use + when $n < 1$,

For Passive Pressure, use + when $n > 1$, use − when $n < 1$,

when $n = 1$, $\dfrac{r_1}{r_2} = 1$ and $\cos \gamma = \dfrac{\sin \delta}{\sin \phi}$.

From $\cos \gamma$ the exact value of r_1 iB given by $r_1 = \dfrac{n\sin \phi \cos \gamma - \sin \delta}{(n-1)\sin \delta}$.

General Formulas Based on Rankine's Theory   For academic interest a general formula based on Rankine's Theory, together with graphical solution, is given on the accompanying chart for cohesive soils and for walls other than vertical. It is believed to be much simpler than the similar formulas published so far (compare, for instance, Howe's formula given in his book for noncohesive soil). Here it is to be noted that in the graphical construction for Rankine's theory, the point, P coincides with W and the obliquity of $\overline{OE}$ is not a constant angle δ but a variable. The balancing shear $\overline{WP} = 0$.

The value of r, is obtained in the same manner as for the new theory by first assuming $r_1 = 0.8$ for active pressure and 1.0 for passive pressure, but an exact value may be found from the following equation:

$r_1 =$

$$\dfrac{(1 + m\tan\,\phi) \mp \dfrac{1}{\cos\,\beta}\sqrt{(\sin^2\,\phi - \sin^2\,\beta) + \dfrac{\sin\,\phi\cos\,\phi}{m}\left(2 + \dfrac{\cot\,\phi}{m\cos^2\,\beta}\right)}}{m\tan\,\phi + \left(2 + \dfrac{\cot\,\phi}{m\cos^2\,\beta}\right)}$$

where $-$ sign is to be used for active pressure and $+$ sign, for passive pressure.

When discussing Rankine's theory it might be well to add here that it is rather unfortunate for Rankine to have chosen the use of the term of " conjugate stresses ", which is not only unnecessarily confusing but also restricted the use of his formula to the case of vertical wall only, because, obviously, only a vertical wall, parallel to the weight, could render the stresses "conjugate". As a matter of fact, Rankine's process may be easily extended to walls other than vertical without recourse to conjugate stress at all. It is only a problem in mechanics, pure and simple.

Other criticisms may also be cited here against Rankine's theory. Firstly, the direction of the earth pressure on a vertical wall, being always parallel to the ground, would be the same for either active or passive pressure. Secondly, when the ground slopes at the friction angle of the soil, the active pressure would be equal to the passive pressure. Thirdly, there are limitations to the inclination of the wall surface beyond which the theory become inapplicable. All these inconsistencies could be rectified if only the Balancing Shear be taken into account.

Pressure Diagram for Design   It is strange that retaining Walls are usually designed for active pressure limit only, which is really the minimum load on the structure. In no other engineering structure is the design load so taken, in open defiance to the principle of safety. But in this case it is neither advisable to use the maximum load, – the passive pressure limit. A pressure diagram is therefore recommended for design purpose, as shown in Fig. 4, in which $\overline{OB}$ = wall surface, $\overline{OA}$ = unit active pressure, and $\overline{AC}$ is a line parallel to the wall surface intersected by $\overline{BP}$, where $\overline{OP}$ = unit passive presssure. While the pressure thus given is still not the "pressure at rest", it nevertheless is not the fictitious pressure at its limit, and there is no plane of rupture. The direction of the resultant pressure may be assumed to be normal to the wall surface in order to provide for a greater factor of safety. It is to be noticed that the pressure diagram thus evolved conforms quite well to the actual condition when the elastic behavior of the wall and its foundation is taken into consideration.

Comparison of results as obtained from the graphical and analytical methods is given on the accompanying charts

Given data: $h = 15' - 0''$ $\beta = 25°$ $\theta = 45°$ $c_\phi = 150$ lbs. /ft^2.

$w = 96$ lbs. /ft^3 $\phi = 35°$ $\delta = 30°$ $c_\delta = 100$ lbs. /ft^2.

Item	Non-cohesive Soil				Cohesive Soil			
	Active press.		passive press.		Active press.		passive press.	
	Ana	craph.	Aha.	Graph.	Ana.	Graph.	Ana.	Graph.
γ	29°20'	29°20'	29°20'	29°20'	33°43'	33°40'	31°10'	30°40'
ω	99°20'	99°30'	39°20'	39°20'	103°43'	104°00'	41°10'	41°10'
δ_c	—	—	—	—	45°50'	45°50'	− 32°04'	− 32°10'
ϕ_c	—	—	—	—	47°24'	47°20'	− 30°16'	− 30°10'
ρ	− 3°24'	− 3°30'	− 34°53'	− 34°50'	− 5°53'	− 5°50'	− 39°22'	− 39°20'
X	42°50'	42°50'	107°50'	107°50'	40°38'	40°40'	106°55'	107°00'
$\overline{OE}$	442	443	2 130	2 130	318	318	2 431	2 422
$\overline{OR}$	619	619	1 524	1 525	572	573	1 667	1 668
$\overline{OP}$	1 185	1 187	1 443	1 445	1 189	1 190	1 528	1 530
$\overline{PW}$	622	621	1 376	1 377	674	675	1 522	1 521

The Yangtze River Bridge at Hankow, China[①]

The Yangtze River Bridge at Hankow, the first bridge over the biggest river in China, was designed by Chinese engineers, built with Chinese steel and machinery, and financed by Chinese money. Actual construction work for the bridge was begun in September 1955, and completed in October 1957, two years ahead of the original schedule.

It is a combined railway and highway bridge, with a double-track railway on the lower deck and a six-lane highway on top. The total length of the main span is 3780 ft.; the structural approaches on one bank are 994 ft. long and on the other, 691 ft.. The total Yangtze bridge system is composed of this Yangtze

---

① 中译名《中国武汉长江大桥》。

River Bridge, 8 miles of connecting railway line between the Peking-Hankow and Canton-Hankow Railways, and 3 miles of roads joining highway networks of northern and southern areas of China and uniting Hankow, Hanyang, and Wuchang, formerly separated by the Yangtze and the Han Rivers, into one metropolitan area.

Caisson piles of 1000-ton capacity were installed by a vibratory driver through heavy overburden and founded in sockets drilled into rock. An unusual frame held, these caissons for driving through overburden or for installation on bare rock with a heavy dip, and this in a river where high water lasts seven months a year with flows up to 2700000 cfs, equivalent to the maximum flow of the Mississippi.

The superstructure of the bridge proper consists of three units of threespan continuous steel trusses, each span 420-ft. long. The double-deck structure has rhombus-type trusses equivalent to a double Warren system. All were erected by a cantilever system especially planned for in the design, and described later. The superstructure type adopted required eight piers in the river plus land abutments and substantial approach structures.

Subsurface difficulties

The river bottom at the site varies from bare rock to a 90-ft. depth of overburden, under 20 ft. of water at low flow and 80 ft. at flood flow. The overburden is unstable fine sand underlain by coarse sand and gravel. This is subject to constant scour, with profile changes of as much as 30 ft. in a year from current velocities ranging up to 10 fps (7 mph). Bedrock is limestone, marl or shale with a multiplicity of laminations and a dip of 70 to 80 deg. To determine rock configuration and condition, five bore holes were drilled 60 to 125 ft. into the rock at each pier location.

Early plans contemplated the use of pneumatic caissons for the foundations of all the piers. But the depth of more than 115 ft. below the water surface, even during the short lowflow season, indicated a long construction period. Differences of elevation within the limits of a pier base amount to 16 ft. , thus greatly complicating rock excavation.

Colonnade foundation

After an examination of many methods, and at the suggestion

of K. S. Cilin, a Soviet expert, the idea of a "colonnade" foundation was developed. For this a number of large, hollow reinforced-concrete columns are securely anchored into the bedrock (similar to Drilled-In caissons in this country), and concreted into the pier base to support the structure. After a column has been sunk open-end to rock and cleaned out, a socket is drilled into the rock. A cage of reinforcing steel, which is lowered into the socket, extends well up into the column. Tremie concrete bonds the column to the rock socket to give a high capacity member.

For the Hankow bridge piers, 30 to 35 tubular columns are arranged in three circular rows to support a pier base of 55-ft. diameter. Each column has a diameter of 61 in. and a 4-in. wall. The columns were generally precast in 30-ft sections but 10-, 20- and 40-ft. lengths were available for top units. The columns are made of 2,840-psi, minimum-strength concrete reinforced with 44 bars of 3/4-in. diameter and 3/8-in. spiral hoops spaced 6 in. on centers. At each end of a section a steel flange, in the form of a collar, is welded to the reinforcing, exactly perpendicular to its axis. The flange plates of abutting sections are connected by 42 bolts of 3/4-in. diameter and may be welded for a permanent connection. The bottom section of each column is fitted with a 4-ft. -long driving shoe of 5/8-in. plate.

Guide and work frame

A guide frame was used to give the exact location of each column. The frame served as a template for a sheetpile cofferdam for the tremie concrete pier base and as a work platform for construction. The frame, 55 ft. in diameter, was of structural steel in a latticed cylindrical cage with horizontal steel rings 21 ft. on centers vertically. A definite space was reserved in the framing for positioning each support column.

The two lower rings were assembled on a 440-ton pontoon and supported at each side by a guiding pontoon which had elevated towers and blocks for lifting the guide frame, as shown in a photograph. When the unit had been floated to exact position and anchored, the center pontoon was withdrawn. The frame was lowered and two additional rings placed in successive operations making a total height of 63 ft. . Lowering continued to plan location at the bottom of the tremie seal. 8 to 14 of the 61-in. tubular columns were sunk through selected openings and anchored into rock, then used to support the guide frame, releasing the pontoons while the remaining columns were placed. Work could then continue year round despite high water.

Sinking of the tubular colunns was accomplished by the combined action of a vibratory pile driver and water jetting. Successive sections, to make a minimum of 130 ft., were connected and lowered until the bottom section reached the river bottom. By means of the vibratory pile driver and the use of four jet pipes attached on the outside of the column and one pipe inside the column, the columns were sunk to bedrock through the sand deposits without great difficulty. During sinking, the soil inside the column was removed by dredging or suction. The jet pipes were 3 in. in diameter and used 440 gpm of water per jet at 175-psi pressure.

The vibratory driver was firmly connected to the flange of the uppermost section of the column. Because of the vibratory action of the eccentric weight in the driver, the column was subject to vibratory force at great frequeney, thus loosening the adhesion between the wall of the tube and the soil in contact. Aided by the jetting, the column was forced to sink by its own weight and the weight of the driver.

The vibratory driver was made at the bridge site after

development of the design from Soviet models. The principle is to have a pair of load-carrying axles revolving at high speed in opposite directions. On each axle is an eccentric weight. When in horizontal alignment, the two weights will balance each other, but when both are in a vertical position they will combine to produce up and down vibrating forces. Vibrators have been made with various characteristics. The vibrating force may be 19, 47, 100, or 132 tons; the weight of eccentrics, 6200, 5000, or 6000 lb; the number of eccentrics 10, 15, or 20; the eccentricity, about 5 in.; the number of loadcarrying axles, 4, 6, or 8; the number of revolutions per minute of the loadcarrying axles, 408, 450, 900, or 1,000. More powerful vibratory drivers are now being made with a vibrating force as great as 460 tons for installing tubular columns with diameters of 10 ft. and 16.4 ft.. Two to six tubular columns can be sunk every 24 hours, penetrating sand deposits up to 85 ft. deep.

Socketed into bedrock

After a tubular column was sunk to bedrock and the soil inside removed, a hole of the same diameter as the inside wall of the column tube(53 in.) was drilled into the bedrock to a depth of 7 to 20 ft. . The boring bit, of tempered steel in the form of a cross 51 in. wide, had a curved cutting edge attached to the end of each arm of the cross. The 4.4-ton bit was dropped 2 to 3 ft. , 30 to 40 times per minute.

After drilling to a depth of 3 or 4 ft. , drilling was stopped and the debris removed by a cleaner. When boring into a limestone formation, clay blocks were thrown into the hole to pick up the cuttings and facilitate their removal. This clay-paste method is not necessary in marl.

Since the bedrock slopes on a very steep grade, one side of the tubular column rested on rock while the other was high above it. To prevent sand and silt from rushing into the tube through this gap, 3 to 4 cu yd of tremie concrete was placed in the tube before the rock boring started. This plug of concrete effectively closed the gap and provided a comparatively plane surface for the start of drilling. (On similar work in the United States paving cobbles thrown into the gap have proved more successful.)

The speed of drilling the 51-in. -diameter hole into the rock varied with the type of machine and the nature of the rock. A hole 10 ft. deep in limestone usually required 20 to 48 hours. For all the piers in the Yangtze Bridge, 224 holes were drilled, with an

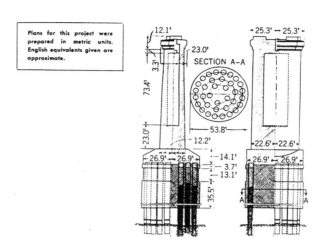

SECTION A-A

FIG. 1. Typical pier rests on colonnade foundation of 61 in. tubular units.

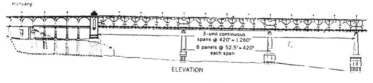

Hanyang

3-unit continuous
spans @ 420' = 1 260'
8 panels @ 52.5' = 420'
each span

ELEVATION

December 1958 · CIVIL ENGINEERING

FIG. 2. Three-span continuous truss has one fixed bearing at an intermediate pier. The other three supports are on expansion bearings.

aggregate length of 2600 ft. .

A steel reinforcing cage of cylindrical shape, 43 in. in diameter, was lowered into the hole, withits upper portion projecting high up into the tubular column. The cage contained 1s to 24 longitudinal $1\frac{1}{2}$-in. bars and $\frac{1}{2}$-in. spiral hooping spaced at $3\frac{1}{2}$ in. Concrete was placed under water, filling the tube up to the sealing course of the pier base.

Underwater concreting of the hole in the rock and the tube of the column was accomplished by the use of a tremie pipe of 10-in. diameter, in a continuous operation. To assure a perfect bond between the concrete in the hole and the bedrock itself, jet pipes were attached to the tremie pipe so as to force up the debris by flushing with water at 150 to 220 psi. After flushing for 10 to 15 minutes, when all the mud and debris had been thrown into suspension in the water, the water jetting was stopped and, almost precisely at the same moment, the flow of tremie concrete into the bottom of the hole was started. The debris in suspension in the water thus remained above the concrete while the tremie concreting progressed without interruption. The top layer of concrete, which contained the debris, was removed.

While the tubular columns were being sunk, a steel sheetpile cofferdam was driven around the cylindrical frame. Sheetpiles of Larsen Type Ⅲ were used; this is a deep-web unit with a section modulus of 25. 42 per ft. of wall. Three piles were joined and calked before driving to reduce the number of operations necessary in puling. All 135 piles in the ring were joined before any were driven.

Sand within the cofferdam was excavated by suctioning to the required elevation, and the sealing-course concrete of the cofferdam was deposited under water through tremie pipes 10 in. in diameter and 100 ft. long. Fifteen tremie pipes, each covering an 5 ft. radius, were used. Since the sealing course was 20 ft. or more thick, the concreting was done in two stages to permit loosening of the sheetpiles at each stage of concreting. A wood form for the sidewall of the sealing course of concrete was built around the bottom tier of the steel bracing frame before sinking. The footing course and shaft of the pier were placed in the dry after the cofferdam was pumped out. All the sheetpiles were extracted for reuse by 80-ton-capacity derricks.

Experiments prove possibilities

Extensive experiments have been made in sinking tubular columns. Rates of sinking under different conditions, using a vibrating force of 132 tons at 500/1000 rpm of axle load, are shown. No jetting was used.

It has been demonstrated almost conclusively that reinforced tubular columns can be sunk into almost any kind of soil to a depth of 100 ft. or more by a vibratory pile driver, with or without water jetting. And a tubular column of smaller diameter can be installed inside the first to reach a greater depth. The larger tubes can be converted to pneumatic caissons, if necessary, by attaching air locks.

Column Size	Depth Penetrated	Time, Minutes
In clay:		
5 ft. 1 in.	59 ft.	177
9 ft. 10 in.	59 ft.	207
16 ft. 5 in.	54 ft.	180
In fine sand:		
5 ft. 1 in.	115 ft.	56
9 ft. 10 in.	75 ft.	14
In sand and gravel (with 16 in. boulders):		
9 ft. 10 in.	53 ft.	113

Superstructure

The superstructure, as mentioned earlier, consists of three units of three-span continuous steel trusses. The two trusses for the double-deck bridge are 32.8 ft. apart and 52.5 ft. center to center of chords vertically. The rhombus-type truss has eight panels of 52. 5 ft. , each of which is again divided into sub-panels of 26. 25 ft. (Figs. 2 and 3).

The truss is a statically indeterminate structure, with two redundant reactions and three redundant members. In constructing the influence lines of stress for the different members, the calculation was done by the usual method and by a simplified method of analysis. The latter consists in transforming the usual equations of elastic deformation in such a way that the influence lines of the redundant reactions can first be found without going through to the complete solution of the other redundant unknown quantities. The truss was then analyzed as a statically determinate structure by assuming that, in the loaded span, only the system of diagonals on whose joint the unit load was placed would be acting; and that, in the unloaded spans, both systems of diagonals would be acting, each diagonal taking half the panel shear. The results of these two methods of analysis checked closely. It can be concluded that the simplified method is accurate enough for practical purposes.

A rhombus truss was chosen instead of a more usual type for the following reasons. The stresses in the diagonals are less than those in the corresponding members of a Warren of Pratt truss.

This simplifies the joint details and brings the dimensions of gussets within the size limit of the sheared plates that can be economically turned out from the rolling mills. As compared with a K-truss, in which the stresses in the verticals are all different in magnitude, the stresses in the verticals of a rhombus truss vary in such a way that altogether only four different make-ups are necessary for all of them, thus greatly simplifying the process of fabrication. Further, in the rhombus truss, the splice lines of the chord members can all be placed right at the principal panel points to facilitate fabrication and erection, whereas in a K-truss, where the joint layouts are all unsymmetrical, this can only be accomplished at much greater expense.

However, the rhombus truss has the drawback that the maximum chord stresses near the supports are much less than those in the middle of the span. This is rectified by regulating the deadload reactions at the end and intermediate supports, so as to even up the maximum stresses in the chord members. For this purpose, the main trusses were fabricated in the shop with a special camber. While in an untrussed state: (on assembly frames or on falsework) the end supports of the main trusses were $5\frac{1}{2}$

in. higher than the intermediate supports. Bringing down the end supports during erection to the same level as the intermediate supports decreased the end reaction by 30 tons and accordingly increased the intermediate reaction by the same amount.

Members of the main truss were proportioned for cantilever erection without intermediate supports. This increased the weight by about 5 percent of the total of 21300 tons of fabricated steel in the structure.

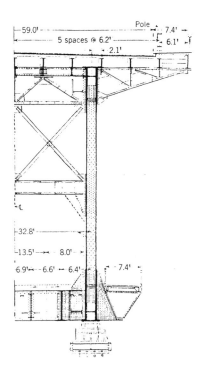

FIG. 3. Lower-deck stringers and floor beams were placed at the same level to carry ties and rails directly. Highway deck and sidewalk are made up of prefabricated, reinforced-concrete slabs.

A special feature of the truss design is the make-up of the sections of the members, in which only H-shapes are used for webs as well as for chords, in open defiance of the usual practice. It has been found that the additional weight necessary for the required rigidity is more than offset by the much reduced cost of fabrication and erection, not to mention the greater convenience in maintenance. All the members, with no exception, are built up of plates and angles, the largest chord member being composed of six 43 in. vertical plates (two $\frac{3}{4}$ in. thick and four $\frac{5}{8}$ in. thick); four 13 × 1 in., side plates; four 8 × 8 × 1 in. angles; and two 24 × $\frac{5}{8}$ in. horizontal plates.

To simplify fabrication and facilitate erection, all similar members of the truss were made equal in length. The top and bottom chord members were made to splice only at the principal panel points. The camber in the truss was produced by adequately shifting by a small amount (plus or minus $\frac{1}{4}$ in.) the working points of certain diagonals meeting on the main gusset plates at the top chord joints. The resulting effect of eccentricity was of no practical significance.

All the members were built up and connected by rivets. The rivet diameter was $\frac{7}{8}$ in. for shop assembly and 1 in. for field installation. The large section of the members required rivets with a grip of up to 7 in. For the structural steelwork, CT-3 bridge steel was used; for the rivets, CT-2 bridge steel; for the bridge shoes, cast steel; and for the rollers, CT-5 forged steel.

All the continuous trusses were erected by the cantilever method, using falsework for the first span only. To reduce erection stresses, all piers except No. 1 were flanked with erection brackets, built out 52 ft. using "ever-ready" structural elements.

(Henry Willcox, A. M. ASCE, of South Norwalk, Conn., obtained this article for CIVIL ENGINEERING. There has been no opportunity to check the details but the project has features that will interest, and perhaps challenge, constructors everywhere.)

原载 *CIVIL ENGINEERING.* 1958,12. 54 – 57.